分析化学

主　编　闫卫红
副主编　苗培果　王惠娟　和顺琴
　　　　王　莹　徐小玲　张建平
　　　　叶长文　马　华

U0156995

吉林科学技术出版社

图书在版编目（CIP）数据

分析化学 / 闫卫红主编. -- 长春：吉林科学技术出版社, 2022.9
ISBN 978-7-5578-9737-6

I. ①分… II. ①闫… III. ①分析化学－高等学校－教材 IV. ①O65

中国版本图书馆 CIP 数据核字(2022)第 181157 号

分析化学

主　　编	闫卫红	
出版人	宛　霞	
责任编辑	孟祥北	
封面设计	正思工作室	
制　　版	林忠平	
幅面尺寸	185mm×260mm	
字　　数	307 千字	
印　　张	13.25	
印　　数	1-1500 册	
版　　次	2022年9月第1版	
印　　次	2023年3月第1次印刷	

出　　版	吉林科学技术出版社
发　　行	吉林科学技术出版社
地　　址	长春市福祉大路5788号
邮　　编	130118
发行部电话/传真	0431-81629529 81629530 81629531
	81629532 81629533 81629534
储运部电话	0431-86059116
编辑部电话	0431-81629518
印　　刷	三河市嵩川印刷有限公司

书　　号	ISBN 978-7-5578-9737-6
定　　价	95.00元

前　言

分析化学（analytical chemistry）是发展和应用各种理论、方法、仪器和策略以获取有关物质在相对时空内的组成和性质的信息的一门科学，又被称为分析科学。分析化学是高等学校化学、应用化学、材料科学、生命科学、环境科学、医学、药学、农学、地质学等专业的重要基础课之一。通过本课程的学习，学生可以掌握分析化学的基本理论、基础知识和实验方法，培养严谨的科学态度、踏实细致的作风、实事求是的科学道德和初步从事科学研究的技能，提高其综合素质和创新能力。

分析化学作为四大基础化学之一，研究物质的组成、含量、结构和形态等化学信息的分析方法及理论的一门科学，是化学的一个重要分支，即分析化学是一门赖以获得物质的组成和结构的信息的科学。分析化学是关于分析化学是开发分析物质成分、结构的方法，使化学成分得以定性和定量，化学结构得以确定。定性分析可以找到样品中有何化学成分；定量分析可以确定这些成分的含量。在分析样品时一般先要想法分离不同的成分。分析化学是化学家最基础的训练之一，化学家在实验技术和基础知识上的训练，皆得益于分析化学。分析化学作为工具科学，在工业、农业、国防和科学技术等方面起着广泛的作用，其应用范围几乎涉及国民经济、国防建设、资源开发、环境保护和人类的衣、食、住、行、用等方面。分析化学专业具有宽广而扎实的理论基础和系统的分析化学专业知识，较强的科研能力，娴熟的实验技能，较高的外语水平，德智体全面发展的高层次分析化学专业人才。

分析的方式大概可分为两大类，经典方法和仪器分析方法。仪器分析方法使用仪器去测量分析物的物理属性，比如光吸收、荧光、电导等。仪器分析法常使用如电泳、色谱法、场流分级等方法来分离样品。当代分析化学着重仪器分析，常用的分析仪器有几大类，包括原子与分子光谱仪、电化学分析仪器、核磁共振、X 光，以及质谱仪。仪器分析之外的分析化学方法，现在统称为古典分析化学。古典方法（也常被称为湿化学方法）常根据颜色、气味，或熔点等来分离样品（比如萃取、沉淀、蒸馏等方法）。这类方法常通过测量重量或体积来做定量分析。

目　录

第一章 绪 论

第一节 分析化学的任务和作用

分析化学（analytical chemistry）是研究获取物质的化学组成、含量、结构和形态信息的方法及有关理论的一门综合性的科学。"分析化学是发展和应用各种方法、仪器和策略以获得有关物质在空间和时间方面组成和性质的信息的一门科学。"（1993年WPAC的爱丁堡会议定义）

分析化学的主要任务是鉴定物质的化学组成、测定含量、确定结构和形态，解决有关物质体系构成及其性质。目的是破解所研究物质隐含的信息，从而获得有关物质世界组成的真理。主要内容包括定性分析（qualitative analysis）、定量分析（quantitative analysis）、结构分析（structural analysis）和形态分析（morphological analysis）。

分析化学是研究物质及其变化的重要方法之一，是化学学科的重要组成部分。在化学学科的发展上以及与化学有关的各个学科领域（如物理学、电子学、生物学、医药学、天文学，地质学、海洋学等）中发挥其应有的作用。在当今，资源、能源开发和利用，军事工业的提高，环境的监测与保护，工业生产中原料的考查，生产过程监测与控制，产品质量的监测等都高不开分析化学，尤其在产品质量的提高与环境污染的控制两项重点工程中，分析化学更为重要。分析化学在国民经济、科学研究、医药卫生与环境保护、高等教育等方面都起着重要的作用。

1.国民经济 资源勘探、油田、煤矿、钢铁基地选定中的矿物原料及原油分析，工业生产中的原料、中间体、成品分析；农业生产中的土壤、肥料、粮食、农药分析以及原子能材料、半导体材料、超纯物质中微量杂质的分析等，都要应用分析化学。分析化学是工业生产的"眼睛"。有关生产过程的管理、生产技术的改进与革新，都常常要依靠分析结果进行工作。

2.科学研究 分析化学是科学研究中广泛应用的测试手段，其理论与技术已运用于各学科的研究中。在化学学科中，许多定理、理论都是用分析化学的方法确证的。在其他许多自然科学的研究中，分析化学也起着重要的作用。各有关学科和技术的发展又给解决分析上的问题提供了有利条件，促进了分析化学的发展。

3.医药卫生　在医药卫生事业中，临床检验、病因调查、药品鉴定、新药的开发研究；药物分析中的方法选择及药品质量标准的制定；药剂学中制剂的稳定性及生物利用度的测定、制剂生产工艺的制定；天然药物化学中天然药物有效成分的分离、定性鉴别及化学结构测定、药物理化性质与化学结构的关系的探索；药理学中药物分子的理化性质与药理作用及药效间的关系，药物作用机制、药物代谢动力学研究；中药内在质量及其与药效间的内在规律研究；中药材的栽培、引种、采集、加工、炮制、检定、质量控制等诸方面的工作都离不开分析化学。

4.高等教育　在高等教育中，学习分析化学的目的，不仅在于学习不同物质分析鉴定方法的理论与技术、培养学生观察判断问题的能力和精密地进行科学实验的技能、树立实事求是的科学态度和一丝不苟的工作作风，而且还在于培养学生进行创新思维的能力，使之初步掌握科学研究的方法，具备科学工作者应有的素质。分析化学在中医药院校中药类专业中是一门重要的专业基础课，为后续课程中药化学、中药鉴定学、中药炮制学、中药药理学、中药制剂学、中药制剂分析等专业课的学习，打下坚实的基础。

近年来分析化学更注重仪器分析，但在整个分析过程中试样的处理和分解，干扰成分的分离都离不开化学分析；在建立测定方法过程中需要可靠的经典的化学分析方法作对照；化学分析方法在常量分析中应用相当广泛。因此化学分析法与仪器分析法是相辅相成、互为补充的。化学分析作为分析化学教育的基础和入门是每个初学者的必由之路。

第二节　分析方法的分类

根据分析任务、分析对象、测定原理、分析试样用量及分析要求不同，分析方法可分为多种不同的类别。

一、定性分析、定量分析、结构分析和形态分析

定性分析的任务是鉴定物质由哪些化学组分（元素、离子、基团或化合物）组成；定量分析的任务是测定物质各组分的含量，当被测成分已知时，可以直接进行定量分析；结构分析的任务是研究物质的分子结构或晶体结构，结构分析是研究未知化合物必不可少的手段，形态分析的任务则是研究物质的价态、晶态、结合态等。本书主要讨论定量分析、结构分析及其相关的理论和方法。

二、无机分析和有机分析

根据分析对象的不同分析化学可分为无机分析（inorganic analysis）和有机分析（organic analysis）。无机分析是对无机物中的元素、离子、原子团或化合物的鉴别、含量测定和某些组分存在形式的确定等。如中草药中微量元素及矿物药无机成分的分析。有机分析主要是对有机物的元素分析、含量测定、官能团分析和结构分析，如中草药中有机成分的分析、鉴定等。

三、化学分析和仪器分析

（一）化学分析

化学分析（chemical analysis）是以物质的化学性质和化学反应为基础的分析方法，包括定性化学分析和定量化学分析。待测物质称为试样，与试样发生反应的物质称为试剂。定性分析是根据试样中组分发生某种化学反应的性质来对该组分进行检出的分析；定量分析则是根据待测组分与所加一定试剂发生有确定计量关系的化学反应来测定该组分含量的分析。定量分析主要有重量分析（gravimetric analysis）滴定分析（titrimetric analysis）。重量分析是通过化学反应和一系列操作步骤将试样中的待测组分转化成一种纯的、化学组成固定的物质（元素或化合物），根据该物质的质量计算待测组分含量的方法。滴定分析是将一种已知准确浓度的试剂溶液滴加到试样溶液中，使其与待测组分发生反应，直到化学反应按确定的计量关系完全作用为止，根据加入试剂的浓度和体积计算待测组分含量的方法。化学分析所用仪器简单，结果准确，易于普及，适用于常量组分的分析，应用范围十分广泛。

（二）仪器分析

仪器分析是借助于仪器对试样进行定性、定量的分析方法，包括以物质的物理性质（如光学性质）为基础的物理分析（physical analysis）和以物质的物理化学性质（如电化学性质）为基础的物理化学分析（physicochemical analysis）、主要有光学分析（optical analysis）、电化学分析（electrochemical analysis）、质谱分析（mass spectrometric analysis）、色谱分析（chromatographic analysis）、放射化学分析（radiochemical analysis）等方法。

光学分析是利用物质发射的电磁辐射（electromagnetic radiation）或物质与电磁辐射之间相互作用的关系而对物质进行定性、定量和结构分析的一类方法。光学分析可分为一般光学分析方法（如折光分析法、旋光分析法）和光谱分析法（如紫外-可见分光光度法、红外分光光度法、核磁共振波谱法、原子吸收分光光度法、原子发射光谱法、荧光分光光度法等）。

电化学分析是利用电化学原理对物质进行定性、定量的方法，主要有电解分析、电导分析、电位分析、极谱分析等方法。

色谱分析是一种分离、分析多组分混合物极有效的物理或物理化学分离分析方法。按流动相的分子聚集状态可分为气相色谱与液相色谱两大类。

质谱分析是利用离子化技术，将物质分子转化为离子，再按质量与电荷比（质荷比）的差异分离测定，从而对物质进行成分和结构分析的方法。

仪器分析操作简便而快速，灵敏度高，发展快，应用广泛，用于低含量组分的分析。

四、常量、半微量、微量与超微量分析

根据试样用量的多少，分析方法可分为常量分析、半微量分析、微量分析和超微

量分析。各种方法所取试样量见下表。

表1-1 各种分析方法所取试样量

方法	试样重量	试样体积
常量分析	>0.1g	>10
半微量分析	0.010~0.1g	1~10
微量分析	0.1~10mg	0.01~1
超微量分析	<0.1mg	<0.01

无机定性分析一般采用半微量分析方法（如点滴分析），常量分析多采用化学分析方法，微量或超微量分析一般采用仪器分析方法（如原子发射光谱、色谱、极谱、荧光等分析方法）来完成。

根据被测组分的百分含量不同分析方法还可分为常量组分（>1%）分析、微量组分（0.01%~1%）分析、痕量组分（<0.01%）分析。痕量组分含量常用 ppm（10^{-6}W/W 或 V/V，百万分率）、ppb（10^{-9}W/W 或 V/V，十亿分率）及 ppt（10^{-12}W/W 或 V/V，万亿分率）表示。

五、例行分析与仲裁分析

例行分析是指实验室的日常分析，又称常规分析。仲裁分析是指不同单位对某一试样的分析结果有争议时，要求某仲裁单位（如药检所）用法定方法进行准确分析，以判断原分析结果是否准确。

第二章　定量分析中误差和分析数据处理

定量分析的任务是准确测定试样中待测组分的含量，要求分析结果具有一定的准确度。但在定量分析过程中，由于测量的方法、使用的仪器、环境条件、所使用的试剂和分析工作者主观条件等的限制，使测得的结果不可能和真实值完全一致，即使由最熟练的技术人员，用最好的方法和仪器对一份试样做多次平行测定，也不可能得到完全一致的测定结果，亦即分析过程中的误差是客观存在的。因此，分析工作者在进行定量分析时不仅要准确测定待测组分的含量，而且必须对分析结果进行正确的评价，判断分析结果的准确性（可靠性）和产生误差的原因，以便采取减小误差的有效措施，提高分析结果的准确度。

第一节　定量分析中的误差

根据误差的性质和产生的原因，可将误差分为系统误差（systematic errors）和偶然误差（accidental error）两类。

一、系统误差

系统误差又称可测误差（determinate errors），它是由于分析过程中某些确定因素所造成的，特点是其大小、正负可以确定，具有重复性和单向性。即：在同一条件下进行测定，会重复出现，使测定结果总是偏高或偏低。根据产生系统误差的来源，可将其分为方法误差、仪器和试剂误差及操作误差三种。

（一）方法误差

由于分析方法本身不完善所引起的误差，这类误差有时会对测定结果造成较大的影响。例如，重量分析中由于沉淀的溶解损失，或有共沉淀现象发生；在滴定分析中，滴定终点与计量点不能完全吻合；以及由于分析测定反应不完全，或者有副反应等原因，都会系统地导致测量值偏离真实值。

（二）仪器和试剂误差

由于使用的实验仪器不精确，或试剂、溶剂不纯所引起的误差。例如：使用的天平、砝码、容量器皿等仪器未经校准；所用的试剂或溶剂中含有微量待测组分或杂质等原因，都会使测定结果引入误差。

（三）操作误差

由于分析工作者的操作不符合要求造成的误差。例如，沉淀条件控制不当；滴定管读数偏高或偏低；滴定终点颜色辨别不够敏锐，以及为提高实验数据精密度而产生的主观判断倾向等，均可导致操作误差。

在同一次测定过程中，以上三种误差可能同时存在。如果在多次测定中，系统误差的绝对值保持不变，但相对值随待测组分含量的增大而减小，称为恒量误差（constant error），例如天平的称量误差和滴定管的读数误差，以及滴定分析中的指示剂误差都属于这种误差。如果系统误差的绝对值随试样量的增大而成比例地增大，但相对值保持不变，则称为比例误差（proportional error）。例如，试样中存在的干扰成分引起的误差，误差绝对值随试样量的增大而成比例地增大，而其相对值保持不变。

因为系统误差具有可测性、单向性和重复性，故可用加校正值的方法予以消除，但不能用增加平行测定次数的方法减免。

二、偶然误差

偶然误差又称随机误差或不可定误差，它是由某些不确定的偶然因素所致，如环境温度、湿度、气压及电源电压的微小波动，仪器性能的微小变动等，而使某次（或某几次）测量值异于正常值。偶然误差的大小和正负都不固定，所以不能用加校正值的方法减免。产生偶然误差的原因一般不易察觉，因此难以控制。但在消除系统误差后，在同样条件下进行多次测定，则可发现偶然误差的分布服从统计规律，即小误差出现的概率大，大误差出现的概率小，绝对值相同的正、负误差出现的概率大致相等。因此，可以通过增加平行测定次数，使正、负误差能相互抵消或部分抵消。

在分析工作中，除系统误差和偶然误差外，还有"过失误差"。这是由于操作者在工作中不遵守操作规程等所引起的差错，如丢损试液、看错刻度、记录及计算错误等。因此只要在操作中严格认真，恪守操作规程，养成良好的实验习惯，过失误差是完全可以避免的。如发现确实因操作错误得出的测定结果，应予及时舍去。

第二节　有效数字及其运算规则

在分析工作中，为了得到准确的分析结果，不仅要准确进行测量，而且还要正确地记录和计算。

一、有效数字

有效数字（significant figure）是指在分析工作中实际能测量到的数字。保留有效数字位数的原则是：在记录测量数据时，只允许在测得值的末位保留一位可疑数字（欠准数），其误差是末位数的±1个单位。数字的位数不仅能表示测量数值的大小，而且还可以反映测量的准确程度。

例如：用常量滴定管测量溶液体积时，记录刻度读数为24.45mL，说明这四位数字中前三位数字是准确值，第四位数字因没有刻度，是估计值，不甚准确，称为可疑数字，其可疑程度为±0.01mL，因此，不应记录成24.5mL或24.450mL。记录成24.5mL，说明0.01mL这一位没有仔细读数，会影响分析结果的准确性，记录成24.450mL，则说明第五位数字是可疑值，可疑程度为±0.001mL，这与滴定管实际情况不符合，所以可疑数字并非臆造，记录时应保留。

又如，用万分之一的分析天平称量某试样时，记录为0.5180g是正确的，表示该试样的实际质量是0.5180±0.0001g，其相对误差为：

±0.0001÷0.5180×100%=±0.02%

如果少一位有效数字，则表示该物体实际质量为0.518±0.001g，其相对误差为：

±0.001÷0.5180×100%=±0.2%

表明后者测量的准确度比前者低10倍，所以，在测量准确度的范围内，有效数字位数越多，测量也越准确。但超过测量准确度的范围，过多的位数则毫无意义。

在所记录的数据中，数字1~9均是有效数字，但数字0是否是有效数字，要看它在数据中所处的位置。当0位于数字1~9之前，如0.0056g，前三个0不是有效数字，只起定位作用；当0位于数字1~9之间，如21.05mL，0是有效数字；当0位于数字1~9之后，如0.5000g，0也是有效数字，它除了表示数量值外，还表示该数值的准确程度。

对于很小或很大的数字，可用指数形式表示。如0.0056g可记录为$5.6×10^{-3}$g；0.5000g，若为四位有效数字，可记录为$5.000×10^{-1}$g。

另外，在分析化学计算中，还常常会遇到一些非测量所得的自然数，如测量次数、计算中的倍数或分数关系、化学计量关系等，这类数字无准确度问题，不能由它来确定计算结果的有效数字的位数。

对于pH及pK_a等对数值，其有效数字仅取决于小数部分数字的位数，而其整数部分的数值只代表原数值的幂次。

变换单位时，有效数字的位数必须保持不变。例如：0.0025g应写成2.5mg；12.5L应写成$1.25×10^4$mL。

常量分析结果一般要求保留四位有效数字，以表明分析结果的准确度为1‰。

二、计算规则

（一）有效数字的运算规则

由于分析结果的准确度受分析过程测量误差的影响，所以在计算分析结果时，应根据误差传递规律进行有效数字的运算。其运算规则如下：

1.加减法

几个数相加减时，其和或差的有效数字的保留，应以各数中小数点后位数最少的数字为准，即以其绝对误差最大者为准。

例2-1　0.0121+25.64+1.0587=？

解：以上三个数中，25.64是小数点后位数最少者，其绝对误差最大，故应以

25.64为准，其他两个数的有效数字位数也应保留到小数点后第二位，上述三个数字之和为：

0.01+25.64+1.06=26.71。

2.乘除法

几个数相乘除时，所得的积或商，其有效数字的保留，应以各数中含有数字位数最少者为准，即以相对误差最大者为准。

例2-2 13.92×0.0112×1.9723=?

解：以上三个数据中，0.0112的有效数字位数最少，故应以0.0112为准，三个数据的乘积最多保留三位有效数字。即

13.92×0.0112×1.9723=0.307

（二）有效数字的修约规则

在数据处理过程中，各测量值的有效数字的位数可能不同，在运算时应按一定的规则舍、入多余的尾数，这样可以避免误差累积。按运算规则确定有效数字位数后，舍、入多余的尾数，称为数字修约。其基本规则如下：

1.四舍六入五留双

该规则规定：被修约尾数≤4时舍弃；≥6时进位；=5，且5后面数字为0时，则"奇进偶舍"，即5前为奇数进位，5前为偶数舍弃，若5后的数字不为0，说明被修约数大于5，则应进位。

例2-3 将下列测量值修约为四位：

解：修约前 14.2442 15.0250 15.0251 15.0150 26.4863

修约后 14.24 15.02 15.03 15.02 26.49

2.只允许对原始测量值一次修约至所需位数，不能分次修约。

例2-3 将2.4149修约为三位数，如先修约成2.415，再修约为2.42是错误的，应该一次修约成2.41。

3.如果数据首位≥8，其有效数字的位数可多计一位。例如：9.14mL，在运算中可看成四位有效数字。

4.在进行大量数据运算时，为防止误差迅速累积，对所有参加运算的数据可先多保留一位有效数字（称为安全数，用小一号字表示），但运算的最后结果仍按上述原则取舍。

5.平均值的有效数字位数通常与测定值位数相同，但如测定次数很多，精密度又较好，平均值有效数字位数可以比测定值多保留一位数，此数常用小一号字书写。

表示标准偏差和RSD时，一般保留两位有效数字。如测定份数较少（n<10）也可保留一位有效数字。

第三节　分析数据的处理

定量分析得到的一系列测量值或数据，必须对这些数据进行整理及统计处理后，才能对所得结果的可靠程度作出合理判断并予以正确表达。

在校正系统误差和去除错误测定结果后，可以运用数理统计的方法来计算、估计偶然误差对分析结果影响的大小，并较为正确地表达和评价所得结果。亦即，在对分析数据进行统计处理之前，需要先进行数据整理，对可疑数据可采取Q检验（或其他检验规则）决定取舍，去除由于明显原因引起的、相差较远的错误数据，并按照所要求的置信度，求出平均值的置信区间，必要时还要对两组数据进行差别检验。

一、基本概念

（一）误差的正态分布曲线

在分析测试中，对同一试样进行重复多次测量，当测量次数3）足够多时，所得测量值的波动情况（偶然误差）符合正态分布（高斯分布）规律：

$$y = f(x) = \frac{1}{\sigma\sqrt{2\pi}} e^{-\frac{(x-\mu)^2}{2\sigma}} \tag{2-1}$$

若以式2-1中$\frac{(x-\mu)}{\sigma}$为横坐标，以相应的概率密度y为纵坐标作图得到图2-1的标准正态分布曲线。

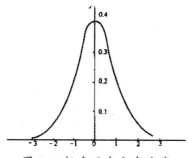

图2-1 标准正态分布曲线

μ和σ是正态分布的两个基本参数，其中μ为n→∞时测量值的平均值，称为总体平均值，说明测量值的集中趋势。当系统误差为零时，μ=真值。此时曲线具有最高点，即平均值的出现频率最高；σ为总体标准偏差，表示数据的分散程度，决定了曲线峰的高矮和宽窄。图2-2三条曲线是精密度不同（σ=1，2和4）的三类测定的正态分布曲线，图2-3为精密度相同，真实值不同（μ_1、μ_2、μ_3）的三个系列测定的正态分布曲线。

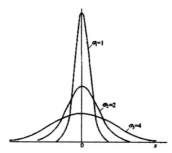

图2-2 真值相同，精密度不同（$\sigma_1=1$，$\sigma_2=2$，$\sigma_3=4$）的三类测定的正态分布曲线

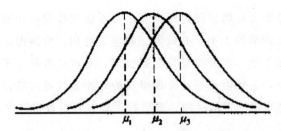

图2-3 精密度相同，真值不同（μ_1，μ_2，μ_3）的三个系列测定的正态分布曲线

正态分布曲线，表明无限多次测定结果的分布，统计学上称为样本（sample）的总体情况，其曲线两侧对称，说明正负误差出现频率相同；中间高两侧低，说明小误差比大误差出现的频率大；其最高点代表总体平均值的出现频率，其值最大，说明最接近真实值。

在实际工作中，测量次数都是有限量的，其偶然误差的分布不服从正态分布，而服从t分布。

（二）t分布

在分析测试中，通常都是进行有限次数的测量，称为小样本试验，由小样本试验无法得到总体平均值μ和总体标准差σ，因此，只能由得到的样本平均值$\bar{X}$与样本标准差S来估算测量数据的分散程度。由于$\bar{X}$和S都是随机变量，这种估算必然会引入误差。在统计少量试验数据时，为了校正这种误差，可用t分布对有限次数测量的数据进行统计处理。

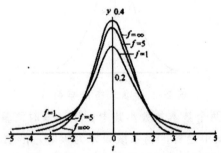

图2-4 t分布曲线

t分布曲线（图2-4）与正态分布曲线相似，但由于测量次数少，数据的集中程度较小，离散程度较大，t分布曲线的形状变得矮而钝。t分布曲线仍以概率密度y为纵坐标，以统计量t为横坐标，用样本标准偏差S代替总体标准偏差σ，于是：

$$t = \frac{x - \mu}{S}$$

t是以样本标准偏差S为单位的（$x-\mu$）值。t分布曲线随自由度f（$f = n-1$）而改变，当$\infty \to \infty$时，t分布曲线就趋近正态分布曲线。只是由于测量次数较少，数据分散程度较大，其曲线形状将变得矮而且钝。曲线下一定范围内的面积为该范围内测定值出现的概率。但应注意，对于正态分布曲线，只要$\dfrac{(x-\mu)}{\sigma}$值一定，相应的概率也就一定；而对于t分布曲线，当t值一定时，由于f值不同，相应曲线所括的面积即概率也就不同，不同 f 值及概率所相应的 t 值见表2-1。

表2-1 不同自由度及不同置信度的t值

自由度（f）	量信度		
	90%	95%	499%
1	6.31	12.71	63.66
2	2.92	4.30	9.92
3	2.35	3.18	5.84
4	2.13	2.78	4.60
5	2.02	2.57	4.03
6	1.94	2.45	3.71
7	1.90	2.36	3.50
8	1.86	2.31	3.36
9	1.83	2.26	3.25
10	1.81	2.23	3.17
20	1.72	2.09	2.84
∞	1.64	1.06	2.58

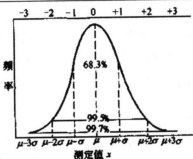

图2-5 表示误差正态分布的概率

二、置信度与平均值的置信区间

当对某样本进行无限多次测量时，偶然误差的分布遵循正态分布规律，偶然误差（σ）或测定值（x）出现的区间与相应概率有如下关系：

偶然误差出现区间	测定值出现区间	相应概率
$\mu \pm 1\sigma$	$\mu = x \pm \sigma$	68.3
$\mu \pm 2\sigma$	$\mu = x \pm 2\sigma$	95.5
$\mu \pm 3\sigma$	$\mu = x \pm 3\sigma$	99.7

通常将误差（或测定值）在某个范围内出现的概率称为置信概率或置信度（confidence），一般用 P 表示，$1-P$ 称为显著性水平，用 α 表示。在一定置信度下，误差或测定值出现的区间称为置信区间（confidence interval）或置信范围。以下式表示：

$$\mu = x \pm u\sigma \tag{2-2}$$

式 2-2 中，$(x \pm u\sigma)$ 为置信区间，根据所要求的置信度，在 $f = \infty$ 时，表 2-1 中的 t 值即为 u 值。

在实际工作中，通常只能对试样进行有限次数的测定，求得样本平均值，以此来估计总平均值的范围，其样本平均值置信区间可表示为：

$$\mu = \bar{x} \pm \frac{tS}{\sqrt{n}} \tag{2-3}$$

式 2-3 中，为 $\bar{x} \pm \frac{tS}{\sqrt{n}}$ 为置信区间，Mn 为测定次数，S 为标准偏差，选定某置信度后，t 值可根据自由度 f 从表 2-1 中查到。

例 2-4 用气相色谱法测定伤湿止痛膏中挥发性成分含量，9 次测定标准偏差为 0.042，平均值为 10.79%，估计真实值在 95% 和 99% 置信度时应为多少？

解：（1）已知置信度为 95%，$f = 9-1 = 8$，查表 2-1 得：$t = 2.31$

根据式 2-3 得：

$$\mu = \bar{x} \pm \frac{tS}{\sqrt{n}} = 10.79 \pm 2.31 \times \frac{0.042}{\sqrt{9}} = (10.79 \pm 0.032)\%$$

（2）已知置信度为 99%，$f = 9-l = 8$，查表 2-1 得：$t = 3.36$

$$\mu = \bar{x} \pm \frac{tS}{\sqrt{n}} = 10.79 \pm 3.36 \times \frac{0.042}{\sqrt{9}} = (10.79 \pm 0.047)\%$$

由上可知，总体平均值（真实值）在 95% 置信度时的置信区间为 10.76%～10.82%；在 99% 置信度时的置信区间为 10.74%～10.84%，因此，增加置信度，需扩大置信区间。

三、差别检验

在定量分析中，常常需要对两份试样或两种分析方法的分析结果的平均值与精密度等是否存在显著性差别作出判断，如果存在差别，还需要判断这些差别是由偶然误差引起，还是它们之间存在系统误差？这些问题都属于统计检验的内容，称为差别检验或显著性检验。统计检验的方法有很多种，在定量分析化学中最常用的是 t 检验法和 F 检验法，分别用于检验两个分析结果是否存在显著的系统误差或偶然误差。

（一）F 检验

F 检验法主要通过比较两组数据的方差 S^2（或称均方偏差），以确定它们的精密度是否有显著性差异。用于判断两组数据间存在的偶然误差是否有显著差异。

F 检验法的步骤是首先计算出两个样本的均方偏差，分别为 S_1^2 和 S_2^2，它们相应代表方差较大和较小的那组数据的方差。然后计算均方差及 F 值：

已知样本标准偏差 S 为：

$$S = \sqrt{\frac{\sum_{i=1}^{n}(X_i - \bar{X})^2}{n-1}}$$

故均方偏差 S^2 为

$$S^2 = \frac{\sum (X_i - \bar{X})^2}{n-1} \tag{2-4}$$

$$F = \frac{S_1^2}{S_2^2} \quad (S_1^2 > S_2^2) \tag{2-5}$$

计算时，规定均方偏差值大的 S_1^2 为分子，均方偏差值小的 S_2^2 为分母，所得 F 值与表2-2所列 F 值（置信度为95%）进行比较，若 F>F$_表$，说明两组数据的精密度存在显著性差异；反之，则说明两组数据的精密度不存在显著性差异。

表2-2　置信度为95%时的 F 值（单边）

	2	3	4	5	6	7	8	9	10	∞
2	19.00	19.16	19.25	19.30	19.33	19.36	19.37	19.38	19.39	19.50
3	9.55	9.28	9.12	9.01	8.94	8.88	8.84	8.81	8.78	8.53
4	6.94	6.59	6.39	6.26	6.16	6.09	6.04	6.00	5.96	5.63
5	5.79	5.41	5.19	5.05	4.95	4.88	4.82	4.78	4.74	4.36
6	5.14	4.76	4.53	4.39	4.28	4.21	4.15	4.10	4.06	3.67
7	4.74	4.35	4.12	3.97	3.87	3.79	3.73	3.68	3.63	3.23
8	4.46	4.07	3.84	3.69	3.58	3.50	3.44	3.39	3.34	2.93
9	4.26	3.86	3.63	3.48	3.37	3.29	3.23	3.10	3.13	2.71
10	4.10	3.71	3.48	3.33	3.22	3.14	3.07	3.02	2.97	2.54
∞	3.00	2.60	2.37	2.21	2.10	2.01	1.94	1.88	1.83	1.00

f_1：S_1^2 数据的自由度；f_2：S_2^2 的自由度。

F 检验多为单侧检验，很少用双侧检验，因此该表中列出的 F 值是单侧值。

例2-5　用两种方法测定某试样中的某组分，A 法测定6次（n=6）标准偏差为 S_1=0.055；B 法测定4次（n=4），标准偏差为 S_2=0.022。问 A 法的精密度是否显著地优于 B 法的精密度？

解：已知　　　　n$_1$=6　　　S_1=0.055

　　　　　　　　n$_2$=4　　　S_2=0.022

　　　　　　　　f_1=6－1=5　　f_1=4－1=3

由表2-2查得 F$_表$=9.01，根据式2-5

$$F = \frac{S_1^2}{S_2^2} = \frac{0.055^2}{0.022^2} = 6.25$$

F<F$_表$值，故 S_1^2 与 S_2^2 间无显著性差别，即在95%的置信水平上，两种方法的精密度之间不存在显著性差异。

（二）t 检验

t 检验是检查、判断某一分析方法或操作过程中是否存在较大的系统误差的统计学方法，主要用于以下几方面：

1.样本平均值 $\bar{x}$ 与标准值（相对真值、约定真值等）μ 的比较

根据式2-3知，在一定置信度时，平均置信区间为

$$\mu = \bar{x} \pm \frac{tS}{\sqrt{n}}$$

可以看出，如果这一区间可将标准值 μ 包含在其中，即使 $\bar{x}$ 与 μ 不完全一致，也能做出 $\bar{x}$ 与 μ 之间不存在显著性差异的结论，因为按 t 分布规律，这些差异是偶然误差造成的，而不属于系统误差。将式 2-3 改写为：

$$t = \frac{|\bar{x} - \mu|}{S}\sqrt{n}$$

将所得数据 $\bar{x}$、μ、S 及 n 代入上式，求出 t 值，然后与由表 2-1 查得的 $t_表$ 值相比较，如果 t 值 $\geq t_表$ 值，则说明 $\bar{x}$ 与 μ 之间存在显著性差异，反之则说明不存在显著性差异。由此可得出分析结果是否正确、新分析方法是否可行等结论。

例 2-6 采用某种新方法测定中药大青盐中 NaCl 的百分含量，得到下列 9 个分析结果：10.74，10.77，10.77，10.77，10.81，10.82，10.73，10.86，10.81。已知大青盐中 NaCl 的含量的标准值为 10.77%，问该新方法是否可靠（采用 95% 置信度）？

解：n=9，f=9－1=8，$\bar{x}$=10.79%，S=0.042%

$$t = \frac{|\bar{x} - \mu|}{S}\sqrt{n} = \frac{|10.79 - 10.77|}{0.43}\sqrt{9} = 1.43$$

查表 2-1 得，当置信度为 95%，f=8 时，$t_表$=2.31，t< $t_表$，故 $\bar{x}$ 与 μ 不存在显著性差异，说明该新方法可靠，系统误差很小。

2.两组平均值的比较

对以下两种情况，可采用 t 检验法判断两组平均值之间是否存在显著性差异。（1）同一试样由不同分析人员或同一分析人员采用不同方法、不同仪器进行分析测定，所得两组数据的平均值。（2）对含有同一组分的两个试样，用相同的分析方法所测得的两组数据的平均值。

设两组分析数据为：

n_1　S_1　$\bar{X}_1$

n_2　S_2　$\bar{X}_2$

它们的总体平均值分别为 μ_1 和 μ_2。现要检验 μ_1 和 μ_2 是否来自同一总体，已知，即使 $\mu_1=\mu_2$，即两组分析数据来自同一总体，但由于偶然误差的存在，可能 $\bar{X}_1 - \bar{X}_2 \neq 0$。若令

$$R = \bar{X}_1 - \bar{X}_2$$

根据误差传递公式，可求得 R 的标准偏差 S_R 为

$$S_R = \sqrt{S_{\bar{x}_1}^2 + S_{\bar{x}_2}^2} = \frac{S_1^2}{n_1} + \frac{S_2^2}{n_2} \tag{2-6a}$$

或由两组数据的平均值求 S_R：

$$S_R = \sqrt{\frac{\sum_{i=1}^{n_1}(x_{1i} - \bar{x}_1)^2 + \sum_{i=1}^{n_2}(x_{2i} - \bar{x}_2)^2}{(n_1 - 1) + (n_2 - 1)}} \tag{2-6b}$$

式中 S_R 称为合并标准偏差或组合标准差（pooled standard deviation）。

统计量 t 值为：

$$t = \frac{|\bar{x}_1 - \bar{x}_2|}{S_R} \sqrt{\frac{n_1 n_2}{n_1 + n_2}} \tag{2-7}$$

用式 2-7 求出统计量£后，与表 2-1 查得的 t 表值比较，若 $t < t_表$ 说明两组数据的平均值间不存在显著性差异，可以认为两个均值属于同一总体，即 $\mu_1 = \mu_2$；若 $t \geqslant t_表$，则它们之间存在显著差异。

例 2-7 用两种方法测定中药杏仁中苦杏仁酸的百分含量，所得结果如下：

A 法 1.26 1.25 1.22

B 法 1.35 1.31 1.33 1.34

问两种方法间是否有显著性差异（置信度90%）？

解：$n_1 = 3$ $\bar{x}_1 = 1.24\%$

$n_2 = 4$ $\bar{x}_2 = 1.33\%$

由式 2-6 求得 $S_R = 0.019$ 自由度 $f = n_1 + n_2 - 2 = 5$

$$t = \frac{|\bar{x}_1 - \bar{x}_2|}{S_R} \sqrt{\frac{n_1 n_2}{n_1 + n_2}} = \frac{|1.24 - 1.33|}{0.019} \sqrt{\frac{3 \times 4}{3 + 4}} = 6.21$$

查表 2-1 得，置信度为 90%，f=5 时，$t_表 = 2.02$。$t > t_表$，说明两种方法之间存在显著性差异，必须找出原因，加以解决。

使用差别检验时，须注意以下几点：

（1）差别检验的顺序是先进行 F 检验而后进行 t 检验

先由 F 检验确认两组数据的精密度无显著性差别后，才能使用 t 检验判断两组数据的均值是否存在系统误差。因为只有当两组数据的精密度无显著性差别时，准确度的检验才有意义，否则将会得出错误的判断。

（2）单边与双边检验

检验两个分析结果间是否存在显著性差异时，用双边检验；若检验某分析结果是否明显高于（或低于）某值，则用单边检验。

（3）用 F 检验法来检验两组数据的精密度是否有显著性差异，必须首先确定它是异于单边检验或双边检验

前者是在一组数据的方差只能大于、等于，但不可能小于另一组数据的方差的前提下进行检验，后者是在一组数据的方差可能大于、等于或小于另一组数据的方差的前提下进行检验。双边检验时，其显著性水准 α（α=1－P），应为单边检验的 2 倍，α= 0.05+0.05=0.10，即相当于显著性水准由 5% 变为 10%，而置信度则由 95% 变为 90%。

四、离群值的取舍

在分析工作中，当重复多次测定时，常常会发现有个别数据与其他数据相差较远，这一数据称为离群值（discordant value），又称为可疑值。离群值是保留还是舍弃，不能凭个人主观愿望任意取舍，而应首先检查该数据是否在实验过程中记错或是有不正常现象发生等。如果找不到原因，就没有舍弃该数据的根据，必须按一定的统计学方法进行处理判断之后，才能确定其取舍。由于化学分析实验中一般测量次数都比较少（3～8 次），不适用总体标准偏差来估计。通常采用舍弃商法（Q 检验法）或

G检验（Grubbs）法来检验可疑数据。

（一）舍弃商法（Q检验法）

当测量次数不多（n=3～10）时，按下述检验步骤来确定可疑值的取舍：

1.将各数据按递增顺序排列：X_1，X_2，…，X_{n-1}，X_n。

2.求出最大值与最小值的差值（极差）$X_{max} - X_{min}$。

3.求出可疑值与其最相邻数据之间的差值$Xi - X_邻$的绝对值。

4.求出 $Q = \dfrac{被检验数据 - 相邻的数据}{最大值 - 最小值} = \dfrac{|X_i - X_邻|}{X_{max} - X_{min}}$ （2-8）

5.根据测定次数n和要求的置信水平（如95%）查表2-3得到$Q_表$值。

6.判断：若计算$Q > Q_表$，则弃去可疑值，否则应予保留。

例2-8测定某药物中Ca^{2+}含量，所得结果为：1.25%，1.27%，1.31%，1.40%。问1.402%这个数据是否应保留（置信度为95%）?

解：Q=（1.40-1.31）÷（1.40-1.25）=0.60

已知n=4，由表2-3查得$Q_表$=0.84，$Q < Q_表$，故1.40%这个数据应保留。

表2-3 不同置信水平的Q值临界值表

测定次数n	Q（90%）	Q（95%）	Q（99%）
3	0.90	0.97	0.99
4	0.76	0.84	0.93
5	0.64	0.73	0.82
6	0.56	0.64	0.74
7	0.51	0.59	0.68
8	0.47	0.54	0.63
9	0.44	0.51	0.60
10	0.41	0.49	0.57

（二）G检验（Grubbs）法

检验步骤：

1.计算包括可疑值在内的测定平均值$\bar{X}$。

2.计算可疑值X_i与平均值$\bar{X}$之差的绝对值。

3.计算包括可疑值在内的标准偏差S。

4.按下式计算G值

$$G = \frac{X_i - \bar{X}}{S}$$ （2-9）

5.查表2-3，得到G的临界值$G_{u,n}$。$G > G_{u,n}$，则该可疑值应当舍弃，反之则应保留。

判断G值的临界标准时，要考虑到对置信度的要求。表2-4提供的临界值可供查阅。

表2-4 G检验临界

测定次数 n	3	4	5	6	7	8	9	10	11	12	13	14	15	20
$\alpha=0.10$	1.15	1.46	1.67	1.82	1.94	2.03	2.11	2.18	2.23	2.29	2.33	2.37	2.41	2.56
$\alpha=0.05$	1.15	1.48	1.71	1.89	2.02	2.13	2.21	2.29	2.36	2.41	2.46	2.51	2.55	2.71
$\alpha=0.01$	1.15	1.49	1.75	1.94	2.10	2.22	2.32	2.41	2.48	2.55	2.61	2.66	2.71	2.88

Grubbs法的优点在于判断可疑值的过程中，将t分布中的两个最重要的样本参数 $\bar{X}$ 及S引入，方法的准确度高，适用范围也广；但缺点是需要计算 $\bar{X}$ 和S，手续较麻烦。

例2-9 上例Q检验法中的实验数据，用Grubbs法判断时，1.40这个数据应否保留（置信度为95%）

解：已知n=4，计算得到 $\bar{X}$=1.31，S=0.066

$$G = \frac{X_i - \bar{X}}{S} = \frac{1.40 - 1.31}{0.066} = 1.36$$

查表2-4，得 $G_{u,n}$=1.48，$G_{u,n}$>G；故1.40这个数据应保留。此结论与Q检验法相符。

第三章　滴定分析法

第一节　概　述

　　滴定分析（titrimetric analysis）是化学分析的重要方法。通常将一种已知准确浓度的试剂溶液即标准溶液（standard solution）滴加到待测物质溶液中，直到标准溶液与被测组分按反应式化学计量关系恰好反应完全为止，根据标准溶液的浓度和体积，计算待测组分含量的一类方法称为滴定分析法。在滴定分析中所使用的标准溶液称为滴定剂（titrimetric agent），滴加标准溶液的操作过程称为滴定（titration）。当加入的标准溶液与待测组分按反应式的化学计量关系恰好反应完全时，反应到达了化学计量点（stoichiometric point）。在化学计量点，绝大多数反应不能直接观察到外部特征变化，因此，必须使用一种方法指示化学计量点的到达。指示方法有仪器方法（如电位、电导、电流、光度等方法）和化学方法。常用的化学方法是在待滴定溶液中加入一种辅助试剂即指示剂（indicator），利用指示剂颜色突变来指示计量点的到达。在滴定过程中，被滴定溶液的颜色或电位、电导、电流、光度等发生突变之点称为滴定终点（end point of the titration）。在实际分析操作中，滴定终点与理论上的计量点可能不恰好符合，它们之间总存在着很小的差别，由此而引起的误差称为终点误差（end point error）或滴定误差（titration error）。

一、滴定分析法的特点和分类

　　滴定分析法结果准确，相对误差在±0.2%以内，操作简便，测定快速，仪器设备简单，用途广泛，可适用于各种化学反应类型的测定。在生产和科研中具有重要的实用价值，是分析化学中很重要的一类方法。

　　滴定分析法根据化学反应类型的不同，通常分为下列四类：

（一）酸碱滴定法

　　酸碱滴定法是以质子转移反应为基础的滴定分析方法。可用来测定酸、碱以及能直接或间接与酸、碱发生反应的物质含量，滴定反应实质可表示为：

$$HA + OH^- \rightleftharpoons A^- + H_2O \tag{3-1}$$

待滴酸 滴定剂

$$B + H^+ \rightleftharpoons BH^+ \tag{3-2}$$

待滴碱 滴定剂

（二）沉淀滴定法

沉淀滴定法是以沉淀反应为基础的滴定分析方法。在这类方法中，银量法应用最广泛，可用于测定 Ag^+、CN^-、SCN^- 及卤素等离子（用 X 表示），银量法反应实质为：

$$Ag^+ + X^- \rightleftharpoons AgX \tag{3-3}$$

（三）配位滴定法

配位滴定法是以配位反应为基础的滴定分析方法，可用于测定金属离子或配位剂。反应实质为：

$$M + Y \rightleftharpoons MY \tag{3-4}$$

式中，M 为金属离子（略去电荷），Y 为配位剂分子或离子（略去电荷）。目前应用最广的配位剂是氨羧配位剂，如用乙二胺四乙酸钠盐作滴定剂可以测定几十种金属离子。

（四）氧化还原滴定法

氧化还原滴定法是以氧化还原反应为基础的滴定方法。可用于直接测定具有氧化或还原性的物质或间接测定某些不具有氧化或还原性质的物质。滴定反应实质可表示为：

$$Ox_1 + ne \rightleftharpoons Red_1$$
$$Red_2 - ne \rightleftharpoons Ox_2 \tag{3-5}$$
$$Ox_1 + Red_2 \rightleftharpoons Red_1 + Ox_2$$

式中，Red_1、Ox_1 分别表示滴定剂的还原形和氧化形，Red_2、Ox_2 分别表示被测物质的还原形和氧化形，n 表示反应中转移的电子数。根据所用滴定剂的不同，氧化还原滴定法又可分为碘量法、铈量法、高锰酸钾法、溴量法、重铬酸钾法等。

二、滴定分析对滴定反应的要求

各种类型的化学反应虽然很多，但不一定都能用于滴定分析。适合于滴定分析的化学反应必须满足以下三个基本要求：

（一）反应必须定量完成

要求待测物质与滴定剂之间的反应要按一定的化学反应式进行，并且无副反应发生。反应完全程度一般应在 99.9% 以上，这是滴定分析定量计算的基础。

（二）反应速度要快

要求滴定剂与待测物质间的反应在瞬间完成。对于速度较慢的反应，应采取适当措施提高其反应速度，以使其能与滴定的速度相适应。

（三）有简便可靠的方法确定滴定终点

要求滴定剂与被测物质间的反应有简便可靠的方法确定滴定的终点。

三、滴定方式

（一）直接滴定法

凡是能够满足上述三个基本要求的反应都可用滴定剂直接滴定待测物质。直接滴定法（direct titration）是滴定分析中最常用和最基本的滴定方法。该法简便、快速，可能引入误差的因素较少，当滴定反应不能完全满足上述三个基本要求时，可采用下述方式进行滴定。

（二）返滴定法

返滴定法（back-titration）也称回滴定法或剩余量滴定法。当滴定剂与待测物质之间的反应速度慢或缺乏适合检测终点的方法等原因，不能采用直接滴定法时，常采用返滴定法。返滴定法是先在待测物质溶液中准确加入一定量的过量的标准溶液，待与待测物质反应完成后，再用另一种滴定剂滴定剩余的标准溶液。例如，碳酸钙含量测定，由于试样是固体，可先往试样中准确加入过量的 HCl 标准溶液，加热使碳酸钙完全溶解，冷却后再用 NaOH 滴定剂滴定剩余的 HCl。又如，用 EDTA 滴定剂滴定 Al^{3+} 时，因 Al^{3+} 与 EDTA 配合反应速度慢，不能采用直接滴定法滴定 Al^{3+}，可于 Al^{3+} 溶液中先加入过量的 EDTA 标准溶液并加热促使反应加速完成，冷却后再用 Zn^{2+} 滴定剂滴定剩余的 EDTA。

（三）置换滴定法

对滴定剂与待测物质不按一定反应式进行（如伴有副反应）的化学反应，不能直接用滴定剂滴定待测物质，可先用适当的试剂与待测物质反应，使之置换出一种能被定量滴定的物质，然后再用适当的滴定剂滴定，此法称为置换滴定法（replacement titration）。例如，硫代硫酸钠不能直接滴定重铬酸钾及其他强氧化剂，因为在酸性溶液中，强氧化剂将 $S_2O_3^{2-}$ 氧化为 $S_4O_6^{2-}$ 及 SO_4^{2-} 等混合物，而无确定的化学计量关系。若在 $K_2Cr_2O_7$ 酸性溶液中加入过量的 KI，定量地置换出 I_2，即可用 $Na_2S_2O_3$ 直接滴定：

$$Cr_2O_7^{2-} + 6I^- + 14H^+ \rightleftharpoons 3I_2 + 2Cr^{3+} + 7H_2O$$

$$I_2 + 2S_2O_3^{2-} \rightleftharpoons S_4O_6^{2-} + 2I^-$$

（四）间接滴定法

对于不能与滴定剂直接起化学反应的物质，可以通过另一种化学反应，用滴定分析法间接进行测定，此法称为间接滴定（indirect titration）。例如，将溶液中 Ca^{2+} 沉淀为 CaC_2O_4，过滤，洗净后溶解于 H_2SO_4 中，然后再用 $KMnO_4$ 滴定剂滴定与 Ca^{2+} 结合的 $C_2O_4^{2-}$，即可间接测定 Ca^{2+} 的含量。

返滴定、置换滴定、间接滴定等方法的应用，大大扩展了滴定分析法的应用范围。

第三节　标准溶液的配制及其浓度表示法

滴定分析中要通过标准溶液的浓度和体积，来计算被测物质的含量。因此，正确地配制，准确地标定，妥善地保管标准溶液，对提高滴定分析结果的准确度有着十分重要的意义。

一、基准物质

（一）基准物质的条件

用来直接配制标准溶液的物质称为基准物质（standard substance）。不是所有的化学试剂都可以作为基准物质使用，基准物质必须具备下列条件：

1.物质具有足够的纯度，即杂质含量应小于滴定分析所允许的误差限度，通常是纯度在 99.95%～100.05% 之间的基准试剂或优级纯试剂。

2.物质的组成要与化学式完全符合，若含结晶水，如草酸 $H_2C_2O_4 \cdot 2H_2O$ 等，其结晶水含量也应与化学式相符。

3.物质的性质稳定，加热干燥时不分解，称量时不吸湿，不吸收 CO_2，不被空气氧化等。

4.物质最好具有较大的摩尔质量，以减少称量误差。

（二）常用的基准物质

表 3-1 列出了常用基准物质及其干燥温度和应用范围。

表 3-1 常用基准物质的干燥条件和应用范围

基准物质	干燥后的组成	干燥温度/℃	标定对象
Na_2CO_3	Na_2CO_3	270～300	酸
$Na_2B_4O_7 \cdot 10H_2O$	$Na_2B_4O_7 \cdot 10H_2O$	放在装有 NaCl 和蔗糖饱和溶液的干燥器中	酸
NaCl	NaCl	110	$AgNO_3$
$KBrO_3$	$KBrO_3$	150	还原剂
KIO_3	KIO_3	105	还原剂
$K_2Cr_2O_7$	$K_2Cr_2O_7$	120	还原剂
对氨基苯磺酸	$C_6H_7O_3NS$	120	$NaNO_2$
As_2O_3	As_2O_3	室温（干燥器中保存）	氧化剂
$Na_2C_2O_4$	$Na_2C_2O_4$	110	$KMnO_4$
$C_6H_4(COOH)COOK$（邻苯二甲酸氢钾）	$C_6H_4(COOH)COOK$	105～110	碱或 $HClO_4$
$H_2C_2O_4 \cdot 2H_2O$	$H_2C_2O_3 \cdot 2H_2O$	室温空气干燥	$KMnO_4$
$CaCO_3$	$CaCO_3$	110	EDTA
Zn	Zn	室温干燥器中保存	EDTA
ZnO	ZnO	800	EDTA

二、标准溶液的配制

（一）直接配制法

准确称取一定量的物质（基准物质），溶解后定量转移到容量瓶中，稀释至一定体积，根据称取物质的质量和容量瓶的体积即可计算出该标准溶液的浓度。这样配成的标准溶液为基准溶液，可用它来标定其他待标定溶液的浓度。

直接配制法的优点是简便，一经配好即可使用，无须标定。

（二）间接配制法

许多物质由于达不到基准物质的要求只能采用间接法配制，即粗略地称取一定量物质配制成接近所需浓度的溶液（称为待标定溶液，简称待标液），其准确浓度必须用基准物质或另一种标准溶液来测定。这种利用基准物质（或已知准确浓度的溶液）来测定待标液浓度的操作过程称为标定（standardization）。

三、标准溶液的标定

（一）用基准物质标定

准确称取一定量的基准物质，溶解后用待标液滴定，根据基准物质的质量和待标液的体积，即可计算出待标液的准确浓度。大多数标准溶液用基准物质来"标定"其准确浓度。例如，NaOH标准溶液常用邻苯二甲酸氢钾、草酸等基准物质来"标定"其准确浓度。

（二）与标准溶液比较

准确吸取一定量的待标液，用已知准确浓度的标准溶液滴定，或准确吸取一定量标准溶液，用待标液滴定，根据两种溶液的体积和标准溶液的浓度来计算待标液浓度。这种用标准溶液来测定待标液准确浓度的操作过程称为"比较"。

四、标准溶液浓度的表示方法

（一）物质的量浓度

1.物质的量浓度

物质的量浓度（amount of substance concentration）是指单位体积溶液中所含溶质的物质的量。即

$$C = \frac{n}{V} \tag{3-6}$$

式中，V为溶液的体积（L 或 mL）；n为溶液中溶质的物质的量（mol 或 mmol）；C为溶质物质的量浓度（mol/L 或 mmol/L），简称浓度。

2.物质的量与质量的关系

物质的量与质量是概念不同的两个物理量，它们之间有一定的关系。假设物质的质量为摩尔质量为M，则溶质的物质的量n与质量的关系为：

$$n = \frac{m}{M} \qquad (3-7)$$

根据式 3-6、式 3-7 得溶质的质量为：

$$m = CVM \qquad (3-8)$$

式 3-8 表明了溶液中，溶质的质量、浓度、摩尔质量、溶液体积之间的关系。

例 3-1 已知浓硫酸的相对密度为 1.84g/mL，其中 H_2SO_4 含量为 98%，求每升浓硫酸中所含的 $n_{H_2SO_4}$ 及 $C_{H_2SO_4}$（$M_{H_2SO_4}$=98.08g/mol）。

解：根据式 3-7 得：

$$n_{H_2SO_4} = \frac{m_{H_2SO_4}}{M_{H_2SO_4}} = \frac{1.84g/mL \times 1000mL \times 0.98g/g}{98.08g/mol} = 18.38mol$$

由式 3-6 得：

$$C_{H_2SO_4} = \frac{n_{H_2SO_4}}{1L} = 18.38mol/L$$

例 3-2 欲配制 0.01000mol/L 的 $K_2Cr_2O_7$ 标准溶液 500.0mL，应称取基准的 $K_2Cr_2O_7$ 多少克？（$M_{K_2Cr_2O_7}$=294.2g/mol）

解：由式 3-8 得：

$$m_{K_2Cr_2O_7} = C \cdot V \cdot \frac{M}{1000} = 0.01000 \times 500.0 \times \frac{294.2}{1000} = 1.471g$$

3.溶液稀释或增浓时浓度的计算

当溶液稀释或增浓时，溶液中溶质的物质的量没有改变，只是浓度和体积发生了变化，即

$$C_1V_1 = C_2V_2 \qquad (3-9)$$

式 3-9 中，C_1、V_1 和 C_2、V_2 分别为浓溶液和稀溶液的浓度和体积。

例 3-3 浓 H_2SO_4 的浓度约 18mol/L，若配制 1000mL 0.1000mol/L 的 H_2SO_4 待标液，应取浓 H_2SO_4 多少毫升？

解：根据式 3-9 得：

$$V_浓 = \frac{C_稀 V_稀}{C_浓} = \frac{0.1000 \times 1000}{18} \approx 5.6mL$$

（二）滴定度

滴定度（titer）是指每毫升滴定剂相当于待测物质的克数，用 $T_{T/A}$ 表示，T 是滴定剂的化学式，A 是待测物的化学式。例如，$T_{K_2Cr_2O_7/Fe}$=0.005000g/mL 表示每 1mL $K_2Cr_2O_7$ 滴定剂相当于 0.005000g 铁。在生产单位的例行分析中，使用滴定度比较方便，可直接用滴定度计算待测物质的质量和百分含量。

例如，用上述滴定度的 $K_2Cr_2O_7$ 滴定剂测定铁试样中铁含量，如果滴定消耗 $K_2Cr_2O_7$ 滴定剂 25.00mL，则待测溶液中铁的质量为 0.00500×25.00=0.1250g，若该测定中称取的固体试样重量为 0.5000g，则待测物质中铁的百分含量为：（0.1250÷0.5000）×100%=25.00%。这种浓度表示法，对生产单位经常分析同类试样中的同一成分时，可以省去很多计算。

此外，以每毫升滴定剂中所含溶质的克数表示的滴定度用 Tm 表示，M 表示滴定

剂的化学式，如：$T_{HCl}=0.01000g/mL$，表示每 1mL HCl 滴定剂中含 HCl 溶质 0.01000g。这种滴定度表示方法不及前一种应用广泛，但在微量组分测定中较为方便。

第三节　滴定分析结果计算

滴定分析中涉及一系列的计算问题，如标准溶液的配制和浓度的标定，标准溶液和待测物质之间的计量关系及分析结果的计算等。

一、滴定分析的计算基础

在滴定分析中，当两反应物质作用完全到达计量点时，两者的物质的量之间的关系应符合其化学反应式中所表示的化学计量关系，这是滴定分析计算的依据。虽然滴定分析类型不同，滴定结果计算方法也不尽相同，但都是根据滴定剂用量及由反应物质间化学计量关系计算待测物的物质的量及其含量。

滴定剂物质的量 n_T 与待测物物质的量 n_A 之间的关系式，可根据两者的化学反应关系式得到。当用滴定剂直接滴定待测物的溶液时，两者之间的滴定反应可表示为：

$$tT + aA \rightleftharpoons bB + cC$$

滴定剂　待测物

在滴定到达化学计量点时 t molT 恰好与 a molA 作用完全，即：

$n_T : n_A = t : a$

故：$n_T = \dfrac{t}{a} n_A$　　　　　　　　　　　　　　　　（3-10）

式 3-10 为滴定剂与待测物质之间化学计量的基本关系式。

例如，用 Na_2CO_3 基准物质标定 HCl 溶液浓度，其化学反应式为：

$2HCl + Na_2CO_3 \rightleftharpoons 2NaCl + H_2CO_3$

$n_{HCl} : n_{Na_2CO_3} = 2 : 1$

$n_{HCl} = \dfrac{2}{1} n_{Na_2CO_3}$

得到 HCl 的 n_{HCl} 和 n_{Na2CO3} 关系式后，可按下面讨论的方法进一步进行有关计算。

（一）若待测溶液体积为 V_A，浓度为 C_A，滴定反应到达化学计量点时，用去浓度为 C_T 的滴定剂体积为 V_T。

由式 3-6 及式 3-10 可得到：

$$C_A \cdot V_A = \frac{a}{t} C_T \cdot V_T$$　　　　　　　　　（3-11）

式 3-11 是两种溶液间相互滴定达到化学计量点时溶液浓度的计算关系式。

例 3-4 欲测 H_2SO_4 的物质的量浓度，取此溶液 20.00mL，用 0.2000mol/L NaOH 标准溶液滴定至终点时，消耗了 NaOH 标准溶液 25.00mL，计算 H_2SO_4 溶液物质的量浓度。

解：NaOH 与 H_2SO_4 的化学反应为：$2NaOH + H_2SO_4 \rightleftharpoons Na_2SO_4 + 2H_2O$

$n_{NaOH} : n_{H_2SO_4} = 2 : 1$

根据式 3-10 得：

$$C_{H_2SO_4}V_{H_2SO_4} = \frac{1}{2}C_{NaOH}V_{NaOH}$$

（二）若待测物质 A 是固体，制成溶液滴定到达计量点时，用去的滴定剂浓度为 C_T，体积为 V_T。

由式 3-6、式 3-7 和式 3-9 可得：

$$C_T \cdot V_T = \frac{t}{a} \cdot \frac{m_A}{M_A} \qquad (3\text{-}12a)$$

式 3-12a 中，m_A 的单位为 g，M_A 的单位为 g/mol，V 的单位为 L，C 的单位为 mol/L。在滴定分析中，体积常以毫升计量。当体积为毫升时，式 3-12a 可写为：

$$C_T \cdot V_T = \frac{t}{a} \cdot \frac{m_A}{M_A} \times 1000 \qquad (3\text{-}12b)$$

式 3-12a 适用于用基准物质标定待标液，用滴定剂滴定待测物质等的计算。式 3-11、式 3-12b 是滴定分析计算的最基本公式，首先应弄清公式的意义，并能在实际工作中根据具体情况灵活应用。

例 3-5 标定 HCl 溶液的浓度，称取硼砂基准物（$Na_2B_4O_7 \cdot 10H_2O$）0.4709g，用 HCl 溶液滴定至终点时，消耗了 HCl 25.20mL，试计算 HCl 溶液的浓度（$M_{Na_2B_4O_7 \cdot 10H_2O} = 381.69$g/mol）。

解：硼砂与盐酸的滴定反应为：$Na_2B_4O_7 + 2HCl + 5H_2O \rightleftharpoons 4H_3BO_3 + 2NaCl$

根据式 3-12b 得：

$$C_{HCl} \cdot V_{HCl} = \frac{2}{1} \cdot \frac{m_{Na_2B_6O_7 \cdot 10H_2O}}{M_{Na_2B_6O_7 \cdot 10H_2O}} \times 1000$$

例 3-6 标定 NaOH 溶液的浓度，称取邻苯二甲酸氢钾（KHP）基准物 0.5000g，用 0.1mol/L NaOH 溶液滴定，试计算大约消耗 NaOH 溶液的体积（M_{KHP}=204.2g/mol）。

解：NaOH 与 KHP 的反应为：

根据式 3-12b 得：

$$C_{NaOH} \times V_{NaOH} = \frac{m_{KHP}}{M_{KHP}} \times 1000$$

$$V_{NaOH} = \frac{0.5000 \times 1000}{0.1 \times 204.2} = 24.49\text{mL}$$

例 3-7 用草酸（$H_2C_2O_4 \cdot 2H_2O$）基准物标定约 0.2mol/L NaOH 溶液的浓度，欲消耗 NaOH 溶液的体积为 20~25mL，应称取基准物质多少克（$M_{H_2C_2O_4 \cdot 2H_2O} = 126.1$g/mol）。

解：草酸与氢氧化钠的反应为：$2NaOH + H_2C_2O_4 \rightleftharpoons Na_2C_2O_4 + 2H_2O$

根据式 3-12b 得：

$$C_{NaOH} \cdot V_{NaOH} = \frac{2}{1} \cdot \frac{m_{H_2C_2O_4 \cdot 2H_2O}}{M_{H_2C_2O_4 \cdot 2H_2O}} \times 1000$$

$$m_{H_2C_2O_4 \cdot 2H_2O} = \frac{0.2 \times 20 \times 126.1}{2 \times 1000} = 0.25g$$

$$m_{H_2C_2O_4 \cdot 2H_2O} = \frac{0.2 \times 25 \times 126.1}{2 \times 1000} = 0.32g$$

故应称基准物质 0.25～0.32g。

（三）物质的量浓度与滴定度之间的关系

当用浓度为 C 的滴定剂滴定待测物到达计量点时，其计算关系式为 3-12b：

$$C_T \cdot V_T = \frac{t}{a} \cdot \frac{m_A}{M_A} \times 1000$$

由于滴定度是 1mL 滴定剂（T）相当于待测物（A）的克数，因此，滴定度（$T_{T/A}$）等于当 V_T=1mL 时待测物的质量 m_A，将 V_T=1mL，$T_{T/A}$=m_A 代入式 3-12b 得：

$$C_T \times 1 = \frac{t}{a} \cdot \frac{T_{T/A}}{M_A} \times 1000$$

$$T_{T/A} = \frac{a}{t} C_T \cdot \frac{M_A}{1000} \tag{3-13}$$

式 3-13 为以待测物表示滴定剂的滴定度与物质的量浓度之间的关系式。

另一种以滴定剂表示滴定度（T_T），为 1mL 滴定剂中所含溶质的克数，其 T_M 与 C_T 的关系可以从式 3-8 得到：

$$C_T \cdot V_T = \frac{m_T}{M_T} \times 1000 \tag{3-14a}$$

当 V_T=1mL 时，m_T=T_T 代入式 3-14a 得：

（3-14b）

式 3-14b 为以滴定剂表示滴定度与物质的量浓度之间的关系式。

例 3-8 试计算 0.1000mol/L HCl 滴定剂对 $CaCO_3$ 的滴定度（M_{CaCO_3}=100.0g/mol）。

解：HCl 与 $CaCO_3$ 的滴定反应为：$2HCl + CaCO_3 \rightleftharpoons CaCl_2 + H_2CO_3$

n_{HCl}：n_{CaCO_3}=2：1

根据式 3-13 得：

$$T_{HCl/CaCO_3} = \frac{1}{2} \times 0.1000 \times \frac{100.0}{1000} = 5.0000 \times 10^{-3} g/mL$$

例 3-9 已知 C_{NaOH}=0.1000mol/L，试计算：

1. T_{NaOH}；

2. T_{NaOH/H_2SO_4}（M_{NaOH}=40.00g/mol，$M_{H_2SO_4}$=98.08g/mol）。

解：（1）由式 3-14b 得：

$$T_{NaOH} = \frac{C_{NaOH} M_{NaOH}}{1000} = \frac{0.1000 \times 40}{1000} = 4.000 \times 10^{-3} g/mL$$

（2）滴定反应为：$H_2SO_4 + 2NaOH \rightleftharpoons Na_2SO_4 + 2H_2O$

根据式 3-13 得：

$$T_{NaOH/H_2SO_4} = \frac{a}{t} \frac{C_{NaOH} M_{NaOH}}{1000} = \frac{1}{2} \times \frac{0.1000 \times 98.08}{1000} = 4.904 \times 10^{-3} g/mL$$

二、待测物含量的计算

假设称取试样的质量为 S，测得待测物的质量为 m_A，待测物的百分含量（A%）为：

$$A\% = \frac{m_A}{S} \times 100\% \qquad (3\text{-}15a)$$

根据式 3-12b 得：

$$m_A = \frac{a}{t} C_T \cdot V_T \frac{M_A}{1000}$$

故：

$$A\% = \frac{a}{t} \frac{C_T \cdot V_T \cdot M_A}{S \times 1000} \times 100\% \qquad (3\text{-}15b)$$

式 3-15b 为滴定分析中计算待测物质百分含量的一般通式。

若用回滴定法，待测物质百分含量计算公式为：

$$A\% = \frac{\left[C_{t_1} \cdot V_{t_1} - \frac{t_1}{t_2} C_{t_2} \cdot V_{t_2} \right] \frac{a}{t_1} M_A}{S \times 1000} \times 100\% \qquad (3\text{-}16)$$

用滴定度 $T_{T/A}$ 计算待测物质的百分含量比较方便，可由消耗滴定剂毫升数直接进行计算，即

$$A\% = \frac{T_{T/A} V_A}{S} \times 100\% \qquad (3\text{-}17)$$

例 3-10 测定药用 Na_2CO_3 的含量时，称取试样 0.2500g，用 0.2000mol/L 的 HCl 标准溶液滴定，用去 HCl 标准溶液 23.00mL，试计算纯碱中 Na_2CO_3 的百分含量（$M_{Na_2CO_3}$ =106.0g/mol）。

解：HCl 与 Na_2CO_3 的滴定反应为：$2HCl + Na_2CO_3 \rightleftharpoons 2NaCl + H_2CO_3$

n_{HCl} : $n_{Na_2CO_3}$ = 2 : 1

根据式 3-15b 得：

$$Na_2CO_3\% = \frac{1}{2} \times \frac{0.2000 \times 23.00 \times 106.0}{0.2500 \times 1000} \times 100\% = 97.5\%$$

例 3-11 测定硫酸亚铁药物中 $FeSO_4 \cdot 7H_2O$ 的含量时，称取试样 0.5000g，用硫酸及新煮沸冷却的蒸馏水溶解后，立即用 0.01780mol/L 的 $KMnO_4$ 标准溶液滴定，终点时用去 $KMnO_4$ 标准溶液 20.00mL，计算药物中 $FeSO_4 \cdot 7H_2O$ 的含量（$M_{FeSO_4 \cdot 7H_2O}$=278.0g/mol）。

解：滴定反应为：$MnO_4^- + 5Fe^{2+} + 8H^+ \rightleftharpoons Mn^{2+} + 5Fe^{3+} + 4H_2O$

$$n_{MnO_4^-} : n_{Fe^{2+}} = 1 : 5$$

根据式 3-15b 得：

$$FeSO_4 \cdot 7H_2O\% = \frac{5}{1} \times \frac{0.01780 \times 20.00 \times 278.0}{0.5000 \times 1000} \times 100\% = 99.0\%$$

例 3-12 用 0.1000mol/L H_2SO_4 滴定剂滴定 0.2200g 药用 Na_2CO_3，用去 H_2SO_4 滴定剂 20.60mL，试计算 Na_2CO_3 的含量。H_2SO_4 滴定剂对 Na_2CO_3 的滴定反应为：$H_2SO_4 +$

$$Na_2CO_3 \rightleftharpoons Na_2SO_4 + H_2CO_3$$

$$n_{H_2SO_4} : n_{Na_2CO_3} = 1 : 1$$

根据式 3-13 得：

$$T_{H_2SO_4/Na_2CO_3} = \frac{C_{H_2SO_4}M_{Na_2CO_3}}{1000} = \frac{0.1000 \times 106.0}{1000} = 0.01060 \text{g/mL}$$

根据式 3-17 得：

$$Na_2CO_3\% = \frac{T_{H_2SO_4/Na_2CO_3} \times V_{H_2SO_4}}{1000} \times 100\% = \frac{0.0106 \times 20.6}{0.2200} \times 100\% = 99.3\%$$

例 3-13 取碳酸钙试样 0.1983g，溶于 25.00mL 的 0.2010mol/L HCl 溶液中，过量的酸用 0.2000mol/L NaOH 溶液回滴定，消耗 5.50mL，求碳酸钙的含量。

解：
$$2HCl + CaCO_3 \rightleftharpoons CaCl_2 + H_2O + CO_2\uparrow$$

$$HCl + NaOH \rightleftharpoons NaCl + H_2O$$

根据式（3-16）得：

$$CaCO_3\% = \frac{[0.2010 \times 25.00 - 0.2000 \times 5.50] \times 100.1 \times \frac{1}{2}}{0.1983 \times 1000} \times 100\% = 99.1\%$$

以上讨论有关滴定分析中直接滴定法的计算，对于其他滴定方法，因涉及两个或多个反应式，比较复杂，如果从总的反应式中找出实际参加反应物质的物质的量之间的关系，计算也比较简单。例如，以 $K_2Cr_2O_7$ 基准物标定 $Na_2S_2O_3$ 溶液的浓度，通常采用置换滴定法，化学反应分两步进行：

$$Cr_2O_7^{2-} + 6I^- + 14H^+ \rightleftharpoons 2Cr^{3+} + 3I_2 + 7H_2O$$

$$n_{Cr_2O_7^{2-}} : n_{I_2} = 1 : 3$$

$$3I_2 + 2S_2O_3^{2-} \rightleftharpoons S_4O_6^{2-} + 2I^-$$

$$n_{I_2} : n_{S_2O_3^{2-}} = 1 : 2$$

因此，$K_2Cr_2O_7$ 与 $Na_2S_2O_3$ 物质的量之间关系为：

$$n_{K_2Cr_2O_7} : n_{Na_2S_2O_3} = 1 : 6$$

根据式 3-12b 即可计算出 $Na_2S_2O_3$ 的浓度，即：

$$C_{Na_2S_2O_3} = \frac{6}{1} \times \frac{m_{K_2Cr_2O_7} \times 1000}{M_{K_2Cr_2O_7} \times V_{Na_2S_2O_3}}$$

例如，Ca^{2+} 含量测定，可以采用间接滴定法，用 $KMnO_4$ 滴定剂进行滴定，有关化学反应如下：

$$Ca^{2+} + C_2O_4^{2-} \rightleftharpoons CaC_2O_4$$

$$CaC_2O_4 + 2H^+ \rightleftharpoons Ca^{2+} + H_2C_2O_4$$

$$n_{Ca^{2+}} : n_{C_2O_4^{2-}} = 1 : 1$$

$$5C_2O_4^{2-} + 2MnO_4^- + 16H^+ \rightleftharpoons 2Mn^{2+} + 10CO_2\uparrow + 8H_2O$$

因此，Ca^{2+} 与 $KMnO_4$ 物质的量关系为：

$$n_{Ca^{2+}} : n_{KMnO_4} = 5 : 2$$

根据式 3-13 即可计算出试样中 Ca 的含量，即：

$$Ca\% = \frac{2}{5} \times \frac{C_{KMnO_4}V_{KMnO_4}M_{Ca}}{S \times 1000} \times 100\%$$

第四章 酸碱滴定法

第一节 概 述

酸碱滴定法（acid-base titrations）是以酸碱反应为基础的滴定分析方法，是滴定分析中重要的方法之一。该法广泛用于测定各种酸、碱以及能与酸、碱直接或间接发生质子转移反应的物质，在中药、化学合成药及生物样品分析中应用很普遍。

通常酸碱反应在计量点时无外观变化，需要用指示剂方法或仪器方法指示滴定终点的到达。借助于指示剂的颜色改变确定滴定终点的方法简单而方便，在实践中应用广泛。酸碱滴定的关键是选择合适的指示剂指示滴定终点，判断待测物能否准确被滴定，这些都取决于滴定过程中溶液pH值的变化规律。因此，讨论酸碱滴定时，必须了解滴定过程中溶液pH值的变化规律，了解指示剂的变色原理、变色范围及选择指示剂的原则。

为了掌握酸碱滴定，首先必须了解酸碱反应的基本原理，了解溶液中酸碱平衡的理论。本章以酸碱质子理论讨论水溶液中的酸碱平衡，以及平衡体系中有关组分浓度的计算，然后再讨论酸碱滴定法的理论和实际应用。

第二节 水溶液中的酸碱平衡

一、酸碱质子理论

（一）质子理论的酸碱概念

根据酸碱质子理论，凡能给出质子（H^+）的物质是酸；凡能接受质子（H^+）的物质是碱。酸碱的关系可用下式表示：

$$HA \rightleftharpoons A^- + H^+ \tag{4-1}$$

$$\underset{\underset{\text{共轭}}{\longmapsto}}{\text{酸} \qquad \text{碱}}$$

式4-1称为酸碱半反应。酸（HA）给出质子后，所余部分即是该酸的共轭碱

（A⁻）；而碱（A⁻）接受质子后，即形成该碱的共轭酸（HA）。HA 和 A⁻ 称为共轭酸碱对。显然，共轭酸碱对彼此仅相差一个质子。例如：

酸 $\rightleftharpoons$ 质子 + 碱

$HAc \rightleftharpoons H^+ + Ac^-$

$NH_4^+ \rightleftharpoons H^+ + NH_3$

$H_2S \rightleftharpoons H^+ + HS^-$

$HS^- \rightleftharpoons H^+ + S^{2-}$

$^+H_3N\text{-}R\text{-}NH_3^+ \rightleftharpoons H^+ + {}^+H_3N\text{-}R\text{-}NH_2$

可见，酸碱可以是中性分子，也可以是阳离子或阴离子，不受是否带有电荷的限制。此外，质子理论的酸碱概念还具有相对性，同一物质（如 HS⁻）随具体反应的不同，可以作为酸，或作为碱。

（二）溶剂合质子概念

由于质子（H⁺）的半径很小，电荷密度高，游离质子不能在溶液中单独存在，常与极性溶剂结合成溶剂合质子。例如，盐酸在水中离解时：

$HCl \rightleftharpoons H^+ + Cl^-$

$H^+ + H_2O \rightleftharpoons H_3O^+$

$HCl + H_2O \rightleftharpoons H_3O^+ + Cl^-$

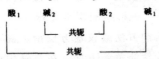

盐酸离解出的 H⁺ 与溶剂水形成水合质子，溶剂水起碱的作用，质子从盐酸转移到溶剂水中。形成水合质子的过程是 HCl-Cl⁻、H_3O^+- H_2O 二个共轭酸碱对共同作用的结果。为书写方便，通常将水合质子 H_3O^+ 简写成 H⁺，但这并不表示 H⁺ 能单独存在。

溶质酸 HA 在溶剂 HS 中离解出的 H⁺，与溶剂 HS 形成溶剂合质子 H_2S^+：

$$HA + HS \rightleftharpoons H_2S^+ + A^-$$

例如，高氯酸在冰醋酸中形成醋酸合质子（H_2Ac+），在硫酸中形成硫酸合质子（$H_3SO_4^+$），在乙醇中形成乙醇合质子（$C_2H_5OH_2^+$）。

可见，酸的离解是一个形成溶剂合质子的过程，其实质是质子的转移过程，即是两共轭酸碱对共同作用的结果。在反应中，溶剂起碱的作用。

同理，碱在溶剂中离解时，溶剂也参加反应。例如，氨在水中离解时：

$H_2O \rightleftharpoons H^+ + OH^-$

$NH_3 + H^+ \rightleftharpoons NH_4^+$

$NH_3 + H_2O \rightleftharpoons OH^- + NH_4^+$

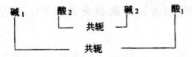

氨接受溶剂水给出的质子，形成其共轭酸 NH_4^+。所以，氨的离解反应也是质子转移过程，此时溶剂水起酸的作用。因此，酸碱是相对的，物质是酸还是碱，取决于它对质子亲和力的相对大小。

质子理论认为，酸碱反应的实质是质子的转移，而质子的转移是通过溶剂合质子来实现的。例如，盐酸与氨在水溶液中的反应为：

$$HCl + H_2O \rightleftharpoons H_3O^+ + Cl^-$$
$$NH_3 + H_3O^+ \rightleftharpoons H_2O + NH_4^+$$
$$HCl + NH_3 \rightleftharpoons NH_4^+ + Cl^-$$

酸₁　　碱₂　　　　酸₂　　碱₁
共轭
共轭

质子从 HCl 转移到 NH_3，通过水合质子而实现。

在质子性溶剂 HS 中，酸碱反应可表示为：

$$HA + B \rightleftharpoons BH^+ + A^-$$

酸 HA 失去质子，成为其共轭碱 A^-；碱 B 得到质子，成为其共轭酸 BH^+。生成的酸、碱与原来的碱、酸是共轭的，质子由酸 HA 转移到碱 B（通过溶剂合质子 H_2S^+实现）。

综上所述，酸的离解、碱的离解、酸碱中和反应都是质子转移的酸碱反应，是两个共轭酸碱对共同作用的结果。酸碱反应总是由较强酸、碱向生成较弱碱、酸的方向进行。按照酸碱质子理论，不存在"盐"的概念，酸碱中和反应所生成的盐实质上是酸、碱或两性物质。同样，所谓盐的水解，其实质也是酸碱质子转移反应。例如：

NH_4Cl的水解：$NH_4^+ + H_2O \rightleftharpoons H_3O^+ + NH_3$

Na_2CO_3的水解：$CO_3^{2-} + H_2O \rightleftharpoons OH^- + HCO_3^-$

（三）溶剂的质子自递常数

从以上讨论可知，在水溶液的酸碱反应中，作为溶剂的水既能给出质子，起酸的作用，又能接受质子，起碱的作用，因此，水是一种两性物质，在水分子之间也可以发生酸碱反应，即一个水分子作为碱接受另一个水分子给出的质子，形成自身的共轭酸、碱 H_3O^+和 OH^-：

$$H_2O \rightleftharpoons H^+ + OH^-$$
$$H_2O + H^+ \rightleftharpoons H_3O^+$$
$$H_2O + H_2O \rightleftharpoons H_3O^+ + OH^-$$

酸₁　　碱₂　　　　酸₂　　　碱₁
共轭
共轭

这种在溶剂分子之间发生的质子转移反应，称为溶剂的质子自递反应（autoprotolysis reaction），反应的平衡常数称为溶剂的质子自递常数（autoprotolysis constant），以 $K_s^{H_2O}$ 表示。水的质子自递常数又称为水的离子积 K_W，即：

$$K_s^{H_2O} = K_W = [H_3O^+][OH^-] \tag{4-2}$$

25℃时　　　　　　$K_s^{H_2O} = K_W = 1.0 \times 10^{-14}$

$$pK_s^{H_2O} = pK_W = pH + pOH = 14.00$$

（四）共轭酸碱对离解常数的关系

酸碱的强弱取决于其给出或接受质子能力的强弱，在水溶液中通常用离解常数的大小来衡量。酸、碱的离解常数越大表示该酸或碱的强度越大。

共轭酸碱对的离解常数 K_a 和 K_b 之间存在着一定的关系。以 HA\A⁻ 为例说明。

$$HA \rightleftharpoons H^+ + A^- \quad K_{a(HA)} = \frac{[H^+][A^-]}{[HA]}$$

$$A^- + H_2O \rightleftharpoons OH^- + HA \quad K_{b(A^-)} = \frac{[HA][OH^-]}{[A^-]}$$

$$K_{a(HA)} \cdot K_{b(A^-)} = \frac{[H^+][A^-]}{[HA]} \cdot \frac{[HA][OH^-]}{[A^-]} = [H^+][OH^-] = K_s^{H_2O}$$

将反应式简写成

$$K_{a(HA)} \cdot K_{b(A^-)} = K_s^{H_2O} = K_W \tag{4-3}$$

$$pK_{a(HA)} + pK_{b(A^-)} = pK_s^{H_2O} = pK_W$$

可见酸的强度与其共轭碱的强度成反比关系，即酸越强（pK_a 越小），其共轭碱越弱（pK_b 越大），反之碱越强，其共轭酸越弱。因此，只要已知某酸或碱在水中的离解常数，就可以计算出其共轭碱或共轭酸的离解常数。例如，25℃时 HAc 在水中的离解常数 K_a 为 1.8×10^{-5}，其共轭碱 Ac⁻ 的离解常数 K_b 可由式 4-3 求得：

$$K_{b(Ac^-)} = \frac{K_s^{H_2O}}{K_{a(HAc)}} = \frac{1.0 \times 10^{-14}}{1.8 \times 10^{-5}} = 5.6 \times 10^{-10}$$

因此，可以统一地用 pK_a 值表示酸碱的强度，许多化学书籍和文献中常常只给出 pK_a 值。

二、酸碱溶液中各组分的分布

（一）酸的浓度、酸度和平衡浓度

酸的浓度（即酸的分析浓度）是指单位体积溶液中所含某种酸的物质的量（包括已离解的和未离解的酸的浓度），通常用 C 表示。酸度是指溶液中氢离子的活度，常用 pH 表示，它的大小与酸的种类及浓度有关。因此，酸的浓度和酸度在概念上是不同的。同样，碱的浓度和碱度在概念上也是不同的，碱度常用 pOH 表示。

在弱酸水溶液中，酸离解不完全，多元酸还将分步离解。此时，溶液中的酸以多种形式存在。平衡时各组分的浓度称为平衡浓度，用 [ ] 表示。溶液中各组分平衡浓度之和即为该物质的总浓度（分析浓度）。例如，在 0.1000mol/L HAc 水溶液中，只有 0.001340mol/L 的 HAc 离解成 Ac⁻，其 Ac⁻ 和 HAc 两组分的平衡浓度计算如下：

$$HAc \rightleftharpoons H^+ + Ac^-$$

$$C_{HAc} = [HAc] + [Ac^-]$$

$$[Ac^-] = 0.001340 mol/L$$

$$[HAc] = C - [Ac^-] = 0.1000 - 0.01340 = 0.08660 mol/L$$

（二）酸碱溶液中各组分的分布

在酸碱平衡体系中，通常同时存在着多种酸碱组分。溶液中某组分的平衡浓度占其总浓度的分数称为"分布系数"，用 δ 表示。分布系数决定于该酸碱物质的性质和溶液的酸度，而与其总浓度无关。根据分布系数可求得溶液中各酸碱组分的平衡浓度，定量说明溶液中各酸碱组分的分布情况。

1.一元弱酸溶液

以 HAc 为例，它在水溶液中以 HAc 和 Ac⁻ 两种形式存在。离解平衡为

$$HAc \rightleftharpoons H^+ + Ac^- \qquad K_a = \frac{[H^+][Ac^-]}{[HAc]}$$

$$C_{HAc} = [HAc] + [Ac^-]$$

HAc 和 Ac⁻ 的分布系数 δ_{HAc}、δ_{Ac^-} 计算如下：

$$\delta_{HAc} = \frac{[HAc]}{C_{HAc}} = \frac{[HAc]}{[HAc]+[Ac^-]} = \frac{1}{1+[Ac^-]/[HAc]} = \frac{1}{1+K_a[H^+]} =$$

$$\frac{[H^+]}{[H^+]+K_a}$$

$$\therefore \delta_{HAc} = \frac{[H^+]}{[H^+]+K_a} \tag{4-4}$$

同理得：$\delta_{Ac^-} = \dfrac{[Ac^-]}{C_{HAc}} = \dfrac{K_a}{[H^+]+K_a}$ （4-5）

$$\delta_{HAc} + \delta_{Ac^-} = 1$$

从式4-4、式4-5可以看出，由于在一定温度下某种酸的 K_a 值是一定的，所以各组分的分布系数是 [H⁺] 的函数。各酸碱组分的分布系数与溶液 pH 值之间的关系曲线，称为分布曲线（δ-PH曲线）。利用分布曲线可了解酸碱滴定过程中各组分的变化情况和分步滴定的可能性，这在分析化学中十分重要。

分别计算不同 pH 值时 HAc 溶液的 δ_{HAc}、δ_{Ac^-} 值，以溶液的 pH 值为横坐标，HAc、Ac⁻ 的分布系数为纵坐标作图，得到图4-1的 HAc 分布曲线。

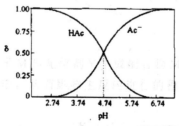

图 4-1 HAc 的 δ-PH 曲线图

由图中可见，δ_{HAc} 随 pH 值的增高而减小，δ_{Ac^-} 随 pH 值的增高而增大。当 pH=pK$_a$（4.74）时，两曲线相交于 δ_{HAc}=δ_{Ac^-}=0.50，溶液中 HAc 和 Ac⁻ 各占一半；当 pH<pK$_a$ 时，δ_{HAc} > δ_{Ac^-}，HAc 为主要存在形式；反之，当 pH>pK$_a$ 时，δ_{HAc} < δ_{Ac^-}，Ac⁻ 为主要存在形式。这种根据 pK$_a$ 值估计溶液中两种酸碱组分在不同 pH 值时的分布情况，可以应用于其他一元弱酸。

由于各组分的分布系数只是 [H⁺] 的函数，因此，已知溶液的 pH 值，即可计算

出溶液中各组分的分布系数，然后再根据分析浓度进而求得溶液中存在的各组分的平衡浓度。

2.多元酸溶液

以二元弱酸 H_2A 为例，它在水溶液中以 H_2A、HA^- 和 A^{2-} 三种形式存在，其总浓度：
$C = [H_2A] + [HA^-] + [A^{2-}]$

分别将其离解常数 K_{a_1}、K_{a_2} 代入分布系数的表达式，则

$$\delta_{H_2A} = \frac{[H_2A]}{C_{H_2A}} = \frac{[H_2A]}{[H_2A]+[HA^-]+[A^{2-}]}$$

$$= \frac{1}{1 + \dfrac{[HA^-]}{[H_2A]} + \dfrac{[A^{2-}]}{[H_2A]}} = \frac{1}{1 + \dfrac{K_{a_1}}{[H^+]} + \dfrac{K_{a_1}K_{a_2}}{[H^+]^2}} \qquad (4\text{-}6)$$

$$= \frac{[H^+]^2}{[H^+]^2 + K_{a_1}[H^+] + K_{a_1}K_{a_2}}$$

同理可得：
$$\delta_{HA^-} = \frac{K_{a_1}[H^+]}{[H^+]^2 + K_{a_1}[H^+] + K_{a_1}K_{a_2}} \qquad (4\text{-}7)$$

$$\delta_{A^{2-}} = \frac{K_{a_1}K_{a_2}}{[H^+]^2 + K_{a_1}[H^+] + K_{a_1}K_{a_2}} \qquad (4\text{-}8)$$

$$\delta_{H_2A} + \delta_{HA^-} + \delta_{A^{2-}} = 1$$

由式4-6，4-7，4-8可以看出，二元酸三种存在形式 H_2A，HA^- 和 A^{2-} 的分布系数也只是 $[H^+]$ 的函数，即 δ 值的大小只取决于溶液的酸度。因此，计算不同 pH 值时的 δ 值，可得到二元酸的分布曲线。图4-2为草酸溶液三种存在形式的分布曲线，情况较一元酸复杂些。

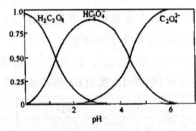

图 4-2 $H_2C_2O_4$ 的 δ-pH 曲线图

由图中可以看出，当 pH=pK_{a_1}（1.23）时，$\delta_{H_2C_2O_4}=\delta_{HC_2O_4^-}$；当 pH=p$K_{a_2}$（4.29）时，$\delta_{HC_2O_4^-}=\delta_{C_2O_4^{2-}}$。在 pH＜p$K_{a_1}$ 时，$H_2C_2O_4$ 为主要存在形式；当 pK_{a_1}＜pH＜pK_{a_2} 时，$HC_2O_4^-$ 为主要存在形式；当 pH＞pK_{a_2} 时，$C_2O_4^{2-}$ 为主要存在形式。了解酸度对溶液中酸（或碱）的各种存在形式的分布的影响规律，对掌握反应的条件具有指导意义。例如用 $C_2O_4^{2-}$ 沉淀 Ca^{2+}，为使沉淀完全，应选择 $\delta_{C_2O_4^{2-}}$ 值较大的 pH 条件（使 $C_2O_4^{2-}$ 为主要存在形式）。

三、酸碱水溶液中 H^+ 浓度的计算

从质子理论来看，酸碱反应就是质子的传递反应，且在多数情况下，溶剂分子也参与了这种传递，因此，在处理溶液中酸碱反应的平衡问题时，应该把溶剂也考虑进

去。讨论酸碱水溶液中的化学平衡，应综合溶质和溶剂从质量平衡、电荷平衡和质子平衡等方面考虑，这是研究溶液平衡的基本知识。

质量平衡（物料平衡）：指在一个化学平衡体系中，某一给定组分的总浓度应等于各有关组分平衡浓度之和。这种等衡关系称为质量平衡，其数学表达式称为质量平衡式（mass balance equation）。例如，浓度为 C（mol/L）的 HAc 水溶液的质量平衡式为：

$$C_{HAc} = [HAc] + [Ac^-]$$

浓度为 C（mol/L）的 Na_2CO_3 水溶液的质量平衡式为：

$$C = [CO_3^{2-}] + [HCO_3^-] + [H_2CO_3] \quad C = \frac{[Na^+]}{2}$$

由上可见，质量平衡式表明了平衡浓度与分析浓度的关系。

电荷平衡：指在一个化学平衡体系中，溶液中正离子的总电荷数必定等于负离子的总电荷数，包括溶剂水本身离解产生的 H^+ 和 OH^-，即溶液总是电中性的。这种等衡关系称为电荷平衡，其数学表达式称为电荷平衡式（charge balance equation）。根据电中性的原则，由各离子的电荷和浓度，列出电荷平衡式。例如：浓度为 C（mol/L）的 HCN 水溶液的电荷平衡式为：

$$[H^+] = [CN^-] + [OH^-]$$

浓度为 C（mol/L）的 NaH_2PO_4 水溶液的电荷平衡式为：

$$[Na^+] + [H^+] = [H_2PO_4^-] + 2[HPO_4^{2-}] + 3[PO_4^{3-}] + [OH^-]$$

式中 $[HPO_4^{2-}]$ 前面的系数 2 表示每个 HPO_4^{2-} 离子带有两个负电荷，$3[PO_4^{3-}]$ 也类似。显然，中性分子不参与电荷平衡式。

质子平衡：指酸碱反应达到平衡时，酸失去的质子总数必定等于碱得到的质子总数。即得质子产物得到质子的总数与失质子产物失去质子的总数应该相等。酸碱之间质子转移的这种等衡关系称为质子平衡或质子条件，其数学表达式称为质子平衡式或质子条件式（Proton balance equation）。根据质子条件式，可得到溶液中 H^+ 浓度与有关组分浓度的关系式，它是处理酸碱平衡中计算问题的基本关系式。

通常选择溶液中大量存在，并参加质子转移的物质（初始溶质及溶剂）作为零水准（质子参考基准），以判断哪些物质得到质子，哪些物质失去质子，并根据质子转移数相等的数量关系列出质子条件式。

例如：HAc 水溶液可选择 HAc 和 H_2O 作为零水准，其质子转移反应为：

$HAc \rightleftharpoons H^+ + Ac^-$

$H_2O \rightleftharpoons H^+ + OH^-$

H^+（或 H_3O^+）为得质子产物，OH^-、Ac^- 为失质子产物。

质子条件式为：$[H^+] = [Ac^-] + [OH^-]$

例 4-1 写出 Na_2HPO_4 水溶液的质子条件式。

解：选择 HPO_4^{2-}、H_2O 作为零水准，其质子转移反应为：

$HPO_4^{2-} \rightleftharpoons H^+ + PO_4^{3-}$

$HPO_4^{2-} + H_2O \rightleftharpoons H_2PO_4^- + OH^-$

$H_2PO_4^- + H_2O \rightleftharpoons H_3PO_4 + OH^-$

$H_2O \rightleftharpoons H^+ + OH^-$

由上述平衡可知，PO_4^{3-}，OH^-为失质子产物，H^+、$H_2PO_4^-$，H_3PO_4为得质子产物，但应注意，H_3PO_4是HPO_4^{2-}得到2个质子后的产物，在其浓度前应乘以系数2，以使得失质子的数目相等。Na_2HPO_4水溶液的质子条件式为：

$$[H^+] + [HPO_4^{-}] + 2[H_3PO_4] = [PO_4^{2-}] + [OH^-]$$

上述质子平衡式既考虑了溶质的离解作用，又考虑了溶剂的离解作用，可见，质子条件式反映了酸碱平衡体系中严密的数量关系。

酸碱平衡体系中的质子条件式也可通过电荷平衡式和质量平衡式求得。例如：浓度为C（mol/L）的$NaHCO_3$水溶液有以下的平衡式：

质量平衡式：$C = [H_2CO_3] + [HCO_3^-] + [CO_3^{2-}]$ （a）

电荷平衡式：$[Na^+] + [H^+] = [HCO_3^-] + 2[CO_3^{2-}] + [OH^-]$

由于 $[Na^+] = C$，故

$$[H^+] + C = [HCO_3^-] + 2[CO_3^{2-}] + [OH^-]$$ （b）

联立（a）、（b）两式，得：

$$[H^+] = [CO_3^{2-}] + [OH^-] - [H_2CO_3]$$ （c）

式（c）即为$NaHCO_3$水溶液的质子平衡式。

（一）强酸（强碱）溶液H^+浓度的计算

强酸、强碱在溶液中全部离解，故在一般情况下，酸度的计算比较简单。在浓度为C（mol/L）的强酸HA水溶液中，存在下列离解平衡：

$HA \rightleftharpoons H^+ + A^-$

$H_2O \rightleftharpoons H^+ + OH^-$ $K_s^{H_2O} = [H^+][OH^-]$

质子条件式为： $[H^+] = [A^-] + [OH^-]$

由于强酸在溶液中完全离解，当$C \geq 10^{-6}$mol/L时，水的离解可忽略，

故 $[H^+] = [A^-] = C$ （4-13）

例如，0.1mol/L的HCl的水溶液 $[H^+] = 0.1$mol/L

对强碱溶液，用同样方法处理。如0.1mol/L的NaOH水溶液：$[OH^-] = 0.1$mol/L

（二）一元弱酸（弱碱）溶液H^+浓度的计算

在浓度为C（mol/L）的一元弱酸HA的水溶液中，存在着下列离解平衡：

$HA \rightleftharpoons H^+ + A^-$ $K_a = \dfrac{[H^+][A^-]}{[HA]}$

$H_2O \rightleftharpoons H^+ + OH^-$ $K_s^{H_2O} = [H^+][OH^-]$

质子条件式为：$[H^+] = [A^-] + [OH^-]$

将离解常数K_a、$K_s^{H_2O}$表达式代入，得到：

$$[H^+] = \sqrt{K_a[HA] + K_s^{H_2O}}$$ （4-14a）

上式中$[HA] = \delta_{HA} \cdot C_{HA} = \dfrac{[H^+]}{[H^+] + K_a} \cdot C_{HA}$

式4-14a是计算一元弱酸溶液$[H^+]$的精确式。根据计算酸度时的允许误差，可进行近似计算。当$K_a \cdot C \geq 20K_s^{H_2O}$时，水的离解可忽略；且$C/K_a \geq 500$时，酸较弱，其

离解的［H^+］对总浓度的影响可忽略，即［HA］=C－［H^+］≈C，式4-14a可简化为：

$$[H^+]=\sqrt{K_a \cdot C} \tag{4-14b}$$

式4-14b是计算一元弱酸溶液H^+浓度的最简式。

对于一元弱碱，也可用同样方法推得，当$K_b \cdot C \geqslant 20 K_s^{H_2O}$，$C/K_b \geqslant 500$时，

$$[OH^-]=\sqrt{K_b \cdot C} \tag{4-15}$$

（三）多元酸（碱）溶液H+浓度的计算

多元酸在溶液中分步离解，是一种复杂的酸碱平衡体系。如浓度为C（mol/L）的二元酸H_2A水溶液，质子条件式为：

$$[H^+]=[HA^-]+2[A^{2-}]+[OH^-]$$

将K_{a_1}、K_{a_2}、$K_s^{H_2O}$的表达式代人上式，得：

$$[H^+]=\frac{[H_2A]K_{a_1}}{[H^+]}+2\frac{[H_2A]K_{a_1}K_{a_2}}{[H^+]^2}+\frac{K_s^{H_2O}}{[H^+]}$$

整理后得：

$$[H^+]=\sqrt{[H_2A]K_{a_1}\left(1+\frac{2K_{a_2}}{[H^+]}\right)+K_s^{H_2O}} \tag{4-16a}$$

上式中，$[H_2A]=\delta_{H_2A} \cdot C=\frac{[H^+]^2}{[H^+]^2+[H^+]K_{a_1}+K_{a_1}K_{a_2}} \cdot C$

式4-16a是计算二元弱酸溶液［H^+］的精确式。

通常二元酸即当$K_{a_1} \gg K_{a_2} \gg K_s^{H_2O}$时，即当$K_{a_1} \cdot C \geqslant 20 K_s^{H_2O}$时，水的离解可忽略；又当$\frac{2K_{a_2}}{[H^+]} \approx \frac{2K_{a_2}}{\sqrt{K_{a_1} \cdot C}} \leqslant 0.05$，其第二级离解也可忽略，则此二元酸可简化为一元弱酸处理，只需考虑其第一步离解，［H_2A］=C－［H^+］；且当$C/K_{a_1} \geqslant 500$时，该二元酸的离解很少，此时二元酸的平衡浓度可视为等于其原始浓度C，即：［H_2A］=C－［H^+］≈C，式4-16a简化为：

$$[H^+]=\sqrt{K_{a_1} \cdot C} \tag{4-16b}$$

式4-16b是计算二元酸溶液［H^+］的最简式。其他多元酸可照此处理。

多元碱水溶液中［OH^-］的计算与多元酸相同。一般规律是$K_{b_1} \gg K_{b_2} \gg K_s^{H_2O}$，即当$K_{b_1} \cdot C \geqslant 20 K_s^{H_2O}$，$\frac{2K_{b_2}}{\sqrt{K_{b_1} \cdot C}} \leqslant 0.05$时，多元碱只需考虑其第一步的离解，将它简化为一元弱碱处理；又当$C/K_b \geqslant 500$时，得最简式：

$$[OH^-]=\sqrt{K_{b_1} \cdot C} \tag{4-17}$$

（四）两性物质溶液H+浓度的计算

在溶液中既起酸的作用又起碱的作用的物质称为两性物质，如HCO_3^-、$H_2PO_4^-$、HPO_4^{2-}、NH_4Ac等均为两性物质。对于两性物质溶液中［H^+］的计算，同样根据溶液中的酸碱平衡，列出质子条件式，再由具体条件，考虑主要平衡，进行近似计算。

以浓度为C的NaHA水溶液为例，说明两性物质溶液［H^+］的计算，

质子条件式为：［H^+］+［H_2A］=［OH^-］+［A^{2-}］

将各离解常数表达式代入，得：

$$[H^+]+\frac{[H^+][HA^-]}{K_{a_1}}=\frac{K_s^{H_2O}}{[H^+]}+\frac{K_{a_2}[HA^-]}{[H^+]}$$

整理得：

$$[H^+]=\sqrt{\frac{K_{a_1}(K_{a_2}[HA^-]+K_s^{H_2O})}{K_{a_1}[HA^-]}}\tag{4-18a}$$

式4-18a为计算两性物质 HA^- 溶液［H^+］的精确式。一般情况下，HA^- 给出质子和接受质子的能力都比较弱，即［HA^-］$\approx$C；当 $K_{a_2}\cdot$C$\geqslant20K_s^{H_2O}$ 时，$K_s^{H_2O}$ 可忽略；又若 C$\geqslant20K_{a_1}$，则 K_{a_1}+C$\approx$C，式4-18a简化为：

$$[H^+]=\sqrt{K_{a_1}\cdot K_{a_2}}\tag{4-18b}$$

式4-18b是计算两性物质 HA^- 溶液［H^+］的最简式。对于其他两性物质溶液，可以依此类推。

如 HPO_4^{2-} 两性物质溶液的最简式为：

$$[H^+]=\sqrt{K_{a_2}\cdot K_{a_1}}$$

$H_2PO_4^-$ 两性物质溶液的最简式为：

$$[H^+]=\sqrt{K_{a_2}\cdot K_{a_3}}$$

（五）缓冲溶液 H^+ 浓度的计算

缓冲溶液是一种对溶液的酸度起稳定作用的溶液，当向溶液中加入少量酸或碱，化学反应产生少量酸或碱，或者将溶液稍加稀释，溶液的酸度基本上不变或变化很小。

缓冲溶液一般由浓度较大的弱酸及其共轭碱组成，如 HAc-NaAc，NH_4Cl-NH_3。现以常用的一元弱酸 HAc 及其共轭碱 NaAc 组成的典型的缓冲溶液为例来说明其［H^+］的计算。设弱酸 HAc 的浓度为 C_{HAc} 共轭碱 NaAc 的浓度为 C_{Ac^-}。由于溶液中同时有大量 HAc、Ac^- 存在，质子参考基准较难确定，一般由质量平衡式和电荷平衡式来求得质子平衡式。

质量平衡式：［HAc］+［Ac^-］= C_{HAc} + C_{Ac^-}［Na^+］= C_{Ac^-}

电荷平衡式：［H^+］+［Na^+］=［OH^-］+［Ac^-］

整理得：［HAc］= C_{HAc} -［H^+］+［OH^-］　　　　　　　　　（a）

［Ac^-］= C_{Ac^-} +［H^+］-［OH^-］　　　　　　　　　　　　（b）

由 HAc 离解平衡式可得：［H^+］= $K_a\dfrac{[HAc]}{[Ac^-]}$

再将（a）、（b）两式代入（c）式得：

$$[H^+]=K_a\frac{C_{HAc}-[H^+]+[OH^-]}{C_{Ac^-}+[H^+]-[OH^-]}$$

通常 C_{HAc}、C_{Ac^-} ->>［H^+］、［OH^-］，［H^+］及［OH^-］可忽略，上式简化为：

$$[H^+] = K_a \frac{C_{HAc}}{C_{Ac^-}}$$ （4-19）

$$pH = pK_a + lg\frac{C_{Ac^-}}{C_{HAc}}$$

　　式4-19是计算常用的一元弱酸及其共轭碱所组成的缓冲溶液［H^+］的最简式。作为一般控制酸度用的缓冲溶液，由于缓冲剂本身的浓度较大，对计算结果也不要求十分准确，可采用近似方法进行计算。

第三节　酸碱指示剂

一、酸碱指示剂的变色原理

　　酸碱指示剂（acid-base indicator）一般是有机弱酸或有机弱碱，它们的共轭酸式和共轭碱式由于具有不同的结构而呈现不同的颜色。当溶液的pH值改变时，指示剂失去质子，由酸式转变为共轭碱式，或得到质子，由碱式转变为共轭酸式，由于结构上的改变，从而引起溶液颜色的变化。

　　例如，酚酞指示剂为一有机弱酸，其 $K_a=6.0\times10^{-10}$，在水溶液中的离解平衡可表示为：

酸式（无色）　　碱式（红色）

　　从上述平衡式可以看出，在酸性溶液中，酚酞主要以酸式结构存在，呈无色。当在溶液中加入碱时，平衡向右移动，酚酞由酸式结构逐渐转变为其共轭碱式结构，pH>10时，酚酞主要以碱式结构存在，溶液即显红色；反之，加入酸时，酚酞由红色转变为无色。

　　以HIn表示弱酸指示剂，则其离解平衡可表示为：

$$HIn \rightleftharpoons In^- + H^+$$

　　又如，甲基橙指示剂是一种有机弱碱，在碱性溶液中主要以碱式（偶氮）结构存在，呈黄色。加入酸时，平衡向右移动，甲基橙由碱式结构逐渐转变为其共轭酸式（醌型）结构，pH≤3.1时，甲基橙主要以酸式结构存在而使溶液呈红色。

碱式（黄色）   酸式（红色）

以 InOH 表示弱碱指示剂，其离解平衡可表示为：

$$InOH \rightleftharpoons In^+ + OH^-$$

由此可见，酸碱指示剂的变色与溶液的 pH 值有关。

二、酸碱指示剂的变色范围及其影响因素

对于酸碱滴定，重要的是要了解指示剂在什么 pH 条件下颜色发生改变，以指示滴定终点。因此，必须了解指示剂的变色与溶液 pH 值之间量的关系。现以弱酸指示剂 HIn 为例来讨论其在溶液中的离解平衡：

$$HIn \rightleftharpoons In^- + H^+$$

平衡时：
$$K_{In} = \frac{[H^+][In^-]}{[HIn]} \tag{4-20}$$

K_{In} 为指示剂的离解平衡常数，又称指示剂常数（indicator constant），在一定温度下为常数。上式可改写为：

$$\frac{[In^-]}{[HIn]} = \frac{K_{In}}{[H^+]}$$

HIn 和 In⁻矿具有不同的颜色，HIn 是酸，它的颜色称为酸式色；In⁻是碱，它的颜色称为碱式色。[HIn]、[In⁻] 不仅表示指示剂酸式、碱式的浓度，也表示它们所代表的颜色的浓度，所以 $\frac{[In^-]}{[HIn]}$ 的比值决定了溶液的颜色，而此比值的大小由指示剂常数 K_{In} 和溶液的 pH 值决定。对某一指示剂在一定温度下 K_{In} 是一常数，因此，指示剂在溶液中的颜色取决于溶液的 pH 值，即在一定的 pH 条件下，溶液有一定的颜色，当 pH 值改变时，溶液的颜色也就相应地发生变化。

显然，溶液中指示剂的两种颜色同时存在，也就是说溶液的颜色应是两种不同颜色的混合色。但是由于人的眼睛辨别颜色的能力有一定限度，通常，当两种颜色的浓度之比在 10 或 10 以上时，只能看到浓度较大的那种颜色，而另一种颜色就辨别不出来。即：

当 $\frac{[In^-]}{[HIn]} \geqslant 10$ 时，pH $\geqslant pK_{In}+1$，只能看到 In⁻碱式色。

当 $\frac{[In^-]}{[HIn]} \leqslant \frac{1}{10}$ 时，pH $\leqslant pK_{In}-1$，只能看到 HIn 酸式色。

因此，我们只能在一定浓度比范围内看到指示剂的颜色变化。这一范围由 $\frac{[In^-]}{[HIn]}$ $=\frac{1}{10} \sim 10$，pH 值由 $pK_{In}-1$ 变到 $pK_{In}+1$。即指示剂并不是突然从一种颜色变为另一种颜色，而是通过变色范围逐渐改变的。指示剂的理论变色范围（Colour change interval）为：

$$pH = pK_{In} \pm 1 \tag{4-21}$$

不同的指示剂，有不同的 K_{In} 值，所以它们的变色范围也各不相同。当 [HIn] = [In⁻] 时，pH$=pK_{In}$，溶液中酸式色的浓度等于碱式色的浓度。是指示剂变色的最灵敏

点，称为指示剂的"理论变色点"。

根据上述理论推算，指示剂的变色范围应是2个pH单位，但实际上指示剂的变色范围均小于2个pH单位（见表4-1）。这是由于人眼对各种颜色的敏感度不同，加上两种颜色互相影响而造成的。

如：甲基红为一有机弱酸，其p～=5.1，理论变色范围应为pH4.1～6.1，而实验测得其变色范围为pH4.4～6.2。这说明甲基红由红色变为黄色，其碱式色的浓度 $[In^-]$ 应是酸式色浓度 $[HIn]$ 的12.5倍（pH=6.2时，$\dfrac{[In^-]}{[HIn]}=\dfrac{K_{In}}{[H^+]}=12.5$），才能看到碱式色（黄色）；而酸式色的浓度只要达到碱式色浓度的5倍（pH=4.1时，$\dfrac{[In^-]}{[HIn]}=\dfrac{K_{In}}{[H^+]}=\dfrac{1}{5}$），就能观察到酸式色（红色）。产生这种差异的原因，是由于人眼对红色（深色）较之对黄色（浅色）更为敏感的缘故，所以甲基红的变色范围在pH小的一端就短一些。

虽然指示剂的变色范围都是由实验测得的，但式4-21对粗略估计指示剂的变色范围仍有一定的指导意义。指示剂的变色范围越窄越好。这样在计量点附近，pH值稍有改变，指示剂就可立即由一种颜色变为另一种颜色，即指示剂变色敏锐，有利于提高测定结果的准确度。

影响指示剂变色范围的因素主要有两方面：一是影响指示剂常数 K_{In} 的数值，从而使指示剂变色范围的区间发生移动，如温度、电解质、溶剂等，以温度的影响较大。另一方面就是对变色范围宽度的影响，如指示剂用量、滴定程序等。现分别讨论如下：

（一）温 度

指示剂的变色范围与 K_{In} 有关，而 K_{In} 是温度的函数，因此，温度的变化会引起指示剂常数 K_{In} 的变化，从而使指示剂的变色范围也随之改变。例如：18℃时甲基橙的变色范围pH为3.1～4.4，而100℃时，则变为2.5～3.7。因此，一般来说，滴定应在室温下进行。

（二）溶 剂

指示剂在不同的溶剂中，其 pK_{In} 值是不同的，例如，甲基橙在水溶液中 $pK_{In}=3.4$，在甲醇中 $pK_{In}=3.8$。因此指示剂在不同溶剂中具有不同的变色范围。

（三）离子强度

溶液中中性电解质的存在增加了溶液的离子强度，使指示剂的表观离解常数发生变化，从而使其变色范围发生移动。如弱酸指示剂HIn，其理论变色点为：$pH=pK_a^0 - 0.5Z^2\sqrt{I}$，增加离子强度，指示剂的理论变色点pH值变小。某些电解质还具有吸收不同波长光的性质，会引起指示剂颜色深度和色调的改变，影响指示剂变色的敏锐性，所以滴定溶液中不宜有大量中性电解质存在。

（四）指示剂用量

对于双色指示剂（如甲基橙、甲基红等），溶液颜色决定于 [In$^-$] / [HIn] 的比值，指示剂用量的多少不会影响指示剂的变色范围。但是指示剂用量过多（或浓度过高），会使色调变化不明显，且指示剂本身也要消耗滴定剂而引入误差，因此，在不影响指示剂变色灵敏度的条件下，一般以用量少一些为佳。

对于单色指示剂（如酚酞、百里酚酞等），指示剂的用量对变色范围有较大的影响。以酚酞为例，它的酸式 HIn 无色，碱式 In$^-$ 红色，溶液颜色仅取决于 [In$^-$]，则：

$$[In^-]= \delta_{In} \cdot C_{HIn} = \frac{K_a}{[H^+]+K_a} \cdot C_{HIn}$$

由于人眼观察到酚酞红色 In$^-$ 的最低浓度 [In$^-$] 应为一固定值，故当指示剂浓度 C_{HIn} 增大时，[H$^+$] 会相应增大，指示剂酚酞将在较低 pH 值变色。例如在 50～100mL 溶液中加入 2～3 滴 0.1% 酚酞，pH=9 时出现红色；而在相同条件下加入 10～15 滴酚酞，则在 pH=8 时出现红色。因此对单色指示剂须严格控制指示剂的用量。

（五）滴定程序

由于深色较浅色明显，所以滴定程序宜由浅色到深色，以利于观察终点颜色的变化。例如，用酚酞作指示剂，滴定程序一般为用碱滴定酸，终点由无色变为红色容易辨别。而用甲基橙作指示剂，一般是用酸滴定碱。终点由黄色变为红色便于辨别。

酸碱指示剂的种类很多，各有不同的变色范围。表 4-1 列出了几种常用的酸碱指示剂。

表 4-1 几种常用的酸碱指示剂

指示剂	变色范围 pH	颜色变化	pK$_{In}$	浓度	用量（滴/10mL 试液）
百里酚蓝	1.2～2.8	红－黄	1.65	0.1% 的 20% 乙醇溶液	1～2
甲基黄	2.9～4.0	红－黄	3.25	0.1% 的 90% 乙醇溶液	1
甲基橙	3.1～4.4	红－黄	3.45	0.05% 的水溶液	1
溴酚蓝	3.0～4.6	黄－紫	4.1	0.1% 的 20% 乙醇溶液或其钠盐水溶液	1
溴甲酚绿	4.0～5.6	黄－蓝	4.9	0.1% 的 20% 乙醇溶液或其钠盐水溶液	1～3
甲基红	4.4～6.2	红－黄	5.0	0.1% 的 60% 乙醇溶液或其钠盐水溶液	1
溴百里酚蓝	6.2～7.6	黄－蓝	7.3	0.1% 的 20% 乙醇溶液或其钠盐水溶液	1
中性红	6.8～8.0	红－黄橙	7.4	0.1% 的 60% 乙醇溶液	1
苯酚红	6.8～8.4	黄－红	8.0	0.1% 的 60% 乙醇溶液或其钠盐水溶液	1
酚酞	8.0～10.0	无－红	9.1	0.5% 的 90% 乙醇溶液	1～3
百里酚蓝	8.0～9.6	黄－蓝	8.9	0.1% 的 20% 乙醇溶液	14
百里酚酞	9.4～10.6	无－蓝	10.0	0.1% 的 90% 乙醇溶液	1～2

三、混合酸碱指示剂

选择指示剂时，理想的情况是指示剂变色点的 pH 值与滴定计量点的 pH 值完全一致，但实际应用有困难。由于单一指示剂往往具有一定的变色范围，只有在计量点附近有足够的 pH 突跃时，指示剂才能从一种沏I色变为另一种颜色。这对某些 pH 突跃范围很窄的酸碱滴定不适用。因此，必须设法缩短指示剂的变色范围，使变色更敏锐，混合指示剂（mixed indicator）就具有变色范围窄，变色敏锐的特点。

混合指示剂主要是利用颜色的互补作用，使指示剂的变色范围变窄且变色敏锐。混合指示剂有两种配制方法。一种是在某种指示剂中加入一种惰性染料。例如，甲基橙中加入可溶靛蓝，组成混合指示剂，靛蓝作为底色，不随溶液 pH 值的改变而变色，只作为甲基橙变色的蓝色背景。在 pH≥4.4 的溶液中，混合指示剂显绿色（黄与蓝配合）；在 pH=4.0 溶液中，混合指示剂显浅灰色；在 pH≤3.1 的溶液中，混合指示剂显紫色（红与蓝配合），终点变色十分明显。另一种是用两种或两种以上的指示剂按一定比例混合而成。例如，溴甲酚绿（pK_{In}=4.9）在 pH<4.0 时为黄色（酸式色），pH>5.6 时为蓝色（碱式色）；甲基红（pK_{In}=5.0），在 pH<4.4 为红色（酸式色），pH>6.2 时为浅黄色（碱式色）。当两者按一定比例混合后，两种颜色叠加在一起，酸式色为酒红色，碱式色为绿色。当 pH=5.1 时，接近两种指示剂的中间颜色，甲基红呈橙红色，溴甲酚绿呈绿色，两者互为补色而呈现浅灰色，此时颜色发生突变，十分敏锐，缩短了变色范围。它们的颜色叠加情况

pH	1	2	3	4	5	6	7	8	9
溴甲酚绿		黄			绿			蓝	
甲基红			红			橙			黄
混合指示剂			酒红			灰			绿

混合指示剂颜色变化是否显著，主要决定于指示剂和染料的性质，也与配制比例有关。将甲基红、溴百里酚蓝、百里酚蓝、酚酞等按一定比例混合，溶于乙醇，配成混合指示剂，这种混合指示剂随 pH 值的不同而逐渐变色如下：

pH 值≤	4	5	6	7	8	9	≥10
颜色	红	橙	黄	绿	青（蓝绿）	蓝	紫

适用于 pH1～14 范围，称为广泛（泛用）指示剂。还可用混合指示剂制成 pH 试纸，用以测定溶液的 pH 值，表 4-2 列出了几种常用的酸碱混合指示剂。

表 4-2 几种常用的酸碱混合指示剂

指示剂溶液的组成	变色时 pH值	颜色		备注
		酸色	碱色	
一份0.1%甲基黄乙醇溶液 一份0.1%次甲基蓝乙醇溶液	3.25	蓝紫	绿	pH3.4绿色，pH3.2蓝紫色
一份0.1%甲基橙水溶液 一份0.25%靛蓝二磺酸水溶液	4.1	紫	黄绿	
一份0.1%溴甲酚绿钠盐水溶液 一份0.02%甲基橙水溶液	4.3	橙	蓝绿	pH3.5黄色，pH4.05绿色， pH4.3浅蓝
三份0.1%溴甲酚绿乙醇溶液 一份0.2%甲基红乙醇溶液	5.1	酒红	绿	
一份0.1%溴甲酚绿钠盐水溶液 一份0.1%氯酚红钠盐水溶液	6.1	黄绿	蓝紫	pH5.4蓝绿色，pH5.8蓝 色，pH6.0蓝带紫，pH6.2 蓝紫
一份0.1%中性红乙醇溶液 一份0.1%次甲基蓝乙醇溶液	7.0	蓝紫	绿	pH7.0紫蓝
一份0.1%甲酚红钠盐水溶液 三份0.1%百里酚蓝钠盐水溶液	8.3	黄	紫	pH8.2玫瑰红，pH8.4清晰 的紫色
一份0.1%百里酚蓝50%乙醇溶液 三份0.1%酚酞50%乙醇溶液	9.0	黄	紫	从黄到绿再到紫
一份0.1%酚酞乙醇溶液 一份0.1%百里乙醇溶液	9.9	无	紫	pH9.6玫瑰红色，pH10紫 色
二份0.1%百里酚酞乙醇溶液 一份0.1%茜素黄R乙醇溶液	10.2	黄	紫	

第四节　酸碱滴定曲线及指示剂的选择

在以水为溶剂的酸碱滴定中，滴定剂通常是强酸、强碱（如 HCl、H_2SO_4、NaOH 等）的标准溶液，被滴定的一般是具有一定强度的酸碱物质以及能与酸、碱直接或间接发生质子转移反应的物质。

在酸碱滴定中，最重要的是要判断被测物质能否被准确滴定（即滴定的可行性）；若能滴定，如何选择一个合适的指示剂来确定滴定终点，并使该终点充分接近化学计量点。而这些都与滴定过程中溶液 pH 值的变化，尤其是计量点附近的 pH 值变化有关。为了解决酸碱滴定的这两个基本问题，我们首先讨论各种类型的酸碱在滴定过程中溶液 pH 值随滴定剂加入的变化情况（即滴定曲线），然后再根据滴定曲线来讨论指示剂的选择原则及滴定可行性的判断。

一、强酸、强碱滴定

强酸、强碱在溶液中完全离解，其滴定的基本反应为：

$$H^+ + OH^- \rightleftharpoons H_2O$$

现以 0.1000mol/L NaOH 溶液滴定 20.00mL 0.1000mol/L HCl 为例，讨论强碱滴定强酸的滴定曲线和指示剂的选择。

（一）滴定曲线

1.滴定前

由于 HCl 是强酸，完全离解，故溶液的 $[H^+]$ 等于 HCl 的初始浓度。

$$[H^+] = 0.1000mol/L \quad pH = 1.00$$

2.滴定开始至计量点前

随着 NaOH 的不断加入，溶液中 $[H^+]$ 不断减小，此时溶液的 $[H^+]$ 决定于剩余 HCl 的量，设 C_1、V_1 分别为 HCl 的浓度和体积，C_2、V_2 分别为 NaOH 的浓度和体积，则

$$[H^+] = \frac{C_1V_1 - C_2V_2}{V_1 + V_2} = \frac{C_1(V_1 - V_2)}{V_1 + V_2}$$

例如：当滴入 19.98mLNaOH 标准溶液，即 19.98÷20.00×100%=99.9%HCl 被滴定（−0.1% 相对误差）时，

$$[H^+] = \frac{0.1000 \times (20.00_1 - 19.98)}{20.00 + 19.98} = \frac{0.1000 \times 0.2}{39.98} = 5 \times 10^{-5} mol/L$$

$$pH = 4.3$$

3.计量点时

NaOH 与 HCl 恰好反应完全，溶液中 $[H^+]$ 由溶剂 H_2O 的离解决定。

$$[H^+] = [OH^-] = \sqrt{K_s^{H_2O}} = 1.0 \times 10^{-7} mol/L$$

$$pH = 7.00$$

4.计量点后

溶液的 [OH⁻] 由过量的 NaOH 的量决定。

$$[OH^-]=\frac{C_2V_2-C_1V_1}{V_2+V_1}=\frac{C_1(V_2-V_1)}{V_2+V_1}$$

例如，当滴入 20.02mL NaOH 标准溶液，即过量（20.02－20.00）÷20.00×100%＝0.1%NaOH（＋0.1% 相对误差）时，

$$[OH^-]=\frac{0.100(20.02-20.00)}{20.02+20.00}\approx5\times10^{-5}mol/L$$

$$pOH=4.3\quad pH=9.7$$

用类似方法可以计算出滴定过程中各点的 pH 值，其数据列于表 4-3 中，以加入 NaOH 溶液的体积（或滴定百分率）为横坐标，以相应溶液的 pH 值为纵坐标绘制的曲线，称为强酸滴定强酸的滴定曲线，见图 4-3。

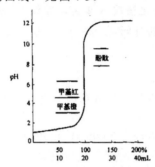

图 4-3 0.1mol/L NaOH 溶液滴定 0.1mol/L HCl 溶液的滴定曲线

表 4-3 用 0.1mol/L NaOH 滴定 20.00mL 0.1mol/L HCl 溶液的 pH 值变化（室温下）

加入的 NaOH		剩余的 HCl		[H⁺] mol/L	pH	
%	mL	%	mL			
0	0	100	20.00	1.0×10^{-1}	1.0	
90.0	18.00	10	2.00	5.0×10^{-3}	2.3	
99.0	19.80	1	0.20	5.0×10^{-4}	3.3	
99.9	19.98	0.1	0.02	5.0×10^{-5}	4.3	
100.0	20.00	0	0	1.0×10^{-7}	计量点 7.0	突跃范围
		过量的 NaOH		[OH⁻]		
100.1	20.02	0.1	0.02	5.0×10^{-5}	9.7	
101	20.20	1.0	0.20	5.0×10^{-4}	10.7	

从表 4-3 及图 4-3 可以看出，从滴定开始到加入 19.98mL NaOH 溶液，溶液的 pH 值改变很小，只改变了 3.3 个 pH 单位。而在计量点附近，当加入的 NaOH 溶液从 19.98mL 增加到 20.02mL（计量点前后各 0.1%），仅加入 0.04mL（约 1 滴之差），溶液的 pH 值却由 4.3 变化到 9.7，增加了 5.4 个 pH 单位，溶液由酸性突变为碱性。此后，再继续加入 NaOH 溶液，溶液 pH 值的变化逐渐减小，曲线又趋于平坦。

这种滴定过程中计量点前后 pH 值的突变称为滴定突跃（pH 突跃），突跃所在的 pH 范围称为滴定突跃范围（pH 突跃范围）。即：计量点前后±0.1% 相对误差范围内溶

液pH值的变化。上述滴定的pH突跃范围为4.3～9.7。滴定突跃有重要的实际意义，它是衡量酸碱滴定是否可行的依据；在用指示剂方法检测终点时，又是选择指示剂的依据。

（二）指示剂的选择

最理想的指示剂应是恰好在计量点变色的指示剂，但实际上这样的指示剂几乎是没有的。从滴定曲线可知，凡是在滴定突跃范围内变色的指示剂，滴定误差均小于±0.1%，可保证测定有足够的准确度。因此，凡指示剂变色终端pH值在滴定突跃范围之内均可用来指示滴定终点。例如：0.1000mol/L NaOH溶液滴定0.1000mol/L HC1溶液，其滴定突跃范围为4.3～9.7，溴百里酚蓝（pH6.2～7.6）、苯酚红（pH6.8～8.4）、甲基红（pH4.4～6.2）及甲基橙（pH3.1～4.4）、酚酞（pH8.0～10.0）等均可用以指示滴定终点。

（三）浓度对突跃范围的影响

以上讨论的是用0.1000mol/L NaOH溶液滴定0.1000mol/L HC1溶液的情况，若溶液的浓度改变，计量点时溶液的pH值仍然是7.0，但计量点附近的pH突跃范围却不一样。滴定突跃范围的大小与酸碱的浓度有关。图4-4是用不同浓度的NaOH溶液对不同浓度HC1溶液的pH滴定曲线，从图可知，酸、碱浓度越大，滴定曲线的pH突跃范围就越大，指示剂的选择就越方便（可供选择的指示剂就越多）；浓度越小，滴定突跃范围越小，指示剂的选择就受到限制。如用0.01mol/L NaOH溶液滴定0.01mol/L HC1时，由于滴定突跃范围减小，pH为5.3～8.7，此时，甲基橙就不能作为该滴定的指示剂。对于太稀的溶液，由于其突跃范围太窄或突跃不明显，找不到合适的指示剂而无法滴定。因而在一般滴定中，不使用浓度太小的标准溶液，试样也不制成太稀的溶液，就是这个道理。

如果用强酸滴定强碱，情况与强碱滴定强酸类似，但滴定曲线与强酸的滴定曲线对称，pH变化方向相反。

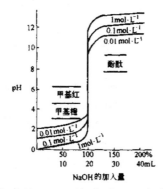

图4-4 不同浓度的NaOH溶液对HCl溶液的滴定曲线

二、一元弱酸（碱）的滴定

强碱滴定一元弱酸的基本反应为：

$HA + OH^- \rightleftharpoons H_2O + A^-$

现以0.1000mol/L NaOH溶液滴定20.00mL 0.1000mol/L HAc溶液为例，讨论强碱

滴定一元弱酸的滴定曲线。

（一）滴定曲线

1.滴定前

溶液的［H^+］根据 HAc 在水中的离解平衡计算：

由于 $K_a \cdot C > 20 K_s^{H_2O}$，$C/K_a > 500$，因而可按式 4-14b 最简式计算

$$[H^+] = \sqrt{K_a \cdot C} = \sqrt{1.8 \times 10^{-5} \times 0.1000} = 1.3 \times 10^{-3} \, mol/L$$

$$pH = 2.89$$

2.滴定开始至计量点前

溶液中未反应的 HAc 和生成的 Ac^- 同时存在，组成 HAc-Ac^- 缓冲体系，溶液的 pH 值可按缓冲溶液计算公式求得。

例如，当加入 19.98mL NaOH 溶液，即 99.9% 的 HAc 被滴定（-0.1% 相对误差）时：

$$C_{HAc} = \frac{0.1000 \times (20.00 - 19.98)}{20.00 + 19.98} = 5 \times 10^{-5} \, mol/L$$

$$C_{Ac^-} = \frac{0.1000 \times 19.98}{20.00 + 19.98} = 5 \times 10^{-2} \, mol/L$$

$$pH = pK_a + \lg \frac{C_{Ac^-}}{C_{HAc}} = -\lg 1.8 \times 10^{-5} + \lg \frac{5.0 \times 10^{-2}}{5.0 \times 10^{-5}} = 7.74$$

3.计量点时

HAc 全部与 NaOH 反应生成 NaAc，此时溶液的 pH 值由 Ac^- 的离解计算：

$$K_{b(Ac^-)} = \frac{K_s^{H_2O}}{K_{a(HAc)}} = 5.6 \times 10^{-10}$$

$$[OH^-] = \sqrt{K_b \cdot C} = \sqrt{5.6 \times 10^{-10} \times \frac{0.1000}{2}} = 5.3 \times 10^{-6} \, mol/L$$

$$pOH = 5.27 \quad pH = 8.73$$

4.计量点后

溶液中过量的 NaOH 抑制了 Ac^- 的离解，溶液的 pH 值由过量 NaOH 的量决定，其计算方法与强碱滴定强酸相同。

例如，当滴入 20.02mL NaOH 溶液，即过量 0.1%NaOH（+0.1% 相对误差）时：

$$[OH^-] = \frac{0.1000 \times (20.02 - 20.00)}{20.02 + 20.00} = 5.0 \times 10^{-5} \, mol/L$$

$$pOH = 4.30 \quad pH = 9.70$$

如此逐一计算，将结果列于表 4-4，并根据计算结果绘制强碱滴定弱酸的 pH 滴定曲线（图 4-5）。

表4-4 0.1000mol/L NaOH溶液滴定20.00mL 0.1000mol/L HAc溶液pH值的变化（室温下）

加入的 NaOH		剩余的 HAc		算式	pH
%	mL	%	mL		
0	0	100	20.00	$[H^+]=\sqrt{K_a \cdot C_{HAc}}$	2.89
50	10.00	50	10.00		4.75
90	18.00	10	2.00	$[H^+]=K_a \cdot \dfrac{[HAc]}{[Ac^-]}$	5.71
99	19.80	1	0.20		6.75
99.9	19.98	0.1	0.02		7.74
100	20.00	0	0	$[OH^-]=\sqrt{\dfrac{K_s^{H_2O}}{K_a} \times C}$	计量点 8.73

突跃范围

过量的 NaOH

| 100.1 | 20.02 | 0.1 | 0.02 | $[OH^-]=10^{-4.3}$　$[H^+]=10^{-8.7}$ | 9.70 |
| 101 | 20.20 | 1 | 0.20 | $[OH^-]=10^{-3.3}$　$[H^+]=10^{-10.7}$ | 10.70 |

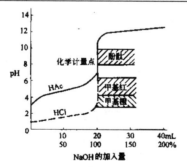

图 4-5 0.1mol/L NaOH 溶液滴定 0.1mol/L HAc 溶液的滴定曲线

将图4-5和图4-3相比较，可以看出NaOH滴定HAc的滴定曲线具有以下特点：

（1）滴定曲线的起点高　由于HAc是弱酸，离解比HCl小，故NaOH-HAc滴定曲线的起点在pH2.89处，比NaOH-HCl滴定曲线的起点（在pH1.00处）高约2个pH单位。

（2）从滴定开始至计量点的pH值变化情况不同于强酸开始时pH值变化较快，其后变化稍慢，接近计量点时又加快，这是由滴定的不同阶段的反应情况决定的。滴定开始后即有Ac⁻生成，由于Ac⁻的同离子效应抑制了HAc的离解，因而［H⁺］迅速降低，pH值很快增大，这段曲线的斜率较大。随着滴定的进行，由于［Ac⁻］增大，Ac⁻与溶液中未滴定的HAc构成了共轭酸碱缓冲体系，使溶液的pH值增加缓慢，这段曲线较为平坦。接近计量点时，由于溶液中HAc已很少，缓冲作用大大减弱，Ac⁻的离解作用增大，pH值增加较快，曲线斜率又迅速增大。

（3）滴定突跃范围小 由于上述原因，在计量点前后出现一较窄的pH突跃，与NaOH-HCl相比要小得多。由于生成的Ac⁻是HAc的共轭碱，故计量点的pH>7（pH=8.73），滴定突跃范围为7.74～9.70，处于碱性区域。

（二）指示剂的选择

由于计量点产物Ac⁻为碱，滴定突跃范围（pH7.74～9.70）处于碱性区域，因此，对于NaOH-HAc滴定，应该选择在碱性区域内变色的指示剂，如用酚酞（pH8.0～10.0）、百里酚蓝（pH8.0～9.6）来指示滴定终点，而在酸性区域变色的指示剂，如甲基橙、甲基红等则不能用，否则将引起很大的滴定误差。

（三）滴定可行性的判断

1.影响滴定突跃范围大小的因素

计量点附近的pH突跃的大小，取决于被滴定酸的强度K_a及溶液的浓度（C）。

（1）酸的强度 图4-6为用0.1mol/L NaOH溶液滴定0.1mol/L不同强度一元弱酸的滴定曲线，从图中可以看出，当酸的浓度C一定时，K_a值越大，滴定突跃范围越大；K_a值越小，滴定突跃范围越小。当$K_a \leq 10^{-9}$时，计量点附近已无明显的pH突跃，在水溶液中无法用一般的酸碱指示剂指示滴定终点，即不能直接进行准确滴定。若要测定这些极弱的酸，可采用电位滴定、非水滴定等方法，或利用某些化学反应使弱酸强化后再进行滴定。

（2）溶液浓度 强碱滴定弱酸的滴定突跃范围的大小不仅取决于酸的K_a值，而且与溶液的浓度有关。其影响与强碱滴定强酸相似。当K_a值一定时，溶液浓度越大，其突跃范围也愈大，终点较明显，但对于$K_a<10^{-9}$的弱酸，即使溶液浓度为1mol/L也无明显的突跃，难以直接进行滴定。

可见，影响弱酸滴定突跃大小的本质因素是K_a，外界因素是溶液的浓度C。

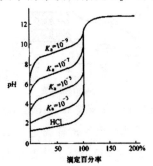

图4-6 0.1mol/L NaOH溶液滴定不同强度一元弱酸溶液的滴定曲线

2.滴定的可行性条件

综上所述，如果酸的离解常数很小，或溶液的浓度很低，达到一定限度时，就不能准确进行滴定了。这个限度是多少呢？这与所要求的准确度及检测终点的方法有关。表4-5列出了计量点前后滴定溶液±1滴之差，即滴定相对误差为±0.2%时，强碱滴定不同强度弱酸的pH突跃范围。

表 4-5 强碱滴定弱酸的 pH 突跃范图

离解常数 K_a	pH突跃范围											
	1mol/L				0.1mol/L				0.01mol/L			
	−0.1%	计量点	+0.1%	$\triangle$pH	−0.1%	计量点	+0.1%	$\triangle$pH	−0.1%	计量点	+0.1%	$\triangle$pH
10^{-5}	8.00	9.35	10.70	2.70								
10^{-6}	9.00	9.85	10.70	1.70	9.00	9.35	9.77	0.77	8.70	8.85	9.00	0.30
10^{-7}	10.00	10.35	10.77	0.77	9.70	9.85	10.00	0.30	9.30	9.35	9.40	0.10
10^{-8}	10.70	10.85	11.00	0.30	10.30	10.35	10.40	0.10				
10^{-9}	11.30	11.35	11.40	0.10	10.83	10.85	10.87	0.04				

　　由表 4-5 可知，K_a 值一定时浓度越大，或浓度一定 K_a 值越大，滴定突跃（$\triangle$pH）就越大。即 $C \cdot K_a$ 之乘积越大，突跃范围越大。人眼借助于指示剂的变色准确判断滴定终点，滴定的 pH 突跃（$\triangle$pH）必须在 0.3 个 pH 单位以上，此时滴定误差 $\leqslant 0.1\%$。由表 4-5 中的 pH，可知，只有弱酸的 $C \cdot K_a \geqslant 10^{-8}$ 才能满足滴定准确度的要求，可以用指示剂法准确滴定。因此，通常以 $K_a \cdot C \geqslant 10^{-8}$ 作为判断弱酸能否被准确滴定的依据。

　　关于强酸滴定弱碱，如 HCl 滴定 NH_3，其滴定曲线与 NaOH 滴定 HAc 相似，但 pH 值的变化方向相反。由于反应产物是被滴弱碱的共轭酸，计量点时溶液 pH＜7，滴定突跃范围也处于酸性区域，故应选择在酸性区域变色的指示剂，如用甲基红、甲基橙等来指示滴定终点。与强碱滴定弱酸的条件一样，只有当弱碱的 $K_b \cdot C \geqslant 10^{-8}$ 时，才能直接用强酸进行准确滴定。

　　根据上面讨论的不同类型的酸碱滴定及指示剂的选择，小结如下：

　　（1）酸碱滴定中，计量点的 pH 值由所生成的产物而定，可以 pH＜7、=7 或＞7。

　　（2）在计量点附近形成一滴定突跃，突跃的大小与酸（碱）的强度及溶液的浓度有关。酸（碱）越强，突跃越大；溶液越浓，突跃越大。只有当酸（碱）的 $K_b \cdot C \geqslant 10^{-8}$ 时，才能接进行准确滴定。

　　（3）选择指示剂的原则是：指示剂的变色终端应落在计量点附近的 pH 突跃范围内。

三、多元酸（碱）的滴定

（一）多元酸的测定

　　在水溶液中，多元酸是分步离解的。如 H_2A：

$$H_2A \rightleftharpoons H^+ + HA^- \quad K_{a_1} = \frac{[H^+][HA^-]}{[H_2A]}$$

$$HA^- \rightleftharpoons H^+ + A^{2-} \quad K_{a_2} = \frac{[H^+][A^{2-}]}{[HA^-]}$$

　　用强碱滴定多元酸时，主要解决三个问题：首先看多元酸在各计量点附近有无明显的突跃，即每一步离解的 H^+ 能否被准确滴定；其次，看多元酸相邻的两个 pH 突跃能否彼此分开，即能否进行分步滴定；若多元酸能分步滴定，每一步离解的 H^+ 也可被准确滴定，应如何选择合适的指示剂来指示滴定终点呢？判断如下：

1. 当 $K_{a_1} \cdot C \geqslant 10^{-8}$ 时，这一计量点附近有一明显 pH 突跃，即这一步离解的 H^+ 可以被准确滴定。

2. 当 $K_{a_1}/K_{a_2} \geqslant 10^4$ 时，即相邻的两个 K_a 之比在 10^4 以上，这两个计量点附近形成的 pH 突跃能彼此分开，可以分步滴定这两步离解出的 H^+。

当 $K_{a_1}/K_{a_2} < 10^4$ 时，相邻两计量点附近形成的 pH 突跃分不开，不能进行分步滴定。

3. 多元酸的滴定曲线计算比较复杂，通常用 pH 电位计记录滴定过程中 pH 值的变化，直接测得其滴定曲线。在实际工作中，为便于指示剂选择，通常只计算计量点的 pH 值，然后选择在此 pH 值附近变色的指示剂来指示滴定终点。由于对多元酸指示剂滴定的准确度要求不很高，故常用最简式计算。

例如，用 0.1000mol/L NaOH 标准溶液滴定 0.10mol/L $H_2C_2O_4$ 溶液时：

$$K_{a_1} \cdot C_1 = 5.9 \times 10^{-2} \times 0.10 > 10^{-8} \quad K_{a_2} \cdot C_2 = 6.4 \times 10^{-5} \times 0.10 \div 2 > 10^{-8}$$

草酸第一、二计量点附近都有明显的 pH 值突跃，可以准确滴定第一、二步离解出的 $K_{a_1}/K_{a_2} = 5.9 \times 10^{-2} \div (6.4 \times 10^{-5}) < 10^4$，滴定时两个 pH 突跃彼此分不开，不能分步滴定草酸两步离解出的 H^+，两突跃合在一起形成一个突跃，测得为草酸的总量。

计量点时，反应产物为 $C_2O_4^{2-}$，溶液的 pH 值由二元碱的离解决定，

$$[OH^-] = \sqrt{K_b \cdot C} = \sqrt{1.6 \times 10^{-10} \times \frac{0.10}{2}} = 2.3 \times 10^{-6} mol/L$$

pOH=5.64   pH=8.36
应选用在计量点附近变色的酚酞作为指示剂。

再如，用 0.1000mol/L NaOH 标准溶液滴定 0.1000mol/L H_3PO_4 溶液时

$$K_{a_1} \cdot C_1 = 7.6 \times 10^{-3} \times 0.10 > 10^{-8} \quad K_{a_2} \cdot C_2 = 6.3 \times 10^{-8} \times 0.10 \div 2 \approx 10^{-8}$$

$$K_{a_3} \cdot C_3 = 4.4 \times 10^{-13} \times 0.10 \div 3 < 10^{-8}$$

说明第一、第二计量点附近均有明显的 pH 突跃，可以准确滴定，而第三计量点附近的 pH 突跃不明显，不能直接滴定。

$$又 \frac{K_{a_1}}{K_{a_2}} = \frac{7.6 \times 10^{-3}}{6.3 \times 10^{-8}} > 10^4 \quad \frac{K_{a_2}}{K_{a_3}} = \frac{6.3 \times 10^{-8}}{4.4 \times 10^{-13}} > 10^4$$

说明第一、二计量点附近的两个 pH 突跃能彼此分开，第三步离解的 H^+ 也不影响第二步离解的 H^+ 的滴定，因此，可以用 NaOH 分步准确滴定 H_3PO_4 第一、二步离解的 H^+。

NaOH 滴定 H_3PO_4 至第一、二计量点时，其产物 $H_2PO_4^-$、HPO_4^{2-} 均为两性物质，可按两性物质溶液 pH 计算公式计算 $[H^+]$。

第一计量点时，反应产物为 $H_2PO_4^-$

$$[H^+] = \sqrt{K_{a_1} \cdot K_{a_2}}$$

$$pH = \frac{1}{2}(pK_{a_1} + pK_{a_2}) = 4.66$$

可选用甲基红、溴甲酚绿为指示剂。

第二计量点时，反应产物为HPO_4^{2-}

$$[H^+]=\sqrt{K_{a_2} \cdot K_{a_3}}$$

$$pH=\frac{1}{2}(pK_{a_2}+pK_{a_3})=9.78$$

可选用酚酞、百里酚酞作指示剂。由于计量点附近滴定突跃较小，指示剂终点变色不明显，滴定误差较大，如果分别改用溴甲酚绿和甲基橙、酚酞和百里酚酞混合指示剂，则终点变色较单一指示剂敏锐。由于第二计量点反应产物HPO_4^{2-}酸性很弱（K_{a_3}<10^{-7}），因此不能用NaOH标准溶液直接滴定H_3PO_4第三步离解的H^+。NaOH滴定H_3PO_4的滴定曲线见图4-7。

从上述讨论可以看出，分步离解常数相差较大的多元酸的滴定，实际上可以看作是不同强度一元酸混合物的滴定。

混合酸的滴定与多元酸的滴定相似，两种酸浓度相同时，若$K_a \cdot C \geqslant 10^{-8}$，$K_a' \cdot C \geqslant 10^{-8}$，则两种酸都可被准确滴定；当$K_a'/K_a \geqslant 10^4$时，可以分别滴定，即滴定第一种酸而第二种酸不干扰。如果两者浓度不同，则要求$K_a \cdot C/K_a' \cdot C' \geqslant 10^4$，才能进行分别滴定。

（二）多元酸的滴定

与多元酸一样，多元碱在水溶液中也是分步离解，其能否分步滴定？每一步能否准确滴定？可参照多元酸的滴定进行判断。选择在计量点pH值附近变色的指示剂来确定滴定终点。

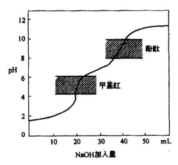

图4-7 0.1mol/L NaOH溶液滴定

例如，Na_2CO_3是二元碱，在溶液中分两步离解，$K_{b_1}=1.8 \times 10^{-4}$，$K_{b_2}=2.4\times$，当用0.1000mol/L HCl标准溶液滴定约0.10mol/L Na_2CO_3溶液时

$K_{b_1} \cdot C > 10^{-8}$、$K_{b_2} \cdot C \approx 10^{-8}$，第一、二计量点附近均有较明显的pH突跃，可被准确滴定。

又$\dfrac{K_{b_1}}{K_{b_2}} \approx 10^4$，第一、二计量点附近的pH突跃能彼此分开，可以分步滴定第一、二步离解的OH^-。

第一计量点时，溶液的pH值由生成的两性物质HCO_3^-的离解决定。

$$[H^+]=\sqrt{K_{a_1} \cdot K_{a_2}}=\sqrt{4.2 \times 10^{-7} \times 5.6 \times 10^{-11}}=4.8 \times 10^{-9} mol/L$$

$$pH=8.31$$

可用酚酞、百里酚蓝作指示剂。由于$K_{b_1}/K_{b_2} \approx 10^4$，差别不够大，$HCO_3^-$有较大的缓冲作用，因而第一计量点附近pH突跃较小，酚酞变色不明显。通常用$NaHCO_3$溶液作参比，或使用甲酚红-百里酚蓝混合指示剂，其变色范围为pH8.2（粉红色）～8.4（紫色），可获得较为准确的测定结果。

第二计量点时：溶液的pH值由滴定产物H_2CO_3的离解决定。

$$[H^+] = \sqrt{K_{a_1} \cdot C} = \sqrt{4.2 \times 10^{-7} \times 0.04} = 1.3 \times 10^{-4} \text{mol/L}$$

pH=3.89

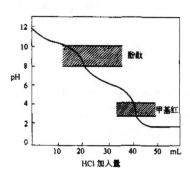

图 4-8 0.1mol/L NaOH溶液滴定 0.1mol/L Na₂CO₃溶液的滴定曲线

可选用甲基橙、溴酚蓝作指示剂。由于较小，计量点的pH突跃较小，终点时指示剂的变色不太明显。为防止形成CO_2的过饱和溶液使终点提前且变色不明显，在滴定近终点时，应剧烈摇动溶液或加热至沸，促使H_2CO_3分解成CO_2逸出，冷却后再继续滴定至终点。HC1溶液滴定Na_2CO_3溶液的滴定曲线见图4-8。

四、滴定误差（终点误差）

在酸碱滴定中，通常利用指示剂的变色来确定滴定终点，指示反应计量点的到达。但是，滴定终点往往是接近计量点，而不恰好在计量点，滴定终点与计量点不一致时所引起的相对误差，称为滴定误差或终点误差（titration error）。滴定误差是一种方法误差，其大小由被滴溶液中剩余酸（或碱）或多加碱（或酸）滴定剂的量所决定。通常用TE%表示。

假设被滴物质的初始浓度为C_0，体积为V_0，终点时剩余（或过量）的酸（或碱）浓度为a。通常滴定至终点时，溶液体积增加一倍，滴定误差可表示为：

$$TE\% = \frac{2V_0 a}{C_0 V_0} \times 100\% = \frac{2a}{C_0} \times 100\%$$

（一）强酸（碱）的滴定误差

对强碱滴定强酸，其计量点 pH=7。若滴定终点时溶液 PH<7，则还有少量被滴物质未被滴定，存在一负误差；若滴定终点时 pH>7，则有少量滴定剂过量，存在正误差。在强酸强碱滴定中，水离解产生的H^+和OH^-可忽略不计。因此，终点时溶液中存在的H^+（或OH^-）仅由剩余的被滴物质（或过量的滴定剂）离解而来。滴定误差可表示为：

$$TE\% = \frac{-2\,[\,H^+\,]}{C_0} \times 100\% \quad （pH＜7时） \tag{4-23a}$$

$$TE\% = \frac{-2\,[\,OH^-\,]}{C_0} \times 100\% \quad （pH＞7时） \tag{4-23b}$$

式 4-23a、式 4-23b 是强碱滴定强酸时滴定误差的计算式。强酸滴定强碱的情况与此类似。

（二）弱酸（碱）的滴定误差

在强碱 NaOH 滴定一元弱酸（HA）中，若滴定终点 pH＜计量点 pH 时，有少量 HA 未被滴定，误差为负。终点时溶液中的 HA 来自两方面：一是未被滴定的 HA，一是由滴定产物按式（a）离解产生的 HA：

$$A^- + H_2O \rightleftharpoons HA + OH^- \tag{a}$$

因此，溶液中剩余 HA 的浓度应为：

$$[\,HA\,]_{剩余} = [\,HA\,] - [\,OH^-\,]$$

$$TE\% = \frac{-2\,[\,HA\,]_{剩余}}{C_0} \times 100\%$$

$$TE\% = \frac{2（[\,OH^-\,] - [\,HA\,]）}{C_0} \times 100\% \tag{4-24a}$$

同理，若滴定终点 pH＞计量点 pH 时，则有少量的滴定剂过量，误差为正，终点时溶液中的 OH^- 来自过量的 NaOH 离解的 OH^- 及由滴定产物按（a）式离解生成的 OH^-，因此

$$[\,OH^-\,]_{过量} = [\,OH^-\,] - [\,HA\,]$$

$$TE\% = \frac{-2\,[\,OH^-\,]_{过量}}{C_0} \times 100\%$$

$$TE\% = \frac{2（[\,OH^-\,] - [\,HA\,]）}{C_0} \times 100\%$$

式 4-24a 中 [HA] 为终点时溶液中 HA 的平衡浓度，可由分布系数及总浓度求得：

$$[\,HA\,] = \delta_{HA} \cdot C = \frac{[\,H^+\,]}{[\,H^+\,] + K_a} \cdot C$$

上式中 C 为终点时 HA 的总浓度，即 $C = C_0/2$，故：

$$[\,HA\,] = \frac{[\,H^+\,]}{[\,H^+\,] + K_a} \cdot \frac{C_0}{2} \tag{b}$$

将式（b）代入式 4-24a 得：

$$TE\% = \left(\frac{2\,[\,OH^-\,]}{C_0} - \frac{[\,H^+\,]}{[\,H^+\,] + K_a} \right) \times 100\% \tag{4-24b}$$

式 4-24b 是强碱滴定一元弱酸的滴定误差公式。对于一元弱碱（BOH）的滴定误差，可用上述类似方法处理得到：

$$TE\% = \frac{2\,[\,H^+\,] - [\,BOH\,]}{C_0} \times 100\% \tag{4-25a}$$

$$TE\% = \left(\frac{2\,[\,H^+\,]}{C_0} - \frac{[\,OH^-\,]}{[\,OH^-\,] + K_b} \right) \times 100\% \tag{4-25b}$$

第五节　酸碱标准溶液的配制与标定

酸碱滴定中常用的标准溶液都是由强酸和强碱配成的，其中使用最多的是盐酸和氢氧化钠。酸碱标准溶液的浓度一般配成 0.1mol/L，有时也配成 1mol/L 或 0.01mol/L，浓度过高或过低都不合适。

一、酸标准溶液的配制与标定

酸标准溶液通常是用盐酸或硫酸来配制，其中应用得最多的是盐酸标准溶液。由于浓盐酸易挥发，故不能用直接法配制，而要采用间接配制法，即先配成近似于所需浓度的溶液，然后再用适当的基准物质或用其他碱标准溶液标定其准确浓度。

（一）0.1mol/L HCl 溶液的配制

市售浓 HCl 比重为 1.19，浓度约为 12mol/L，若配制 1000mL 0.1mol/L 的稀 HCl 溶液，应量取浓 HCl 的体积可按下式计算：

$$V_浓 = \frac{C_稀 \cdot V_稀}{C_浓} = \frac{0.1 \times 1000}{12} \approx 8.3 \text{mL}$$

为使配制的 HCl 标准溶液的浓度不小于 0.1mol/L，故实际取量应比计算量略多一点，取 9mL，稀释至 1000mL，然后再用基准物质进行标定。

（二）0.1mol/L HCl 溶液的标定

常用于标定酸标准溶液的基准物质，有无水碳酸钠和硼砂。

无水碳酸钠易获得纯品，一般可用市售基准试剂 Na_2CO_3 作基准物。由于碳酸钠易吸收空气中水分，使用前应在 $180 \sim 200℃$ 干燥到恒重，然后密封于瓶内，保存在干燥器中备用。称量 Na_2CO_3 时速度要快，以免吸收空气中的水分而引入误差。其标定反应为：

$$Na_2CO_3 + 2HCl = 2NaCl + H_2O + CO_2 \uparrow$$

计量点产物为 H_2CO_3（pH=3.9），通常选用甲基红～溴甲酚绿混合指示剂，也可用甲基橙作指示剂确定终点，根据所消耗 HCl 溶液的体积计算 HCl 溶液的浓度。

$$C_{HCl} = \frac{m_{Na_2CO_3}}{V_{HCl} \cdot M_{Na_2CO_3}} \times 2000$$

Na_2CO_3 基准物的缺点是易吸水，摩尔质量小，终点时指示剂变色不太敏锐。

硼砂（$Na_2B_4O_7 \cdot 10H_2O$）容易制得纯品，不易吸水，摩尔质量较大。但当空气中相对湿度低于 39% 时，易失去结晶水，因此，应将硼砂基准物保存在相对湿度为 60% 的恒温器（如装有食盐及蔗糖饱和溶液的干燥器）中。用硼砂标定 HCl 的反应为：

$$Na_2B_4O_7 + 2HCl + 5H_2O \rightleftharpoons 4H_3BO_3 + 2NaCl$$

计量点时，生成极弱的 H_3BO_3（$K_a = 5.8 \times 10^{-10}$），溶液的 pH 值为 5.1，可选择甲基红作指示剂，终点时指示剂变色明显。

$$C_{HCl} = \frac{m_{Na_2B_4O_7}}{V_{HCl} \cdot M_{Na_2B_4O_7 \cdot 10H_2O}} \times 2000$$

此外，也可用已知准确浓度的强碱 NaOH 溶液来标定 HCl 溶液的浓度，用酚酞指示剂指示终点。

二、碱标准溶液的配制与标定

碱标准溶液通常是用氢氧化钠、氢氧化钾来配制，氢氧化钠标准溶液应用较普遍。由于 NaOH 易吸潮，易吸收空气中 CO_2 形成 Na_2CO_3 而影响其纯度。另外，NaOH 中还可能含有硫酸盐、硅酸盐、氯化物等杂质，因此只能用间接法配制。

（一）0.1mol/L NaOH 溶液的配制

为了配制不含 CO_3^{2-} 的 NaOH 标准溶液，通常先将 NaOH 配成饱和溶液（比重为 1.56，浓度为 52%），浓度约为 20mol/L，贮于塑料瓶中，使不溶的 Na_2CO_3 沉于底部，再取上层清液稀释成所需配制的浓度。稀释时应使用不含 CO_2 新煮沸的冷蒸馏水。

配制 1000mL 0.1mol/L NaOH 溶液，应量取 NaOH 饱和溶液 5.0mL，为保证其浓度略大于 0.1mol/L，故一般实际量取 5.6mL NaOH 饱和溶液稀释。

（二）0.1mol/L NaOH 溶液的标定

标定碱标准溶液的基准物质有邻苯二甲氢氧钾（KHP）、草酸（$H_2C_2O_4 \cdot 2H_2O$）等，也可以用已知准确浓度的 HCl 标准溶液标定 NaOH。

邻苯二甲酸氢钾易于用重结晶法制得纯品，具有不含结晶水，不吸潮，容易保存，化学式量大等优点，因而是标定 NaOH 溶液最常用的基准物质。使用前应在 105～110℃下干燥到恒重，保存于干燥器中。其标定反应为：

邻苯二甲酸钾钠的 $K_{a_2}=3.9\times10^{-6}$，其计量点时溶液的 pH=9.1，可选酚酞作指示剂。根据消耗 NaOH 溶液的体积计算其浓度。

$$C_{NaOH} = \frac{m_{KHP}}{V_{NaOH} \cdot M_{KHP}} \times 1000$$

草酸基准物相当稳定，相对湿度在 5%～95% 时不会风化而失水，因此，可保存在密闭容器内备用。其标定反应为：

$$H_2C_2O_4 + 2NaOH \rightleftharpoons Na_2C_2O_4 + 2H_2O$$

草酸的 $K_{a_2}=6.4\times10^{-5}$，其计量点时溶液的 pH=8.4，可选酚酞作指示剂。由消耗 NaOH 溶液的体积计算其浓度。

$$C_{NaOH} = \frac{m_{H_2C_2O_4 \cdot 2H_2O}}{V_{NaOH} \cdot M_{H_2C_2O_4 \cdot 2H_2O}} \times 2000$$

第五章 配位滴定法

第一节 概 述

一、配位滴定法

配位滴定法（complexometry）是以配位反应为基础的滴定分析方法。也称络合滴定法（compleximetric titration）。配位滴定法广泛地应用于化学工业、医药工业、地质、电镀工业、冶金等各个领域。

能用于配位滴定的配位反应必须具备以下条件：

（一）反应能定量进行完全，即生成的配合物应具有足够的稳定性。

（二）配位反应按一定的反应式定量进行，即金属离子与配位剂的反应比一定。此为该法定量计算的基础。

（三）反应速度必须足够快。

（四）可用适当的方法确定终点。

许多无机配位剂与金属离子形成的配合物不够稳定，且有分级配位现象。如 NH_3 与 Cu^{2+} 的配位反应分四步进行：

$$Cu^{2+} \overset{NH_3}{\rightleftharpoons} Cu(NH_3)^{2+} \overset{NH_3}{\rightleftharpoons} Cu(NH_3)_2^{2+} \overset{NH_3}{\rightleftharpoons} Cu(NH_3)3^{2+} \overset{NH_3}{\rightleftharpoons} Cu(NH_3)_4^{2+}$$

由于各级配合物的稳定常数相差不大，无法进行滴定。目前，应用最多的是以氨羧配位剂为基础的配位滴定。

二、配位滴定中常用配位剂

配合物有简单配位化合物和多基配位体的配合物（螯合物）。前者由中心离子和单基配位体（大多为无机物）形成，无环状结构，不如螯合物稳定。简单配位化合物常形成逐级配合物，使溶液常有多种配合物同时存在，平衡情况复杂，稳定性较差。所以，极少用于滴定分析，仅用作掩蔽剂、显色剂和指示剂，只有以 CN^- 为滴定剂的机量法和以 Hg^{2+} 为滴定剂的汞量法有一定的实际意义。

化学分析中重要的螯合剂有："OO型"螯合剂（以两个氧原子为键合原子与金属离子相键合，有羟基酸、多元酸、多元醇、多元酚等）；"NO型"螯合剂（通过氧原子、氮原子与金属离子相键合，如氨羧配位剂、羟基喹啉和一些邻羟基偶氮染料等）；"NN型"螯合剂（通过氮原子与金属离子相键合，如有机胺类、含氮杂环化合物等）；含硫螯合剂（包括"SS型"整合剂，"SO型"螯合剂及"SN型"螯合剂等）。目前应用最多的一类整合剂是"NO型"螯合剂中的氨羧配位剂，它是以氨基二乙酸 $[-N(CH_2COOH)_2]$ 为基体的有机螯合剂，可与大多数金属离子形成稳定的可溶性螯合物。

常用的氨羧配位剂有以下几种：亚氨基二乙酸（IMDA）、氨三乙酸（ATA 或 NTA）、环己二胺四乙酸（CyDTA 或 DCTA）、乙二胺四乙酸（EDTA）、乙二胺四丙酸（EDTP）、乙二醇二乙醚二胺四乙酸（EGTA）等。其中，又以 EDTA 的应用最为广泛。以 EDTA 标准溶液进行配位滴定的方法，称为 EDTA 滴定法。通常所谓的配位滴定法，主要是指 EDTA 滴定法，故本章主要讨论此法。

三、配合物的配位平衡

在配位反应中，配合物的形成和离解是一个反应的相互对立而又相互依赖的两个方面：一方面，中心离子与配位体之间相互吸引，通过配位键形成配合物；另一方面，溶液中溶剂分子（水溶液中主要是水分子）的作用，以及配合物内部的排斥作用，使配合物又离解。在一定条件下，离解和形成达到相对平衡.称为配合平衡。

（一）配合物的稳定常数

配合物的稳定性可以用配合物的稳定常数（形成常数，formation constant）来表示。例如：

$$Ag^+ + 2NH_3 \rightleftharpoons Ag(NH_3)_2^+$$

$$\frac{[Ag(NH_3)_2^+]}{[Ag^+][NH_3]^2} = K_稳$$

$K_稳$ 值越大，表示形成配离子的倾向越大，配合物越稳定。

1.配合物的逐级稳定（离解）常数

对于配合物 ML_n，配合物在溶液中的形成是分级进行的，有关的逐级形成反应与相应的逐级稳定常数为

同样，配合物在溶液中的离解也是分级进行的，有关的逐级离解反应与相应的逐级离解常数为

$$M + L \rightleftharpoons ML \qquad K_1 = \frac{[ML]}{[M][L]}$$

$$ML + L \rightleftharpoons ML_2 \qquad K_2 = \frac{[ML_2]}{[ML][L]}$$

$$\cdots \qquad\qquad \cdots$$

$$ML_{n-1} + L \rightleftharpoons ML_n \qquad K_n = \frac{[ML_n]}{[ML_{n-1}][L]} \qquad (5-1)$$

K_1，K_2，$\cdots$，K_n 称为逐渐稳定常数。

同样，配合物在溶液中的离解也是分级进行的，有关的逐级离解反应与相应的逐

级离解常数为

$$ML_n \rightleftharpoons ML_{n-1} + L \qquad K_1' = \frac{[ML_{n-1}][L]}{[ML_n]}$$

$$ML_{n-1} \rightleftharpoons ML_{n-2} + L \qquad K_2' = \frac{[ML_{n-2}][L]}{[ML_{n-1}]}$$

$$\cdots \qquad \cdots$$

$$ML \rightleftharpoons M + L \qquad K_n' = \frac{[M][L]}{[ML]} \tag{5-2}$$

K_1'，K_2'，$\cdots$，K_n'称为逐渐稳定常数。

由上述有关反应及相应的平衡常数可以得出逐级稳定常数与逐级离解常数之间的关系式为

$$K_1 = \frac{1}{K_n'}, \quad K_2 = \frac{1}{K_{n-1}'}, \quad \cdots, \quad K_n = \frac{1}{K_1'} \tag{5-3}$$

对于1∶1型的配合物，其稳定常数与离解常数互为倒数。

2. 配合物的累积稳定常数

配合物的逐级稳定常数的乘积称为累积稳定常数，用β_i表示。

$$M + L \rightleftharpoons ML$$

第一级累积稳定常数$\beta_1 = \dfrac{[ML]}{[M][L]} = K_1$

$$M + 2L \rightleftharpoons ML_2$$

第二级累积稳定常数$\beta_2 = \dfrac{[ML_2]}{[M][L]^2} = K_1 K_2$

$$\cdots$$

$$M + nL \rightleftharpoons ML_n \tag{5-4}$$

第n级累积稳定常数$\beta_n = \dfrac{[ML_n]}{[M][L]^n} = K_1 K_2 \cdots K_n$，又称为配合物总稳定常数。

由上面可以看出，β_i（$n \geqslant i \geqslant 1$）将溶液中游离金属离子和游离配位体的平衡浓度与各级配合物ML，ML_2，$\cdots$，ML_n的平衡浓度联系起来，这在配位平衡的计算中用处很大。

（二）溶液中各级配合物的分布

前面已经指出，在配位平衡中，配位体的浓度对配合物各种存在形式的分布有影响。对于1∶n型的配合物，设溶液中心离子的总浓度为c_M，配位体L的总浓度为c_L，M与L逐级发生配位反应，由累积稳定常数可得

$$[ML] = \beta_1[M][L]$$

$$[ML_2] = \beta_2[M][L]^2$$

$$\cdots$$

$$[ML_n] = \beta_n[M][L]^n \tag{5-5}$$

根据物料平衡，有

$$c_M = [M] + [ML] + [ML_2] + \cdots + [ML_n]$$
$$= [M] + \beta_1[M][L] + \beta_2[M][L]^2 + \cdots + \beta_n[M][L]^n$$
$$= [M]\left(1 + \sum_{i=1}^{n} \beta_i[L]^i\right)$$

按照分布系数的定义，有

$$\delta_0 = \delta_M = \frac{[M]}{c_M} = \frac{1}{1 + \beta_1[L] + \beta_2[L]^2 + \cdots + \beta_n[L]^n}$$

$$\delta_1 = \delta_{ML} = \frac{[ML]}{c_M} = \frac{\beta_1[L]}{1 + \beta_1[L] + \beta_2[L]^2 + \cdots + \beta_n[L]^n} = \delta_0\beta_1[L]$$

...

$$\delta_n = \delta_{ML_n} = \frac{[ML_n]}{c_M} = \frac{\beta_n[L]^n}{1 + \beta_1[L] + \beta_2[L]^2 + \cdots \beta_n[L]^n} = \delta_0\beta_n[L]^n \qquad (5\text{-}6)$$

由此可见，分布系数 δ_i（$n \geqslant i \geqslant 0$）仅仅是 [L] 的函数，与 c_M 无关。如果 c_M 和 [L] 已知，那么配合物各型体 ML_i 的平衡浓度均可由式（7-7）求得：

$$[ML_i] = \delta_i c_M \qquad (5\text{-}7)$$

以 Cu^{2+} 与 NH_3 的配位反应为例，根据式（5-6）计算出不同的游离氨浓度 $[NH_3]$ 对应的溶液中铜氨配合物各种型体的 δ_i 值，然后作出 $\delta_i\text{-}pNH_3$ 曲线，如5-1所示。铜氨配合物的逐级稳定常数 lgK_i：4.1、3.5、2.9、2.1。

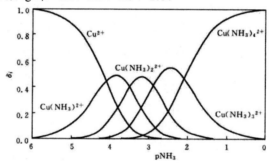

图 5-1 铜氨配合物各种型体的 $\delta_i\text{-}pNH_3$ 曲线

图5-1直观地反映了铜氨配合物各种型体的分布随 $[NH_3]$ 变化的情况。随着 $[NH_3]$ 的增大，Cu^{2+} 与 NH_3 逐级生成1:1、1:2、1:3、1:4型的配合物。由于相邻的各级稳定常数不大且相差较小，因此 $[NH_3]$ 在较大的范围内变化时，溶液中都有几种铜氨配合物型体共存，配位反应不能按确定的化学计量关系定量完成，因此，无法判断滴定终点，不能用 NH_3 来滴定 Cu^{2+}。

第二节　EDTA 与金属离子的配合物及其稳定

一、EDTA 的性质及其配合物

（一）EDTA 在水溶液中的离解平衡

乙二胺四乙酸为白色结晶性粉末，室温下在水中溶解度小，约 0.02g/100mL 水（22℃），不溶于无水乙醇、丙酮和苯。由于乙二胺四乙酸在水中溶解度较小，使其在化学分析中的应用受到限制。而其二钠盐在水中的溶解度较大，22℃时溶解度为 10.8g/100mL 水，该溶液的浓度约为 0.3mol/L。所以，实际工作中常用其二钠盐作滴定剂，一般也简称 EDTA，通常含两分子结晶水，用 $Na_2H_2Y \cdot 2H_2O$ 表示，其水溶液的 pH 值约为 4.5。

Schwarzenbach 提出，在溶液中 EDTA 具双偶极离子结构，用 H_4Y 表示。其中两个可离解的 H^+ 为强酸性，另外两个羧基上的氢转移至氮原子上，与氮原子结合，释放较为困难。其结构可表示为：

$$\begin{array}{c} HOOCH_2C \\ \\ -OOCH_2C \end{array} NH^+ \!-\! \overset{H_2}{C} \!-\! \overset{H_2}{C} \!-\! {}^+HN \begin{array}{c} CH_2COO^- \\ \\ CH_2COOH \end{array}$$

在较高酸度的溶液中，EDTA 这个四元酸的羧基可继续与 H^+ 结合，形成 H_6Y^{2+}，相当于一个六元酸，在水溶液中存在六级离解平衡，有多种存在形式。

$$H_6Y^{2+} \rightleftharpoons H^+ + H_5Y^+ \quad K_1 = \frac{[H^+][H_5Y^+]}{[H_6Y^{2+}]} = 1.3 \times 10^{-1} \quad pK_1 = 0.90$$

$$H_5Y^+ \rightleftharpoons H^+ + H_4Y \quad K_2 = \frac{[H^+][H_4Y]}{[H_5Y^+]} = 2.51 \times 10^{-2} \quad pK_2 = 1.60$$

$$H_4Y \rightleftharpoons H^+ + H_3Y^- \quad K_3 = \frac{[H^+][H_3Y^-]}{[H_4Y]} = 1.00 \times 10^{-2} \quad pK_3 = 2.00$$

$$H_3Y^- \rightleftharpoons H^+ + H_2Y^{2-} \quad K_4 = \frac{[H^+][H_2Y^{2-}]}{[H_3Y^-]} = 2.14 \times 10^{-3} \quad pK_4 = 2.67$$

$$H_2Y^{2-} \rightleftharpoons H^+ + HY^{3-} \quad K_5 = \frac{[H^+][HY^{3-}]}{[H_2Y^{2-}]} = 6.92 \times 10^{-7} \quad pK_5 = 6.16$$

$$HY^{3-} \rightleftharpoons H^+ + Y^{4-} \quad K_6 = \frac{[H^+][Y^{4-}]}{[HY^{3-}]} = 5.50 \times 10^{-11} \quad pK_6 = 10.26$$

在水溶液中，EDTA 总是以 H_6Y^{2+}、H_5Y^+、H_4Y、H_3Y^-、H_2Y^{2-}、HY^{3-} 及 Y^{4-} 等七种形式存在。它们的分布系数与 pH 值有关。图 5-2 是 EDTA 溶液中各种存在形式的分布图。

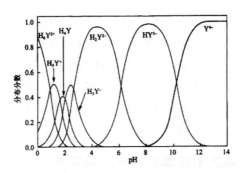

图 5-2 EDTA 各种存在形式的分布图

可以看出，不论 EDTA 的原始存在形式是 H_4Y 还是 Na_2H_2Y，在 pH<1 的强酸性溶液中，主要以 H_6Y^{2+} 形式存在；在 pH 值为 2.67～6.16 的溶液中，主要以 H_2Y^{2-} 形式存在；在 pH>10.26 的碱性溶液中，主要以 Y^{4-} 形式存在。各种形式中，Y^{4-} 与金属离子形成的配合物最稳定。

（二）金属-EDTA 配合物的分析特性

EDTA 能与多种金属离子形成配合物，其特点可概括为：

1.EDTA 分子中具有四个羧氧，两个氨氮，共六个配位原子，为六啮配位剂，四个羧氧倾向于电价配位，二个氨氮倾向于共价配位，这就极大地提高了 EDTA 与众多金属离子形成

2.稳定配合物的普遍性和构型的多样性。

EDTA 与不同价态的金属离子一般均按 1∶1 配位。如：

$$M^{2+} + H_2Y^{2-} \rightleftharpoons MY^{2-} + 2H^+$$
$$M^{3+} + H_2Y^{2-} \rightleftharpoons MY^- + 2H^+$$
$$M^{4+} + H_2Y^{2-} \rightleftharpoons MY + 2H^+$$

只有少数高价金属离子（如 Mo^{5+}、Zr^{4+} 等）与 EDTA 形成 2∶1 的配合物。

3.EDTA 与金属离子配位时，它的氮原子和氧原子与金属离子相键合，生成具有多个五元环的螯合物。此类配合物非常稳定。EDTA 与金属离子形成的配合物的立体构型如图 5-3 所示。

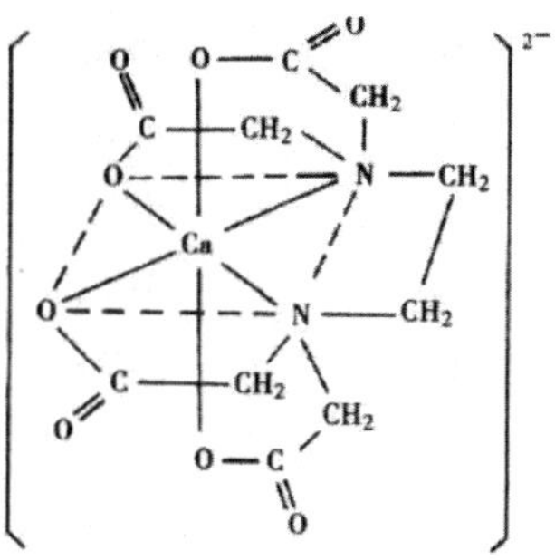

图 5-3 EDTA-Ca 螯合物的立体结构

4.溶液的酸度较高时，一些金属离子可与 EDTA 形成酸式配合物 MHY，碱度较高时，也可形成碱式配合物 MOHY。此两种形式的配合物大多不很稳定，一般可忽略不计。

5.EDTA 与金属离子的配合物多数带电荷，水溶性好，有利于滴定。EDTA 与无色的金属离子形成无色配合物，与有色金属离子形成颜色更深的配合物。如：

$$NiY^{2-} \quad CuY^{2-} \quad FeY^- \quad CoY^- \quad MnY^{2-} \quad CrY^-$$

蓝绿　深蓝　黄紫　红紫　红深　紫

6.EDTA 与多数金属离子的配位反应速度较快，但个别离子（如 Cr^{3+}、Fe^{3+}、Al^{3+} 等）反应较慢，需加热或煮沸才能定量配位。

二、EDTA 与金属离子形成配合物的稳定性

（一）稳定常数

EDTA 能与多种金属离子形成配位比为 1：1 的配合物，为方便讨论，略去电荷，将反应式简写成：

$$M + Y \rightleftharpoons MY$$

反应达平衡时

$$K_{MY} = \frac{[MY]}{[M][Y]} \tag{5-8}$$

K_{MY}（$K_稳$）为反应平衡常数，即在一定温度下金属-EDTA 配合物的稳定常数。其倒数为配合物的不稳定常数。

K_{MY} 或 lgK_{MY} 越大，配合物越稳定。反之，配合物越不稳定。

不同的金属离子，由于其离子半径、电子层结构及电荷的差异，与 EDTA 形成的配合物稳定性会有所不同。根据稳定常数的大小可判断配位反应完成的程度，也可判断某配位反应是否能用于配位滴定，此稳定常数称为绝对稳定常数。在一定条件下，每一配合物都有其特有的稳定常数。

一些常见金属离子与 EDTA 的配合物的绝对稳定常数值见表 5-1。

表 5-1 部分 EDTA 的配合物的 lgK_{MY} 值（25℃，J=0.1，KNO_3 溶液）

金属离子	lgK_{MY}	金属离子	lgK_{MY}	金属离子	lgK_{MY}
Na^+	1.66*	Mn^{2+}	13.87	Ni^{2+}	18.60
Li^+	2.79*	Fe^{2+}	14.32	Cu^{2+}	18.80
Ag^+	7.32	Ce^{2+}	16.0	Hg^{2+}	21.8
$Ba2+$	7.86*	Al^{3+}	16.3	Cr^{3+}	23.4
Mg^{2+}	8.7*	Co^{2+}	16.31	Fe^{3+}	25.10*
Sr^{2+}	8.73*	Cd^{2+}	16.46	Bi^{3+}	27.94
Be^{2+}	9.20	Zn^{2+}	16.50	ZrO^{2+}	29.9.
Ca^{2+}	10.69	Pb^{2+}	18.04	Co^{3+}	36.0

*在 0.lmol/L KCl 溶液中，其他条件相同。

由表 5-1 可以看出，碱金属离子的配合物最不稳定；碱土金属离子配合物的 lgK_{MY} 约为 8~11；过渡元素、稀土元素、Al^{3+} 配合物的 lgK_{MY} 约为 15~19；而三价、四价金

属离子及 Hg^{2+} 配合物的 $lgK_{MY}>20$。

（二）累积平衡常数

金属离子还能与其他配位剂形成 ML_n 型配合物。ML_n 型配合物在溶液中存在逐级配位平衡：

$$M + L \rightleftharpoons ML \quad 第一级稳定常数 K_{稳1} = \frac{[ML]}{[M][L]}$$

$$ML + L \rightleftharpoons ML_2 \quad 第二级稳定常数 K_{稳2} = \frac{[ML_2]}{[M][L]}$$

...

$$ML_{n-1} + L \rightleftharpoons ML_n \quad 第 n 级稳定常数 K_{稳n} = \frac{[ML_n]}{[ML_{n-1}][L]}$$

将各级稳定常数依次相乘，可得到逐级累积（或积累）稳定常数，用表示。

$$\beta_1 = K_{稳1} = \frac{[ML]}{[M][L]}$$

$$\beta_2 = K_{稳1}K_{稳2} = \frac{[ML_2]}{[M][L]^2}$$

...

$$\beta_n = K_{稳1}K_{稳2}\cdots K_{稳n} = \frac{[ML_n]}{[M][L]^n} \tag{5-9}$$

最后一级累积稳定常数又称为总稳定常数。同理，最后一级累积不稳定常数又称为总不稳定常数。它们仍然互为倒数。

在配位平衡计算中，常需计算各级配合物的浓度，从以上关系中可得到下列算式：

$$[ML] = \beta_1[M][L]$$

$$[ML_2] = \beta_2[M][L]^2$$

...

$$[ML_n] = \beta_n[M][L]^n \tag{5-10}$$

三、副反应系数

在配位滴定中，金属离子 M 与配位剂 Y 生成配合物 MY 的反应是主反应，主反应中的各组分都可能发生副反应，从而影响主反应进行的程度。主要的副反应可用平衡关系式简略地表示为

其中，L 为除 Y 和 OH 外的其他配位剂，N 为共存金属离子。

在这些副反应中，除了生成物 MY 的副反应会有利于主反应的进行外，其他副反应都不利于主反应的进行，从而导致配合物的稳定性降低，有时甚至使之不能形成。

M、Y 及 MY 的各种副反应进行的程度及其对主反应的影响可由其副反应系数显示出来。

（一）EDTA 的副反应及副反应系数

1.EDTA 的酸效应及酸效应系数

在水溶液中，EDTA 酸分子可以接受两个 H^+ 形成 H_6Y^{2+} 离子。H_6Y^{2+} 离子相当于六元酸，有六级离解平衡，七种存在形式，它们之间的关系为

$$H_6Y^{2+} \underset{+H^+}{\overset{-H^+}{\rightleftharpoons}} H_5Y^+ \underset{+H^+}{\overset{-H^+}{\rightleftharpoons}} H_4Y \underset{+H^+}{\overset{-H^+}{\rightleftharpoons}} H_3Y^- \underset{+H^+}{\overset{-H^+}{\rightleftharpoons}}$$

$$H_2Y^{2-} \underset{+H^+}{\overset{-H^+}{\rightleftharpoons}} HY^{3-} \underset{+H^+}{\overset{-H^+}{\rightleftharpoons}} Y^{4-}$$

由此可知，溶液的酸度升高，平衡向左移动，Y^{4-} 的浓度减小，不利于主反应的进行。这种由于 H^+ 的存在使配位体参加主反应能力降低的现象，称为酸效应（acidic effect）。H^+ 引起副反应的副反应系数称为酸效应系数（acidic effective coefficient），通常用 $\alpha_{L(H)}$ 表示，对于 EDTA，则用 $\alpha_{Y(H)}$ 表示。

$\alpha_{Y(H)}$ 表示未与 M 配合的 EDTA 的总浓度 [Y'] 与游离 Y 的浓度 [Y] 的比值。

$$\alpha_{Y(H)} = \frac{[Y']}{[Y]} = \frac{[Y]+[HY]+[H_2Y]+[H_3Y]+[H_4Y]+[H_5Y]+[H_6Y]}{[Y]}$$

$\alpha_{Y(H)}$ 越大，[Y] 越小，表明副反应越严重。如果没有副反应，即未参加配位反应的 EDTA 全部以 Y 的形式存在，则 $\alpha_{Y(H)} = 1$。

根据滴定分析法中 δ_n 的计算方法，可以推到得到

$$\alpha_{Y(H)} = \frac{1}{\delta_Y} = 1 + \frac{[H^+]}{K_{a(6)}} + \frac{[H^+]^2}{K_{a(6)}K_{a(5)}} + \frac{[H^+]^3}{K_{a(6)}K_{a(5)}K_{a(4)}} + \cdots + \frac{[H^+]^6}{K_{a(6)}K_{a(5)}\cdots K_{a(1)}} \quad (5\text{-}11)$$

酸效应系数总是大于 1，它随溶液 H^+ 浓度的减小或 pH 值的增大而减小，只有当 pH ≥ 12 时，$\alpha_{Y(H)}$ 才接近 1，此时 Y^{4-} 的浓度才接近 EDTA 的总浓度。不同 pH 值时 EDTA 的 $\lg\alpha_{Y(H)}$ 值列于表 5-2。

表 5-2 不同 pH 值时 EDTA 的 $\lg\alpha_{Y(H)}$

pH 值	$\lg\alpha_{Y(H)}$	pH 值	$\lg\alpha_{Y(H)}$	pH 值	$\lg\alpha_{Y(H)}$
0.0	23.64	2.2	12.82	4.4	7.64
0.2	22.47	2.4	12.19	4.6	7.24
0.4	21.32	2.6	11.62	4.8	6.84
0.6	20.18	2.8	11.09	5.0	6.45
0.8	19.08	3.0	10.60	5.2	6.07
1.0	18.01	3.2	10.14	5.4	5.69
1.2	16.98	3.4	9.70	5.6	5.33
1.4	16.02	3.6	9.27	5.8	4.98
1.6	15.11	3.8	8.85	6.0	4.65
1.8	14.27	4.0	8.44	6.2	4.34
2.0	13.51	4.2	8.04	6.4	4.06

pH值	$\lg\alpha_{Y(H)}$	pH值	$\lg\alpha_{Y(H)}$	pH值	$\lg\alpha_{Y(H)}$
6.6	3.79	8.0	2.27	9.6	0.75
6.8	3.55	8.2	2.07	10.0	0.45
7.0	3.32	8.4	1.87	10.5	0.20
7.2	3.10	8.6	1.67	11.0	0.07
7.4	2.88	8.8	1.48	11.5	0.02
7.6	2.68	9.0	1.28	12.0	0.01
7.8	2.47	9.2	1.10	13.0	0.0008

2.共存离子效应

若与金属离子M共存的离子N也能与配位剂Y反应，该反应也能降低Y的平衡浓度.该反应可视为Y的副反应，称为共存离子效应。共存离子效应的副反应系数称为共存离子效应系数，用$\alpha_{Y(H)}$表示。

$$\alpha_{Y(H)}=\frac{[Y']}{[Y]}=\frac{[NY]+[Y]}{[Y]}=1+K_{NY}[N] \tag{5-12}$$

式（5-12）说明，游离N离子的平衡浓度[N]越大，即合物NY的稳定常数K_{NY}越大，共存离子N对主反应的影响越严重。

若有多种共存离子N_1，N_2，…，N_n存在，则

$$\begin{aligned}\alpha_Y&=\frac{[Y']}{[Y]}=\frac{[Y]+[N_1Y]+[N_2Y]+\cdots+[N_nY]}{[Y]}\\&=1+K_{N_1Y}[N_1]+K_{N_2Y}[N_2]+\cdots+K_{N_nY}[N_n]\\&=\alpha_{Y(N_1)}+\alpha_{Y(N_2)}+\cdots+\alpha_{Y(N_n)}-(n-1)\end{aligned} \tag{5-13}$$

3.EDTA的总副反应系数

当体系中同时存在酸效应和共存离子效应时，EDTA的总副反应系数α_Y为

$$\alpha_Y=\alpha_{Y(H)}+\alpha_{Y(N)}-1 \tag{5014}$$

（二）金属离子M的副反应及副反应系数

1.配位效应及配位效应系数

当M与Y反应时，如果有另一配位剂L存在，而L能与M形成配合物，则主反应会受到影响。这种由于其他配位剂存在使金属离子参与主反应能力降低的现象称为配位效应（complex effect）。由此而产生的副反应系数称为配位效应系数（complex effective coefficient），用$\alpha_{M(L)}$表示。$\alpha_{M(L)}$表示未与Y配位的金属离子的总浓度[M']与游离金属离子浓度[M]的比值，即

$$\begin{aligned}\alpha_{M(L)}&=\frac{[M']}{[M]}=\frac{[M]+[ML]+\cdots+[ML_n]}{[M]}=1+\frac{[ML]}{[M]}+\cdots+\frac{[ML_n]}{[M]}\\&=1+\beta_1[L]+\beta_2[L]^2+\cdots+\beta_n[L]^n\end{aligned} \tag{5-15}$$

2.水解效应

当溶液的酸度较低时，金属离子M可与配位体OH^-发生逐级配位反应而形成羟基配合物$M(OH)_n$，此副反应称为水解效应。水解程度的大小可用水解效应系数

$\alpha_{M(OH)}$ 来表示：

$$\alpha_{M(OH)} = \frac{[M']}{[M]} = \frac{[M]+[M(OH)]+\cdots+[M(OH)_n]}{[M]} = 1 + \frac{[M(OH)]}{[M]} + \cdots + \frac{[M(OH)_n]}{[M]}$$

$$= 1 + \beta_1[OH^-] + \beta_2[OH^-]^2 + \cdots + \beta_n[OH^-]^n$$

式中：β_1，β_2，$\cdots$，β_n 分别是金属离子羟基配合物的各级累积稳定常数。

3.金属离子的总副反应系数

金属离子 M 可能同时发生多种副反应。如果溶液中存在的两种配位剂 L、OH^- 同时与 M 发生了配合，则总副反应系数为

$$\alpha_M = \frac{[M']}{[M]} = \frac{[M]+[ML]+\cdots+[ML_n]+[M(OH)]+\cdots+[M(OH)_m]}{[M]}$$

$$= \frac{[M]+[ML]+\cdots+[ML_n]+[M]+[M(OH)]+\cdots+[M(OH)_m]}{[M]} - \frac{[M]}{[M]}$$

$$= \alpha_{M(L)} + \alpha_{M(OH)} - 1$$

$$(5\text{-}16)$$

滴定时为控制酸度而加入的缓冲剂，为防止金属离子水解而加入的辅助配位剂，以及为消除干扰而加入的掩蔽剂都可以是副反应中的配位剂。一般来说，当溶液中有多种配位剂存在时，其中仅有一种或少数几种与 M 的副反应是主要的，它们决定了 α_M 的大小。

（三）MY 的副反应及副反应系数

当溶液的酸性较强（pH<3）或碱性较强（PH>11）时，MY 配合物会与溶液中的 H^+ 或 OH^- 发生副反应，形成酸式配合物 MHY 或碱式配合物 M（OH）Y。不论酸式配合物或碱式配合物，其形成一方面加强了 EDTA 对 M 的配位能力，有利于主反应的进行；另一方面，金属离子 M 与 EDTA 的比例不变，仍为 1：1，不影响配位滴定的定量计算。在大多数情况下，酸式、碱式配合物一般不太稳定，故在多数计算中不考虑 MY 副反应的影响。

四、条件稳定常数

在没有任何副反应存在时，EDTA 与金属离子形成配合物的稳定常数用 K_{MY} 表示，K_{MY} 越大，表示配位反应进行得越完全，生成的配合物 MY 越稳定。由于 K_{MY} 是在一定温度和离子强度的理想条件下的平衡常数，不受溶液其他条件的影响，故也称为 EDTA 配合物的绝对稳定常数。

但是在实际滴定条件下，由于存在副反应，未参加主反应的 M 离子与 Y 在溶液中可能以多种型体存在，分别以 ［M'］ 和 ［Y'］ 表示它们各自的总浓度，配合物 MY 的总浓度用 ［MY'］ 表示。当反应达到平衡时，可用一个新的常数——条件稳定常数（conditional formation constant）K'_{MY} 来表示：

$$K'_{MY} = \frac{[MY']}{[M'][Y']}$$

$$(5\text{-}17)$$

从以上关于副反应系数的讨论可得到

$$[M'] = \alpha_M[M]$$

$$[Y'] = \alpha_Y[Y]$$

$$[MY'] = \alpha_{MY}[MY]$$

将以上关系式代入式（5-17）得

$$K'_{MY} = \frac{\alpha_{MY}[MY]}{\alpha_M[M]\alpha_Y[Y]} \qquad (5\text{-}18)$$

对式（5-18）两边取对数得

$$\lg K'_{MY} = \lg K_{MY} - \lg\alpha_M - \lg\alpha_Y + \lg\alpha_{MY}$$

在多数情况下，MY 的副反应可忽略，可认为 $\alpha_{MY}=1$。则有

$$\lg K'_{MY} = \lg K_{MY} - \lg\alpha_M - \lg\alpha_Y \qquad (5\text{-}19)$$

式中：K'_{MY} 表示在有副反应的情况下，主反应进行的程度。由于在一定的滴定条件下，α_M 及 α_Y 为定值，此时 K'_{MY} 为常数。而当滴定条件改变时，各副反应系数发生变化，K'_{MY} 也随之改变。

第三节　金属指示剂

一、金属指示剂的作用原理

金属指示剂（metallochromic indicator，以 In 表示）是一种有机配位剂，它能和金属离子形成与指示剂本身颜色不同的配合物。

$$M + In \rightleftharpoons MIn$$

甲色　乙色

$$K_{MIn} = \frac{[MIn]}{[M][In]}$$

另一方面，金属指示剂又是有机弱酸（碱），其酸式结构和碱式结构的颜色不同。

$$H + In \rightleftharpoons HIn$$

碱式色　酸式色

金属指示剂的上述酸碱反应可视为 M 与 In 配位反应的副反应，则条件稳定常数 K'_{MIn} 为

$$K'_{MIn} = \frac{K_{MIn}}{\alpha_{In(H)}} = \frac{[MIn]}{[M][In']}$$

$$pM = \lg K'_{MIn} - \lg\frac{[MIn]}{[In']}$$

当 $[MIn] = [In']$ 时，溶液颜色发生改变，称为指示剂的理论变色点。若以此变色点来确定滴定终点，并用 pM_{ep} 表示终点时的 pM，则有

$$pM_{ep} = \lg K'_{MIn} = \lg K_{MIn} - \lg\alpha_{In(H)} \qquad (5\text{-}20)$$

为使终点的 pM_{ep} 与化学计量点的 pM_{sp} 尽量一致，在选择金属指示剂时，应考虑体系的酸度。

例如，铬黑 T 是三元有机弱酸，第一级离解很容易，第二级和第三级离解较难，它在溶液中有如下平衡：

$$H_2In^- \underset{+H^-}{\overset{-H^+}{\rightleftharpoons}} HIn^{2-} \underset{+H^-}{\overset{-H^+}{\rightleftharpoons}} In^{3-}$$

红色　　　蓝色　　　橙色

pH＜6　　pH=8□11　pH＞12

而铬黑T与Ca^{2+}、Mg^{2+}、Zn^{2+}、Cd^{2+}等金属离子形成的配合物呈酒红色，所以只有在8<pH<11范围内使用，终点时才有显著的颜色变化。当用EDTA滴定这些金属离子时，加入少量铬黑T作指示剂，滴定前它与金属离子配合，呈酒红色。随着EDTA的滴加，游离的金属离子逐步形成配合物M-EDTA。如果EDTA与金属离子配合物的条件稳定常数大于铬黑T与金属离子配合物的条件稳定常数，接近化学计量点时继续滴入的EDTA就会夺取指示剂配合物中的金属离子，使溶液呈现游离铬黑T的蓝色，指示滴定终点的到达，其反应式为

M-铬黑T + EDTA ⇌ M-EDTA + 铬黑T

酒红色　　　　　　　　　蓝色

二、金属指示剂应具备的条件

作为配位滴定的金属指示剂，必须具备以下条件。

（一）在滴定的酸度范围内

MIn与In的颜色应有显著的区别，这样才能在终点产生明显的颜色变化。

（二）配合物MIn的稳定性要适当

MIn的稳定性应小于MY的稳定性，这样，在接近化学计量点时，EDTA才能夺取MIn中的金属离子，使In游离出来而指示终点。一般要求$K'_{MY}/K'_{MIn} > 10^2$。但MIn的稳定性也不能太低，否则指示剂在距化学计量点较远时就开始游离出来，使终点提前，而且变色不敏锐。

（三）MIn与In具有良好的水溶性

并且指示剂与金属离子的反应必须灵敏、迅速并具有良好的变色可逆性。

（四）金属指示剂应比较稳定

便于贮藏和使用。

三、使用金属指示剂应注意的问题

（一）指示剂的封闭

某些金属离子与指示剂形成的配合物很稳定，且比该金属离子与EDTA的配合物还稳定。如果溶液中存在这些金属离子，当滴定达到甚至超过化学计量点时，EDTA也不能把指示剂置换出来，因而不能指示滴定终点，这种现象称为指示剂的封闭。

例如，铬黑T能被Fe^{3+}、Al^{3+}等封闭。当pH=10时，DTA滴定Ca^{2+}，Mg^{2+}，如果有这些离子存在，可加入三乙醇胺，使它们形成更稳定的配合物而消除封闭现象。

（二）指示剂的僵化

有些指示剂与金属离子形成的配合物水溶性较差，容易形成胶体或沉淀，致使 EDTA 与 MIn 间的置换反应很慢而使终点拖长，这种现象称为指示剂的僵化。

例如，PAN 指示剂在温度较低时易产生僵化现象，可加入乙醇或适当加热，使指示剂在终点变色明显。

（三）指示剂的氧化变质

金属指示剂大多是分子中含有多个双键的有机染料，易在日光、空气和氧化剂的作用下分解；有些指示剂在水溶液中不稳定，日久会因氧化或聚合而变质。

例如，铬黑 T 和钙指示剂等不宜配成水溶液，常用 NaCl 作为稀释剂，配成固体指示剂使用。

四、常用金属指示剂

（一）铬黑 T

铬黑 T（简称 BT 或 EBT）为偶氮染料，黑褐色粉末，有金属光泽，溶于水。EBT 能与 Mg^{2+}、Zn^{2+}、Ca^{2+}、Pb^{2+}、Hg^{2+}、Mn^{2+} 等金属离子形成 1:1 型红色配合物 M-EBT。当 pH<6 或 PH>12 时，指示剂本身接近红色，不能指示终点。当 6.3<pH<11.6 时，指示剂呈蓝色。实验结果表明，使用 EBT 的最适宜酸度是 9<pH<10.5。

在测定 Ca^{2+}、Mg^{2+}、Mn^{2+}、Cd^{2+}、Pb^{2+} 时，EBT 是很好的指示剂；而 Fe^{3+}、Al^{3+}、Co^{2+}、Ni^{2+}、Cu^{2+}、Ti^{4+} 有封闭作用，可用三乙醇胺掩蔽 Fe^{3+}、Al^{3+}、Ti^{4+}，用氰化钾掩蔽 Co^{2+}、Ni^{2+}，Cu^{2+}。

固体 EBT 性质稳定，但其水溶液只能保存几天，这主要是由于发生聚合反应和氧化反应。指示剂聚合后，不能与金属离子显色。因此，常将 EBT 与干燥的纯 NaCl 按 1:100 混合均匀，研细，密闭保存备用。使用时用药匙取约 0.1g，直接加入溶液中。也可以用乳化剂 OP（聚乙二醇辛基苯基醚）和 EBT 配成水溶液，其中 OP 浓度为 1%，EBT 浓度为 0.001%，这样配制的溶液可使用两个月。

（二）钙指示剂

钙指示剂（简称 NN 或钙红）为偶氮染料，紫黑色粉末，溶于水。它与 Ca^{2+} 形成红色配合物，灵敏度高。当 12<pH<13，用 EDTA 滴定 Ca^{2+} 时，终点为蓝色。

钙指示剂受金属离子封闭的情况与铬黑 T 类似，可用三乙醇胺和用氰化钾联合掩蔽。

钙指示剂的水溶液或乙醇溶液都不稳定，一般取固体钙指示剂，与干燥的纯 NaCl 按 1:100 混合均匀，研细.密闭保存备用。

（三）二甲酚橙

二甲酚橙（XO）为多元酸.一般使用的是它的钠盐，为紫色晶体，易溶于水。二甲酚橙在 pH<6 时呈黄色，在 pH>6.3 时呈红色，在 pH=6.3 时呈橙色。它与金属离子的配合物为紫红色，因此只能在 pH<6 的酸性溶液中使用。

XO可用于多种金属离子的直接滴定。例如，ZrO^{2+}（pH<1）、Bi^{3+}（pH=1）、T^{4+}（2.5<pH<3.5）、Pb^{2+}、Zn^{2+}、Cd^{2+}、Hg^{2+}、Ti^{3+}（5<pH<6）等，终点由紫红色变为亮黄色，变色十分敏锐。Fe^{3+}、Al^{3+}、Ti^{4+}、Co^{2+}、Ni^{2+}、Cu^{2+}等对XO有封闭作用，可用NH_4F掩蔽Al^{3+}、Ti^{4+}，抗坏血酸掩蔽Fe^{3+}，邻二氮杂菲掩蔽Co^{2+}、Ni^{2+}、Cu^{2+}等，以消除封闭现象。

（四）PAN

PAN为吡啶偶氮类显色剂。纯的PAN是橙红色针状晶体，难溶于水，易溶于碱溶液及甲醇、乙醇等溶剂，通常配成0.1%乙醇溶液使用。

PAN在2<pH<12时呈黄色，因为PAN与Th^{4+}、Bi^{3+}、Cu^{2+}、Ni^{2+}、Pb^{2+}、Cd^{2+}、Zn^{2+}、Mn^{2+}、Fe^{2+}等金属离子形成的配合物呈紫红色，故PAN可在上述pH值范围内使用。PAN与金属离子形成的配合物水溶性差，易出现僵化现象。为加快变色过程，常加入乙醇并适当加热后再进行滴定。

Cu-PAN是一种广泛性的指示剂，它是CuY与PAN的混合溶液，它可以与金属离子发生置换反应而进行显色。将此指示剂加到含有被测金属离子M的试液中，由于Cu-PAN很稳定，并且M的浓度比CuY大得多，发生置换反应，即

$$CuY + PAN + M \Longrightarrow MY + Cu\text{-}PAN$$

蓝色 黄色   紫红色

溶液呈紫红色。当滴加的EDTA与M完全配合后，稍过量EDTA将夺取Cu-PAN中的Cu^{2+}形成CuY，从而使PAN游离出来，其反应式为

$$Cu\text{-}PAN + Y \Longrightarrow CuY + PAN$$

蓝色   黄色

溶液由紫红色变为黄绿色，指示终点的到达。因滴定前加入的CuY与最后生成的CuY的量是相等的，故不影响测定结果。采用此方法，可以滴定相当多的能与EDTA形成稳定配合物的金属离子，包括一些与PAN配位不够稳定或不显色的离子。以Cu-PAN作指示剂还可实现在同一份试液中通过调节酸度对几种金属离子的连续滴定。

Cu-PAN指示剂可以在很宽的pH值的范围（2<pH<12）内使用。Ni^{2+}对该指示剂有封闭作用。该指示剂的使用方法如下：先配制0.025mol/L CuY溶液，取2mL左右加入试液中，再加数滴0.1%的PAN乙醇溶液，即可用于滴定。

（五）磺基水杨酸

磺基水杨酸为无色晶体，可溶于水。当1.5<pH<2.5时，与Fe^{3+}形成紫红色配合物，可用做滴定Fe^{3+}的指示剂，终点由红色变为浅黄色（FeY的颜色，浓度低时近似无色）。

第四节　外界条件对EDTA与金属离子配合物稳定性的影响

本章讨论的主要是EDTA与各种金属离子之间形成配合物的反应。在一定的反应条件和一定的反应组分比时，整个配位滴定体系中存在待测金属、其他金属离子、缓

冲剂、掩蔽剂、氢离子、氢氧根离子等多种成分。因此，除待测离子M与滴定剂Y之间的主反应外，还存在多种副反应，如滴定剂在不同酸度中出现不同程度的离解，金属离子的水解，金属离子与缓冲溶液或掩蔽剂配位反应等等。副反应能影响主反应中的反应物或生成物的平衡浓度，整个反应体系的化学平衡关系可表示如下：

$$
\begin{array}{c}
\text{XL} \diagup \overset{\text{M}}{} \diagdown \text{OH} \quad + \quad \text{H} \diagdown \underset{}{\overset{\text{Y}}{}} \diagup \text{N} \quad \rightleftharpoons \quad \text{H} \diagdown \overset{\text{MY}}{} \diagdown \text{OH} \\
\text{ML} \quad\quad \text{MOH} \quad\quad \text{HY} \quad\quad \text{NY} \quad\quad\quad \text{MHY} \quad\quad \text{MOHY} \\
\vdots \quad\quad\quad \vdots \quad\quad\quad \vdots \\
\text{ML}_n \quad\quad \text{M(OH)}_n \quad \text{H}_6\text{Y}
\end{array} \Bigg\}
$$

以上各种副反应进行的程度用副反应系数α表示。下面仅对因H^+和其他辅助配位剂L的存在产生的副反应及其对EDTA配合物稳定性的影响进行讨论：

（一）酸度的影响

EDTA可看作广义上的碱，能与溶液中的H^+结合，使Y的平衡浓度降低，主反应化学平衡向左移动。这种由于H^+的存在使配位体参加主反应能力降低的现象称为酸效应。酸效应的大小用酸效应系数$\alpha_{Y(H)}$来衡量。

EDTA的分布系数为：

$$\delta_Y = \frac{[Y]}{[Y']} \tag{5-21}$$

$[Y]$——游离的Y^{4-}平衡浓度。

$[Y']$——未与金属离子M配位的各种型体的总浓度。

分布系数的倒数即为酸效应系数$\alpha_{Y(H)}$。

$$
\begin{aligned}
\alpha_{Y(H)} &= \frac{[Y]}{[Y']} \\
&= \frac{[Y^{4-}]+[HY^{3-}]+[H_2Y^{2-}]+[H_3Y^{-}]+[H_4Y]+[H_5Y^{+}]+[H_6Y^{2+}]}{[Y^{4-}]} \\
&= 1+\frac{[H^+]}{K_6}+\frac{[H^+]^2}{K_6K_5}+\frac{[H^+]^3}{K_6K_5K_4}+\frac{[H^+]^4}{K_6K_5K_4K_3}+\frac{[H^+]^5}{K_6K_5K_4K_3K_2}+\frac{[H^+]^6}{K_6K_5K_4K_3K_2K_1}
\end{aligned}
$$

$$\tag{5-22}$$

从上式可知，酸效应系数$\alpha_{Y(H)}$表示未参与配位反应的EDTA的总浓度$[Y']$是游离的Y^{4-}的平衡浓度$[Y]$的多少倍。它是$[H^+]$的函数。$\alpha_{Y(H)}$越大，表示EDTA与H^+副反应越严重（即酸效应越强）。当$\alpha_{Y(H)}=1$时，即$[Y']=[Y]$，表示EDTA未与H^+发生副反应，全部以Y^{4-}形式存在。

例5-1 计算pH=2.00时，EDTA的酸效应系数及其对数值。

解：pH=2时，$[H^+]=10^{-2}\text{mol/L}$。已知$K_1$、$K_2$、$K_3$、$K_4$、$K_5$、$K_6$分别为$10^{10.26}$、$10^{6.16}$、$10^{2.67}$、$10^{2.0}$、$10^{1.6}$、$10^{0.9}$。将以上数据代入式5-22中，可得

$$\alpha_{Y(H)} = \frac{[Y']}{[Y]} = 1+10^{8.26}+10^{12.42}+10^{13.09}+10^{13.09}+10^{12.69}+10^{11.69} = 3.25\times10^{13}$$

其对数值$\lg\alpha_{Y(H)}=13.51$。

不同pH值下的$\lg\alpha_{Y(H)}$值见表5-3。

表 5-3 EDTA 在不同 pH 值时的 $\lg\alpha_{Y(H)}$

pH	$\lg\alpha_{Y(H)}$	pH	$\lg\alpha_{Y(H)}$	pH	$\lg\alpha_{Y(H)}$
0.0	23.64	3.6	9.27	7.2	3.10
0.1	23.06	3.7	9.06	7.3	2.99
0.2	22.47	3.8	8.85	7.4	2.88
0.3	21.89	3.9	8.65	7.5	2.78
0.4	21.32	4.0	8.44	7.6	2.68
0.5	20.75	4.1	8.24	7.7	2.57
0.6	20.18	4.2	8.04	7.8*	2.47
0.7	19.62	4.3	7.84	7.9	2.37
0.8	19.08	4.4	7.64	8.0	2.27
0.9	18.54	4.5	7.44	8.1	2.17
1.0	18.01	4.6	7.24	8.2	2.07
1.1	17.49	4.7	7.04	8.3	1.97
1.2	16.98	4.8	6.84	8.4	1.87
1.3	16.49	4.9	6.65	8.5	1.77
1.4	16.02	5.0	6.45	8.6	1.67
1.5	15.55	5.1	6.26	8.7	1.57
1.6	15.11	5.2	6.07	8.8	1.48
1.7	14.68	5.3	5.88	8.9	1.38
1.8	14.27	5.4	5.69	9.0	1.29
1.9	13.88	5.5	5.51	9.1	1.19
2.0	13.51	5.6	5.33	9.2	1.10
2.1	13.16	5.7	5.15	9.3	1.01
2.2	12.82	5.8	4.98	9.4	0.92
2.3	12.50	5.9	4.81	9.5	0.83
2.4	12.19	6.0	4.65	9.6	0.75
2.5	11.90	6.1	4.49	9.7	0.67
2.6	11.62	6.2	4.34	9.8	0.59
2.7	11.35	6.3	4.20	9.9	0.52
2.8	11.09	6.4	4.06	10.0	0.45
2.9	10.84	6.5	3.92	10.5	0.20
3.0	10.60	6.6	3.79	11.0	0.07
3.1	10.37	6.7	3.67	11.5	0.02
3.2	10.14	6.8	3.55	12.0	0.01
3.3	9.92	6.9	3.43	12.1	0.01
3.4	9.70	7.0	3.32	12.2	0.005
3.5	9.48	7.1	3.21	13.0	0.0008

从表5-3可知，$lg\alpha_{Y(H)}$ 值随着酸度的增大而增大，即 pH 值越小，酸效应越显著，EDTA 参与配位反应的能力越低。反之，pH 值越大则酸效应越不显著，当 pH 值增大至一定程度时，可忽略 EDTA 酸效应的影响。

（二）其他配位剂的影响

当 M 与 Y 发生反应时，如滴定体系中存在其他配位剂 L，且 L 与 M 发生副反应形成配合物，则主反应会受到影响。这种由于其他配位剂存在使金属离子 M 与配位剂 Y 进行主反应能力降低的现象，称为配位效应。配位效应的大小用配位效应系数 $\alpha_{M(L)}$ 来衡量。

配位效应系数 $\alpha_{M(L)}$ 表示未参与主反应的金属离子 M 的总浓度 ［M'］是游离金属离子浓度 ［M］的多少倍，即：

$$
\begin{aligned}
\alpha_{M(L)} &= \frac{[M']}{[M]} \\
&= \frac{[M]+[ML]+[ML_2]+\cdots+[ML_n]}{[M]} \\
&= 1+[L]\beta_1+[L]^2\beta_2+[L]^3\beta_3+\cdots+[L]^n\beta_n
\end{aligned}
\tag{5-23}
$$

上式表明，$\alpha_{M(L)}$ 是其他配位剂 L 平衡浓度 ［L］的函数，$\alpha_{M(L)}$ 越大，即金属离子 M 与其他配位剂 L 发生的副反应越严重，配位效应越强。当 $\alpha_{M(L)}$ =1时，表示金属离子 M 未发生配位效应。

在实际滴定中，L 可能为缓冲剂、掩蔽剂或其他辅助配位剂。当在酸度较低的水溶液中滴定金属离子时，金属离子 M 常常与 OH⁻ 发生羟基配位反应（又称水解效应），形成各种羟基配合物。此副反应系数用 $\alpha_{M(L)}$ 表示。

（三）EDTA 配合物的条件稳定常数

当 EDTA 与金属离子所进行的配位反应达平衡时，有：

K_{MY}（$K_{稳}$）的大小反映金属离子 M 与配位剂 EDTA 之间反应进行的程度。K_{MY} 越大，反应进行得越完全，反应产物 MY 越稳定。但在实际滴定中，常有副反应发生，［M］和 ［Y］都有变化，使主反应平衡移动，配合物的实际稳定性下降，此时 K_{MY} 已不能准确衡量配合物的实际稳定性。

设未参加主反应的 M 的总浓度为 ［M'］，未参加主反应的 Y 的总浓度为 ［Y'］，形成的配合物的总浓度为 ［MY'］，即得到条件稳定常数 K'_{MY}：

$$
K'_{MY} = \frac{[MY']}{[M'][Y']}
\tag{5-24}
$$

K'_{MY} 表示一定条件下，有副反应发生时主反应进行的程度。若只考虑酸效应和配位效应，从以上酸效应系数和配位效应系数的讨论中可知：

［Y'］$=\alpha_{Y(H)}$［Y］ ［M'］$=\alpha_{M(L)}$［M］

代入式 7-7，得：

$$
K'_{MY} = \frac{[MY]}{\alpha_{M(L)}[M]\,\alpha_{Y(H)}[Y]} = \frac{K_{MY}}{\alpha_{M(L)}\cdot\alpha_{Y(H)}}
\tag{5-25}
$$

取对数，得：

$$\lg K'_{MY} = \lg K_{MY} - \lg \alpha_{M(L)} - \lg \alpha_{Y(H)} \tag{5-26}$$

若滴定体系中无其他配位剂存在（$\lg \alpha_{M(L)} = 0$），可只考虑配位剂 EDTA 的酸效应对主反应的影响，将式 5-26 进一步简化为：

$$\lg K'_{MY} = \lg K_{MY} - \lg \alpha_{Y(H)} \tag{5-27}$$

从以上讨论可知，副反应系数越小，条件稳定常数越大，说明配合物在该条件下越稳定；反之，则说明配合物的实际稳定性越低。

例 5-2 计算 pH=2.0 和 5.0 时的 $\lg K'_{ZnY}$ 值。

解：查表 5-3 得 $\lg K_{ZnY}$=16.50

查表 5-3 得 pH=2.0 时，$\lg \alpha_{Y(H)}$=13.51；pH=5.0 时，$\lg \alpha_{Y(H)}$=6.45

由式 5-27 得

pH=2.0 时，$\lg K'_{ZnY} = \lg K_{ZnY} - \lg \alpha_{Y(H)} = 16.50 - 13.51 = 2.99$

pH=5.0 时，$\lg K'_{ZnY} = 16.50 - 6.45 = 10.05$

显然，在酸效应的影响下，配合物的稳定性有所差别，在 pH=5.0 的溶液中配合物比在 pH=2.0 的溶液中更为稳定。

例 5-3 计算 pH=4.50 的 0.05mal/L AlY 溶液中，游离 F⁻的浓度为 0.010mol/L 时，AlY 的 $\lg K'_{AlY}$ 为何？由此可得出何结论？（已知：AlF_6：$\beta_1 = 1.4 \times 10^6$，$\beta_2 = 1.4 \times 10^{11}$，$\beta_3 = 1.0 \times 10^{15}$，$\beta_4 = 5.6 \times 10^{17}$，$\beta_5 = 2.3 \times 10^{19}$，$\beta_6 = 6.9 \times 10^{19}$。$\lg K_{AlY} = 16.30$）

解：查表 5-3 得，pH=4.50 时，$\lg \alpha_{Y(H)}$=7.44

已知 [F⁻]=0.010mol/L，由式 7-6 可得：

$\alpha_{Al(F)} = 1 + 1.4 \times 10^6 \times 0.010 + 1.4 \times 10^{11} \times (0.010)^2 + 1.0 \times 10^{15} \times (0.010)^3 + 5.6 \times 10^{17} \times (0.010)^4 + 2.3 \times 10^{19} \times (0.010)^5 + 6.9 \times 10^{19} \times (0.010)^6$

$= 8.9 \times 10^9$

$\lg \alpha_{Al(F)} = 9.95$

将已知数据代入式 7-9，

则 $\lg K'_{AlY} = 16.30 - 7.44 - 9.95 = -1.09$

条件稳定常数如此之小，说明 AlY 配合物在 pH=4.50，游离 F⁻的浓度为 0.010mol/L 的溶液中已被破坏，很难存在。

EDTA 能与多种金属离子生成稳定的配合物，且绝对稳定常数 K_{MY} 值一般很大，有的可高达 10^{30} 以上，但在实际的化学反应中，由于各种副反应的影响，条件稳定常数要小得多。由以上讨论可知，影响配合物稳定性的主要因素是酸效应和配位效应，酸效应和配位效应越强，EDTA 配合物的条件稳定常数越小。

第五节　滴定曲线

主要讨论以 EDTA 为滴定剂的配位滴定法的有关原理及滴定曲线。

在滴定中，随着配位剂的不断加入，被滴定钠金属得子浓度也不断改变。与酸碱滴定类似，以滴定剂 EDTA 的加入量为横坐标，pM 为纵坐标，可绘出配位滴定的滴定曲线；配位滴定中存在多种副反应，且 K'_{MY} 值会随着滴定体系中反应条件的变化而变化，所以比酸碱滴定复杂得多。

现以 0.01000mol/L 的 EDTA 标准溶液滴定 20.00mL 0.01000mol/L 的 Ca^{2+} 溶液为例，计算在 pH=12 时溶液的 pCa 值。（假设滴定体系中不存在其他副反应，只考虑酸效应）

已知 $K_{CaY}=10^{10.69}$，查表 5-3 得 pH=12.0 时 $lg\ lg\alpha_{Y(H)}=0.01$，即 $lg\alpha_{Y(H)}=10^{0.02}\approx1$，则 $K'_{CaY}=K_{CaY}=10^{10.69}$

将滴定过程分为以下四个阶段来进行讨论：

（一）滴定开始前

$[Ca^{2+}]=0.01000mol/L$

$pCa=-lg[Ca^{2+}]=-lg0.01000=2.0$

（二）滴定开始至化学计量点前

$[Ca^{2+}]$ 为剩余的 Ca^{2+} 的浓度。

设加入 EDTA 溶液 19.98mL，此时还剩余 Ca^{2+} 溶液 0.02mL（即 0.1%，）未反应，则

$[Ca^{2+}]=0.01000\times（20.00-19.98）\div（20.00+19.98）=5.0\times10^{-6}mol/L$

$pCa=5.3$

（三）化学计量点时

此时加入 EDTA 20.00mL，恰是理论量的 100%。由于 CaY 配合物相当稳定（$K'_{CaY}=10^{10.69}$），所以，Ca^{2+} 与 EDTA 几乎完全反应生成 CaY，即

$[CaY]=0.01000\times20.00\div（20.00+20.00）=5.0\times10^{-3}mol/L$

又　　$[Ca^{2+}]=[Y^{4-}]$，则

由　　$\dfrac{[CaY]}{[Ca^{2+}][Y^{4-}]}=\dfrac{[CaY]}{[Ca^{2+}]^2}=1.0\times10^{10.69}$

得　　$[Ca^{2+}]=\sqrt{\dfrac{[CaY]}{K_{CaY^{2-}}}}=\sqrt{\dfrac{5.0\times10^{-3}}{10^{10.69}}}=3.2\times10^{-7}$

$pCa=6.5$

（四）化学计量点后

设加入 EDTA 溶液 20.02mL，此时 EDTA 过量 0.02mL（即 0.1%），则

$[Y^{4-}]=0.01000\times\dfrac{20.02-20.00}{20.02+20.00}=5.0\times10^{-6}mol/L$

由　　$K_{CaY^{2-}}=\dfrac{[CaY^{2-}]}{[Ca^{2+}][Y^{4-}]}$

得　　$[Ca^{2+}]=\dfrac{[CaY^{2-}]}{K_{CaY^{2-}}[Y^{4-}]}=\dfrac{5.0\times10^{-3}}{10^{10.69}\times5.0\times10^{-6}}=10^{-7.7}$

$pCa=7.7$

如此逐一计算，将计算所得结果列于表 5-4，并绘制滴定曲线如图 5-4 所示。

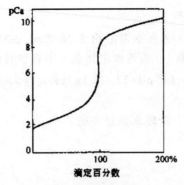

图 5-4 滴定曲线

通常常量分析允许误差为±0.1%,计量点前后0.1%范围内的pM突跃大小是确定滴定终点的依据。只有突跃足够大时,才能用适当的方法准确确定终点。

表 5-4 pH=12时,用0.1000mol/L EDTA滴定20.00mL 0.01000mol/L Ca²⁺溶流过牌中pCa值的变化

加入EDTA溶液 (mL)	加入EDTA溶液 (%)	剩余Ca²⁺离子溶液 (mL)	Ca²⁺被配位的百分数	过量EDTA的体积 (mL)	过量EDTA的百分数	pCa值
0.00	0.0	20.00	0.0			2.0
18.00	90.0	2.00	90.0			3.3
19.80	99.0	0.20	99.0			4.3
19.98	99.9	0.02	99.9			5.3
20.00	100.0	0.00	100.0	0.00	0.0	6.5 突跃
20.02	100.1			0.02	0.1	7.7
20.20	101.1			0.20	1.0	8.7

第六节 提高配位滴定选择性的方法

一、在不同酸度下的分步滴定

(一)混合离子分步滴定的条件

由于EDTA能与许多金属离子形成配合物,若在被滴定溶液中存在几种金属离子,滴定中有时会相互干扰。因此,判断能否进行分别滴定是很重要的。

现讨论一种比较简单的情况。溶液中有两种金属离子M、N共存,它们均可与EDTA形成配合物,且$K_{MY} > K_{NY}$。当用EDTA滴定时,M首先被滴定。若K_{MY}与K_{NY}相差足够大,则M被滴定完全后,EDTA才与N作用,这样,N的存在并不干扰M的准确滴定。若K_{NY}也足够大,则N也有被准确滴定的可能,这种滴定称为分步滴定。

两种金属离子的 K_{MY} 与 K_{NY} 究竟需要相差多大，才有可能分步滴定呢？

对于有干扰离子存在的配位滴定，一般允许有 0.3% 的相对误差，而如前所述，人眼观察终点颜色变化时，滴定突跃至少应有 0.2 个 pM 单位，根据林邦终点误差公式可得

$$\lg\left(c_{M,sp}K'_{MY}\right) \geqslant 5 \qquad (5-28)$$

假设 M 没有副反应，此时，EDTA 在溶液中有两种副反应——酸效应和共存离子效应。Y 的总副反应系数为

$$\alpha_Y = \alpha_{Y(H)} + \alpha_{Y(N)} - 1 \approx \alpha_{Y(H)} + \alpha_{Y(N)}$$

$$\lg\left(c_{M,sp}K'_{MY}\right) = \lg\left(c_{M,sp}\frac{K_{MY}}{\alpha_{Y(H)}+\alpha_{Y(N)}}\right)$$

$$= \lg\left(c_{M,sp}K_{MY}\right) - \lg\left(\alpha_{Y(H)}+\alpha_{Y(N)}\right)$$

由此可见，能否分步滴定的关键是看 $\lg(\alpha_{Y(H)}+\alpha_{Y(N)})$ 的大小。下面分两种情况进行讨论。

1. 在较高酸度下滴定 M

由于 EDTA 的酸效应严重，$\alpha_{Y(H)} \gg \alpha_{Y(N)}$，因此有

$$\alpha_Y = \alpha_{Y(H)} + \alpha_{Y(N)} \approx \alpha_{Y(H)}$$

$$\lg K'_{MY} = \lg K_{MY} - \lg \alpha_{Y(H)}$$

则 N 与 Y 的副反应对滴定 M 没有影响，此时与单独滴定 M 的情况相同。

2. 在较低酸度下滴定 M

此时 N 与 Y 的副反应起主要作用，$\alpha_{N(H)} \gg \alpha_{Y(H)}$，Y 的酸效应可以忽略。

若能实现分步滴定，则在化学计量点时生成的 NY 可忽略不计，此时游离的 N 的浓度 $[N] \approx c_{N,sp}$，所以

$$\alpha_{Y(N)} = 1 + K_{NY}[N] \approx 1 + c_{N,sp}K_{NY} \approx c_{N,sp}K_{NY}$$

$$\alpha_Y \approx \alpha_{Y(N)} \approx c_{N,sp}K_{NY}$$

$$\lg\left(c_{M,sp}K'_{MY}\right) = \lg\frac{c_{M,sp}K_{MY}}{c_{N,sp}K_{NY}} \geqslant 10^5$$

$$\lg\left(c_{M,sp}K'_{MY}\right) = \lg K + \lg\frac{c_{M,sp}}{c_{N,sp}} = \triangle \lg K + \lg\frac{c_M}{c_N} \geqslant 5 \qquad (5-29)$$

式（5-29）表明 $\triangle \lg K$ 的大小是判断能否分步滴定的主要依据，其次，c_M 越大而 c_N 越小对分步滴定也是越有利的。若 $c_M = c_N$，则配位滴定分步滴定的判别式为

$$\triangle \lg K \geqslant 5 \qquad (5-30)$$

例如，有一浓度均为 0.01mol/L 的 Bi^{3+}、Pb^{2+} 溶液。查得 $\lg K_{BiY}=27.94$，$\lg K_{PbY}=18.04$，据式（5-30）可知，$\triangle \lg K=27.94-18.04=9.90>5$，故可以滴定 Bi^{3+} 而 Pb^{2+} 不干扰。由酸效应的曲线查得滴定 Bi^{3+} 的最低 pH 值为 0.7，又知 Bi^{3+} 显著水解的 pH 值为 2，因此，滴定 Bi^{3+} 时适宜的酸度范围为 0.7<pH<2。通常在 pH≈1 时滴定 Bi^{3+}，此时 Pb^{2+} 不会与 EDTA 发生配位反应。

又如，有一 Fe^{3+}、Al^{3+}、Ca^{2+}、Mg^{2+} 四种金属离子浓度均为 0.01mol/L 的溶液。查得 $\lg K_{FeY}=25.10$，$\lg K_{AlY}=16.30$，$\lg K_{CaY}=10.69$，$\lg K_{MgY}=8.69$。

滴定 Fe^{3+} 时，最可能发生干扰的是 Al^{3+}。由 $\triangle \lg K=25.10-16.30=8.80>5$ 可知，滴定

Fe^{3+}时 Al^{3+}不干扰。滴定 Fe^{3+}适宜酸度范围为 1.0<pH<2.2（分别由酸效应曲线查得和考虑 Fe^{3+}水解而得）。如果选用适宜酸度范围为 1.5<pH<2.5 的磺基水杨酸作指示剂，则应控制在 1.5<pH<2.2 条件下滴定 Fe^{3+}，以溶液由红色变成亮黄色为终点，Al^{3+}、Ca^{2+}、Mg^{2+}均不干扰。

滴定 Fe^{3+}后的溶液，因 AlY 和 CaY 的 ΔlgK=5.61>5.就选择性而言，又可以继续滴定 Al^{3+}，而 CaY 与 MgY 的 ΔlgK=2.00<5，所以不能直接对它们进行分步滴定。

二、掩蔽法

如果金属离子的 EDTA 配合物稳定性的差别不能满足式（5-39）的要求，共存离子 N 就会干扰待测离子 M 的滴定。此时，可以加入一种能与 N 起反应的掩蔽剂，改变其存在形态，降低 c_N 值，使其能满足滴定的要求，即可消除 N 的干扰。常用的掩蔽法有配位掩蔽法、氧化还原掩蔽法、沉淀掩蔽法等，其中以配位掩蔽法最常用。

（一）配位掩蔽法

这是利用干扰离子与掩蔽剂形成稳定配合物以消除其干扰的方法。例如，当 pH=10 时，用 EDTA 滴定 Ca^{2+}、Mg^{2+}、Cu^{2+}、Zn^{2+}、Fe^{3+}、Al^{3+}等离子有干扰。可加入 KCN、二巯基丙醇等掩蔽剂消除 Cu^{2+}、Zn^{2+}、Pb^{2+}的干扰，Fe^{3+}、Al^{3+}的干扰可用三乙醇胺掩蔽。

配位掩蔽剂必须具备以下条件：

1.掩蔽剂与干扰离子形成的配合物应远比 EDTA 与干扰离子形成的配合物稳定，且配合物应为无色或浅色，不影响终点的判断；

2.掩蔽剂与待测离子不发生配位反应，或者生成的配合物稳定性远小于待测离子与 EDTA 形成的配合物；

3.使用掩蔽剂的 pH 值的范围与滴定的 pH 值的范围相一致。

配位掩蔽法是最常用的掩蔽方法。常用的配位掩蔽剂列于表 5-5。

表 5-5 常用的配位掩蔽剂

掩蔽剂	pH 值	被掩蔽的离子
氰化钾（KCN）	>8	Co^{2+}、Ni^{2+}、Cu^{2+}、Hg^{2+}、Cd^{2+}、Ag$^+$、Ti$^+$及铂系元素的离子
氟化铵（NH$_4$F）	4~6	Al^{3+}、Ti（Ⅳ）、Sn（Ⅳ）、Zn^{2+}、W（Ⅳ）等
	10	Al^{3+}、Mg^{2+}、Ca^{2+}、Ba^{2+}、Sr^{2+}及稀土元素的离子
邻二氮杂菲	5~6	Cu^{2+}、Co^{2+}、Ni^{2+}、Zn^{2+}、Hg^{2+}、Cd^{2+}、Mn^{2+}
三乙醇胺（TEA）	10	Al^{3+}，Sn（Ⅳ）、Ti（Ⅳ）、Fe^{3+}
	11~12	Al^{3+}、Fe^{3+}及少量 Mn^{2+}
硫脲	弱酸性	Cu^{2+}、Hg^{2+}、Tl$^+$
二巯基丙醇	10	Hg^{2+}、Cd^{2+}、Zn^{2+}、Bi^{3+}、Pb^{2+}、Ag$^+$、Sn（Ⅳ）及少量 Cu^{2+}、Co^{2+}、Ni^{2+}、Fe^{3+}
乙酰丙酮	5~6	Al^{3+}、Fe^{3+}

掩蔽剂	pH值	被掩蔽的离子
	1.5～2	Sb^{3+}、Sn（IV）
酒石酸	5.5	Al^{3+}、Fe^{3+}、Sn（IV）、Ca^{2+}
	6～7.5	Mg^{2+}、Cu^{2+}、Al^{3+}、Fe^{3+}、Mo（IV）
	10	Al^{3+}、Sn（IV）、Fe^{3+}
柠檬酸	7	Bi^{3+}、Cr^{3+}、Fe^{3+}、Sn（IV）、Th（IV）、Ti（IV）、UO_2^{2+}

（二）氧化还原掩蔽法

当某种价态的共存离子对滴定有干扰时，利用氧化还原反应改变干扰离子的价态，则可消除对被测离子的干扰。

例如，用 EDTA 滴定 Hg^{2+}、Bi^{3+}、Sn^{2+}、Th^{4+} 等离子时，Fe^{3+} 有干扰（lgK_{FeY}=25.10），若用盐酸羟胺或抗坏血酸将 Fe^{3+} 还原为 Fe^{2+}，由于 Fe^{2+} 的 EDTA 配合物稳定性较差（$lgK_{FeY^{2-}}$=14.33），因而可消除 Fe^{3+} 的干扰。

常用的还原剂有抗坏血酸、羟胺、硫脲、半胱氨酸等。也可以将某些干扰离子氧化成高价含氧酸根，如将 Cr^{3+}、VO^{2+} 氧化成 $Cr_2O_7^{2-}$、VO_3^{-}，从而消除其干扰。

（三）沉淀掩蔽法

利用某一沉淀剂与干扰离子生成难溶性沉淀，降低干扰离子浓度，在不分离沉淀的条件下可直接滴定被测离子。

例如，当 pH=10 时，用 EDTA 滴定 Ca^{2+}，这时 Mg^{2+} 也被滴定，若加入 NaOH，使溶液 pH＞12，则 Mg^{2+} 形成 Mg（OH）$_2$ 沉淀而不干扰 Ca^{2+} 的滴定。选用钙指示剂可以用 EDTA 滴定 Ca^{2+}。

用于掩蔽的沉淀剂必须能有选择地与干扰离子生成溶解度小、吸附性小、颜色浅的沉淀，否则会影响测定结果的准确性或影响终点的观察。

常用的沉淀掩蔽剂列于表 5-6。

表 5-6 常用的沉淀掩蔽剂

掩蔽剂	被掩蔽离子	待测定离子	pH值	指示剂
NH₄F	Mg^{2+}、Ca^{2+}、Ba^{2+}、Sr^{2+}、Ti（IV）、Al^{3+} 及稀土元素的离子	Zn^{2+}、Cd^{2+}、Mn^{2+}（有还原剂存在下）	10	铬黑T
		Cu^{2+}、Co^{2+}、Ni^{2+}	10	紫脲酸铵
K_4［Fe（CN）$_6$］	微量 Zn^{2+}	Pb^{2+}	5～6	二甲酚橙
K_2CrO_4	Ba^{2+}	Sr^{2+}	10	MgY＋铬黑T
Na_2S 或铜试剂	Hg^{2+}、Cu^{2+}、Cd^{2+}、Bi^{3+}、Pb^{2+} 等	Mg^{2+}、Ca^{2+}	10	铬黑T
H_2SO_4	Pb^{2+}	Bi^{3+}	1	二甲酚橙

（四）解蔽方法

有时，某种金属离子被掩蔽以后，还可以使用解蔽剂解除该离子的掩蔽状态再对该离子进行滴定，这种方法称为解蔽，所用试剂称为解蔽剂。利用某些选择性的解蔽剂，可提高配位滴定的选择性。

例如，测定铜合金中的 Zn^{2+}、Pb^{2+} 时，可在氨性溶液中用 KCN 掩蔽 Cu^{2+}、Zn^{2+}，使之生成 $Zn(CN)_4^{2-}$、$Cu(CN)_4^{2-}$ 配合物。当 pH=10 时，以铬黑 T 作指示剂，用 EDTA 滴定 Pb^{2+}。在滴定 Pb^{2+} 后的溶液中加入甲醛或三氯乙醛，则 $Zn(CN)_4^{2-}$ 被破坏而释放出 Zn^{2+}，然后用 EDTA 滴定释放出来的 Zn^{2+}。

$$Zn(CN)_4^{2-}+4HCHO+4H_2O \xlongequal{\quad\quad} Zn^+ +4H_2C(OH)CN+4OH^-$$

三、用其他配位剂滴定

对各种金属离子来说，不同的配位滴定剂与金属离子的配合物稳定性相对强弱是有所不同的。目前除 EDTA 外，还有其他氨羧配位剂，如 CyDTA、EGTA、DTPA、EDTP 和 TTHA 等，与金属离子形成配合物的稳定性差别较大。故选用不同配位剂进行滴定可以提高滴定的选择性。

（一）EGTA

EGTA（乙二醇二乙醚二胺四乙酸）的结构式为

EGTA 和 EDTA 与 Mg^{2+}、Ca^{2+}、Sr^{2+}、Ba^{2+} 的 lgK 值见表 5-7。

表 5-7 EGTA 和 EDTA 与 Mg^{2+}、Ca^{2+}、Sr^{2+}、Ba^{2+} 的 lgK 值

	Mg^{2+}	Ca^{2+}	Sr^{2+}	Ba^{2+}
lgK_{M-EDTA}	8.69	10.69	8.73	7.86
lgK_{M-EGTA}	5.21	10.69	8.73	7.86

例如，EDTA 与 Ca^{2+}、Mg^{2+} 的配合物稳定性相差不多，而 EGTA 与 Ca^{2+}、Mg^{2+} 的配合物稳定性相差较大，故可以在 Ca^{2+}、Mg^{2+} 共存时用 EGTA 直接对 Ca^{2+} 进行选择性滴定。

（二）EDTP

EDTP（乙二胺四丙酸）的结构式为

EDTP 相当于 EDTA 的 4 个乙酸基为 4 个丙酸基所替代。金属离子与 EDTP 形成六元环的螯合物，因此，其稳定性普遍地较 EDTA 配合物的差。但是 Cu-EDTP 配合物仍有相当高的稳定性。因此，控制一定的 pH 值，用 EDTP 滴定 Cu^{2+} 时，Zn^{2+}、Cd^{2+}，Mn^{2+}，Mg^{2+} 均不干扰。

EDTP 和 EDTA 与 Mg^{2+}，Cu^{2+}、Zn^{2+}、Mn^{2+}、Cd^{2+} 的 lgK 值见表 5-8。

表 5-8 EDTP 和 EDTA 与 Mg^{2+}、Cu^{2+}、Zn^{2+}、Mn^{2+}、Cd^{2+} 的 lgK 值

	Mg^{2+}	Cu^{2+}	Zn^{2+}	Mn^{2+}	Cd^{2+}
lgK_{M-EDTP}	0.8	15.4	7.8	4.7	6.0
lgK_{M-EDTA}	8.69	18.80	16.50	13.87	16.46

（三）CyDTA

CyDTA（环己烷二胺四乙酸）的结构式为

CyDTA 也称为 DCTA，它与金属离子形成的配合物一般比相应的 EDTA 配合物更为稳定。但是，CyDTA 与金属离子的配位反应速率比较慢，往往使滴定终点延长，且其价格较贵，不常使用。但是，它与 Al^{3+} 的配位反应速率相当快，用 CyDTA 滴定 Al^{3+}，可省去加热等（EDTA 滴定 Al^{3+} 要加热）步骤。目前不少厂矿实验室采用 CyDTA 测定 Al^{3+}。

CyDTA 与 W、Mo、Nb、Ta 等金属离子的配位能力较弱，所以当 5.0<pH<5.5 时，虽有 W、Mo 存在，也可用 CyDTA 滴定 Cu^{2+}，Fe^{2+}，Co^{2+}，Ni^{2+} 等。在 Nb、Ta 存在的情况下，加过量的 CyDTA，在 5.0<pH<5.2 的条件下，以 $CuSO_4$ 标准溶液测定 Ti。

（四）TTHA

TTHA（三乙基四胺六乙酸）是六元酸，分子中有 4 个氨基和 6 个羧基，共有 10 个配位原子，因而它与不少金属离子在室温下形成 1∶1 型或 2∶1 型的螯合物。尤其是与 Al^{3+} 形成的螯合物更稳定，在 25℃ 时，放置 10～15min，就能形成 Al 与 TTHA 为 2∶1 型的螯合物。由于 Al_2-TTHA 的绝对形成常数 $lgK_{Al-TTHA}$（28.6）比 Mn_2-TTHA 的 $lgK_{Mn-TTHA}$（21.9）大得多，改用 TTHA 作滴定剂滴定 Al^{3+} 时可在大量 Mn^{2+} 存在下进行，这是 EDTA 所不及的。目前，TTHA 已用于测定矿石中 0.4% 以上的 Al，结果令人满意。

四、化学分离法

如果用控制溶液酸度和使用掩蔽剂等方法都不能消除共存离子的干扰而选择性滴定被测离子，就只有预先将干扰离子分离出来，再滴定被测离子。分离的方法很多，主要根据干扰离子和被测离子的性质进行选择。

例如，磷矿石中一般含有 Fe^{3+}、Al^{3+}、Ca^{2+}、Mg^{2+}、PO_4^{3-}、F^- 等离子，欲用 EDTA 滴定其中的金属离子，F^- 有严重干扰，它能与 Fe^{3+}、Al^{3+} 生成很稳定的配合物，酸度小时又能与 Ca^{2+} 生成 CaF_2 沉淀，因此，在滴定前先加酸、加热，使 F^- 生成 HF 挥发出去。

第七节　配位滴定的方式和应用

在配位滴定中，采用不同的滴定方式可以扩大其应用范围，提高其选择性。

一、直接滴定法

凡是 K'_{MY} 足够大、配位反应快速进行，又有适宜指示剂的金属离子都可以用 EDTA 直接滴定。在强酸性溶液中滴定 Zr（IV），酸性溶液中滴定 Bi^{3+}、Fe^{3+}，弱酸性溶液中滴定 Cu^{2+}、Pb^{2+}、Zn^{2+}，碱性溶液中滴定 Ca^{2+}、Mg^{2+}、Sr^{2+} 等都能直接进行，且有很成熟的方法。

例如，水的总硬度通常是用 EDTA 直接滴定法测定的，将水样调节至 pH=10，加入铬黑 T 指示剂，用 EDTA 标准溶液滴定至溶液由酒红色变成蓝色为终点。此时，水样中的 Ca^{2+}、Mg^{2+} 均被滴定。

若在 pH≥12 的溶液中加入钙指示剂，用 EDTA 标准溶液滴定至溶液由红色变为蓝色，则因 Mg^{2+} 生成 $Mg(OH)_2$ 沉淀而被掩蔽，可测得 Ca^{2+} 的含量。Mg^{2+} 的含量可由 Ca^{2+}、Mg^{2+} 总量及 Ca^{2+} 的含量求得。

直接滴定迅速简便，引入误差少，在可能情况下应尽量采用直接滴定法。

二、返滴定法

在试液中先加入一定量过量的 EDTA 标准溶液，用另一种金属离子的标准溶液滴定过量部分的 EDTA，求得被测物质含量的方法称为返滴定法。

通常出现以下情况之一时使用返滴定法：（1）缺乏符合要求的指示剂；（2）被测金属离子与 EDTA 反应的速度慢；（3）在测定条件下，被测金属离子水解。

例如，Al^{3+} 能与 EDTA 定量反应，但因反应缓慢而难以直接滴定。测定 Al^{3+} 时，可加入一定量过量的 EDTA 标准溶液，加热煮沸，待反应完全后用 Zn^{2+} 标准溶液返滴定剩余的 EDTA。

三、置换滴定法

利用置换反应生成等物质的量的金属离子或 EDTA，然后进行滴定的方法称为置换滴定法。即在一定酸度下，向被测试液中加入过量的 EDTA，用金属离子滴定过量部分的 EDTA，然后再加入另一种配位剂，使其与被测离子生成一种配合物，这种配合物比被测离子与 EDTA 生成的配合物更稳定，从而把 EDTA 释放（置换）出来，最后再用金属离子标准溶液滴定释放出来的 EDTA。根据金属离子标准溶液的用量和浓度，计算被测离子的含量。这种方法适用于多种金属离子存在的情况下测定其中一种金属离子，该方法是提高配位滴定选择性的途径之一。

（一）置换金属离子

如果被测定的离子 M 与 EDTA 反应不完全或所形成的配合物不稳定，这时可让 M 置换出另一种配合物 NL 中等物质的量的 N，用 EDTA 溶液滴定 N，从而可求得 M 的含量，其反应式为

$$M + NL \Longrightarrow ML + N$$

$$N + Y \Longrightarrow NY$$

例如，Ag^+ 与 ED7A 的配合物不稳定，不能用 EDTA 直接滴定，但把 Ag^+ 加入 $Ni(CN)_4^{2-}$ 厂溶液中，则发生反应

$$2Ag^+ + Ni(CN)_4^{2-} \Longrightarrow 2Ag(CN)_2^- + Ni^{2+}$$

在 PH=10 的氨性溶液中，以紫脲酸铵为指示剂，用 EDTA 滴定置换出来的 Ni^{2+}，即可求得 Ag^+ 的含量。

（二）置换 EDTA

将被测定的金属离子 M 与干扰离子全部用 EDTA 配合，加入选择性高的配位剂 L 以夺取 M，并释放出 EDTA，其反应式为

$$MY + L \Longrightarrow ML + Y$$

反应完全后，释放出与 M 等物质的量的 EDTA，然后再用金属盐类标准溶液滴定释放出的 EDTA，从而可求得 M 的含量。

例如，测定锡青铜中的 Sn 时，可于试液中加入过量的 EDTA，将可能存在的 Pb^{2+}、Zn^{2+}、Cd^{2+}、Bi^{3+} 等与 Sn^{4+} 一起配合，用 Zn^{2+} 标准溶液滴定过量的 EDTA，再加入 NH_4F 选择性地将 SnY 中的 EDTA 置换出来，再用 Zn^{2+} 标准溶液滴定释放出的 EDTA，即可求得 Sn 含量，其反应式为

$$SnY + 6F^- \Longrightarrow SnF_6^{2-} + Y^{4-}$$

$$Zn^{2+} + Y^{4-} \Longrightarrow ZnY^{2-}$$

四、间接滴定法

有些金属离子（如 Li^+、Na^+、K^+、Rb^+、Cs^+、W^{6+}、Ta^{5+} 等）和一些非金属离子（如 SO_4^{2-}，PO_4^{3-} 等），由于与 EDTA 不能形成稳定配合物或不能形成配合物，不便于配

位滴定，这时可采用间接滴定法进行测定。

例如，PO_4^{3-} 的滴定，在一定条件下，可将沉淀为 $MgNH_4PO_4$，然后过滤，将沉淀溶解。调节溶液使 pH 值为 10，用铬黑 T 作指示剂，以 EDTA 标准溶液滴定沉淀中的 Mg^{2+}，由 Mg^{2+} 的含量间接计算出磷的含量。也可利用过量的 Bi^{3+} 与 PO_4^{3-} 反应生成 $BiPO_4$ 沉淀，用 EDTA 滴定过量的 Bi^{3+}，计算 PO_4^{3-} 的含量。

第六章 氧化还原滴定法

第一节 概 述

以氧化还原反应为基础的滴定分析法称为氧化还原滴定法（redox titration）。氧化还原反应与酸碱反应、沉淀反应、配位反应不同，后者是基于离子与离子或离子与分子的结合，一般比较简单；而氧化还原反应是基于氧化剂与还原剂间的电子转移，往往比较复杂，而且同一物质在不同条件下进行氧化反应时，亦可能大不相同。有的氧化还原反应虽然可能进行得相当完全，但反应速率却很慢，或者会伴有某些副反应，无法确定计量关系。为此，在学习氧化还原滴定法时，必须熟悉氧化还原平衡方面的知识，并根据反应物的性质，创造适宜的滴定条件，既能加快反应速率，又能防止副反应，以满足滴定分析对滴定反应的要求。

氧化还原滴定法是滴定分析中应用广泛的一种重要的方法，能直接或间接测定很多无机或有机药物的含量。

第二节 氧化还原反应平衡

一、电极电位与Nernst方程式

氧化剂与还原剂的强弱，可以用相关氧化还原电对（electron pair）的电极电位（electrode potential）来衡量。氧化还原电对是由物质的氧化型和与其对应的还原型构成的整体。电极电位是电极与溶液接触处存在双电层而产生的电位。氧化还原电对可粗略地分为可逆与不可逆氧化还原电对。可逆氧化还原电对，即在氧化还原反应的任一瞬间，都能建立由电对氧化还原半反应所示的氧化还原平衡，其实际电位与按Nernst方程式计算所得电位相符，或相差甚小，如 Fe^{3+}/Fe^{2+}、Ce^{4+}/Ce^{3+}，I_2/I^-、Cu^{2+}/Cu^+、Ag^+/Ag等。不可逆氧化还原电对，即在氧化还原反应的任一瞬间，不能真正建立由电对氧化还原半反应所示的氧化还原平衡，其实际电位与按Nernst方程式计算所得电位相差颇大（一般相差100～200mV以上），如 MnO_4^-/Mn^{2+}，O_2/H_2O_2、$Cr_2O_7^{2-}/$

Cr^{3+}、$S_4O_6^{2-}/S_2O_3^{2-}$、$CO_2/C_2O_4^{2-}$，H_2O_2/H_2O等。通常，Nernst方程式只适用于可逆氧化还原电对。但对于不可逆氧化还原电对，用Nernst方程式计算的结果，作为初步判断仍有一定的意义。

一般情况下，电对氧化型的氧化能力或还原型的还原能力，可根据电对的E值的相对大小予以判断；但在给定情况下，应通过Nernst方程式计算电对的电极电位，再予以判断。用Nernst方程式计算电对的电极电位，其基本依据是电对的氧化还原半反应。如：可逆氧化还原电对Ox/Red的氧化还原半反应为：

Ox + ne $\rightleftharpoons$ Red

则该电对的电极电位可如下计算：

$$E_{Ox/Red}^{\ominus} = E_{Ox/Red} + \frac{2.303RT}{nF}\lg\frac{a_{Ox}}{a_{Red}} \tag{6-1}$$

$$= E_{Ox/Red} + \frac{0.059}{n}\lg\frac{a_{Ox}}{a_{Red}}(25℃) \tag{6-2}$$

式6-1中：$E_{Ox/Red}^{\ominus}$为电对Ox/Red的标准电极电位，它是温度为25℃，相关离子活度均为1mol/L（或其比值为1），气体压力为$1.013×10^5$Pa时，测出电对相对于标准氢电极的电极电位（规定标准氢电极电位为零）；R为气体常数，等于8.314J/K·mol；T为绝对温度（K）；F为法拉第常数，等于96487c/mol；n为电对氧化还原半反应中转移的电子数；a_{Ox}、a_{Red}为电对氧化型、还原型的活度。在25℃时，代入各常数于式6-1中，即得式6-2。

对于金属-金属离子电对、Ag-AgCl电对等，纯金属、纯固体的活度为1，溶剂的活度为常数，它们的影响已表现在E中，故不再列入Nernst方程式中。如：电对Cu^{2+}/Cu的半反应如下：

$Cu^{2+} + 2e \rightleftharpoons Cu$

则：
$$E_{Cu^{2+}/Cu} = E_{Cu^{2+}/Cu}^{\ominus} + \frac{0.059}{2}\lg a_{Cu^{2+}} \tag{6-3}$$

电对AgCl/Ag的半反应如下：

AgCl + e $\rightleftharpoons$ Ag + Cl⁻

则：
$$E_{AgCl/Ag} = E_{AgCl/Ag}^{\ominus} + 0.059\lg\frac{1}{a_{Cl^-}} \tag{6-4}$$

在用Nernst方程式计算相关电对的电极电位时，应考虑以下两个问题，一是通常只知道电对氧化型和还原型的浓度，不知道它们的活度，而用浓度代替活度进行计算将导致误差，因此，必须引入相应的活度系数γ_{Ox}、γ_{Red}。二是当条件改变时，电对氧化型、还原型的存在形式可能会发生改变，从而使电对氧化型、还原型的浓度改变，进而使电对的电极电位改变，为此，必须引入相应的分布系数δ_{Ox}、δ_{Red}（或副反应系数a_{Ox}、a_{Red}）。因为，

$a_{Ox}=C_{Ox}·\delta_{Ox}·\gamma_{Ox}$　　$a_{Red}=C_{Red}·\delta_{Red}·\gamma_{Red}$ 代入式6-2得：

$$E_{Ox/Red} = E_{Ox/Red}^{\ominus} + \frac{0.059}{n} \lg \frac{C_{Ox} \cdot \delta_{Ox} \cdot \gamma_{Ox}}{C_{Red} \cdot \delta_{Red} \cdot \gamma_{Red}} \tag{6-5}$$

当 $C_{Ox} = C_{Red} = 1mol/L$（或其比值为1）时：

$$E_{Ox/Red} = E_{Ox/Red}^{\ominus} + \frac{0.059}{n} \lg \frac{\delta_{Ox} \cdot \gamma_{Ox}}{\delta_{Red} \cdot \gamma_{Red}} = E_{Ox/Red}^{\ominus'} \tag{6-6}$$

式 6-6 中的 $E_{Ox/Red}^{\ominus'}$ 称为电对 Ox/Red 的条件电极电位（conditional electrode potential），亦称克式电位、式量电位。它是在特定条件下，电对氧化型、还原型分析浓度均为 1mol/L 或其比值为 1 时的实际电位。一些电对的条件电极电位见附表。当知道相关电对的 E' 值时，电对的电极电位应用下式计算：

$$E_{Ox/Red} = E_{Ox/Red}^{\ominus'} + \frac{0.059}{n} \lg \frac{C_{Ox}}{C_{Red}} \tag{6-7}$$

条件电极电位 E' 与标准电极电位 $E^{\ominus}$ 的关系，类似配合物的条件稳定常数 K_{MY}' 和绝对稳定常数 K_{MY}。但是，到目前为止，分析工作者只是测出了少数电对在一定条件下的 $E^{\ominus'}$ 值。当缺少相同条件下的 $E^{\ominus'}$ 值时，可选用条件相近的 E' 值。若无合适的 E' 值，则用 E 值代替 E' 作近似计算：

$$E_{Ox/Red} = E_{Ox/Red}^{\ominus} + \frac{0.059}{n} \lg \frac{[Ox]}{[Red]} \tag{6-8}$$

例 6-1 在 1mol/L HCl 溶液中，已知 $E_{Cr_2O_7^{2-}/Cr^{3+}}^{\ominus'} = 1.00$ 伏。试问用固体 $FeSO_4$ 将 0.100mol/L $K_2Cr_2O_7$ 还原至体系电位为 1.00V 时，$K_2Cr_2O_7$ 的转化率是多少？

解：

$$E = E_{Cr_2O_7^{2-}/Cr^{3+}}^{\ominus'} + \frac{0.059}{6} \lg \frac{C_{Cr_2O_7^{2-}}}{C_{Cr^{3+}}^2}$$

$$1.00 = 1.00 + \frac{0.059}{6} \lg \frac{C_{Cr_2O_7^{2-}}}{C_{Cr^{3+}}^2}$$

$$\frac{0.059}{6} \lg \frac{C_{Cr_2O_7^{2-}}}{C_{Cr^{3+}}^2} = 0 \quad C_{Cr_2O_7^{2-}} = C_{Cr^{3+}}^2 \text{ 或 } C_{Cr_2O_7^{2-}}/C_{Cr^{3+}}^2 = 1$$

设 $K_2Cr_2O_7$ 此时转化为 Cr^{3+} 的浓度为 xmol/L，则 $C_{Cr^{3+}} = 2xmol/L$，剩余 $K_2Cr_2O_7$ 浓度为（0.100－x），依上面关系有下式成立：$\frac{0.100 - x}{(2x)^2} = 1.00$

解得：x=0.07656mol/L，则转化率为 76.6%。

例 6-2 计算 0.01000mol/L NaCl 溶液中电对 AgCl/Ag 的电极电位。已知 $E_{AgCl/Ag}^{\ominus} = 0.222$ 伏，$E_{Ag^+/Ag}^{\ominus} = 0.799$ 伏，$K_{sp(AgCl)} = 1.8 \times 10^{-10}$，忽略离子强度的影响。

解：电对 AgCl/Ag 的半电池反应如下：

$AgCl + e \rightleftharpoons Ag + Cl^-$

方法一：

$$E_{AgCl/Ag} = E^{\ominus}_{Ag^+/Ag} + 0.059 \times \lg[Ag^+] \qquad ([Ag^+]) = \frac{K_{sp(AgCl)}}{[Cl^-]})$$

$$= 0.799 + 0.059 \times \lg\frac{1.8 \times 10^{-10}}{0.0100}$$

$$= 0.342V$$

方法二：

$$E_{AgCl/Ag} = E^{\ominus}_{Ag^+/Ag} + 0.059 \times \lg\frac{1}{[Cl^-]}$$

$$= 0.222 + 0.059 \times \lg\frac{1}{0.0100}$$

$$= 0.340V$$

由 Nernst 方程式可以看出，下列因素影响电对的电极电位：

（一）离子强度的影响

如式 6-6 所示，氧化还原电对的条件电极电位（E'）与电对氧化型、还原型的活度系数 γ 密切相关。而活度系数的大小受溶液离子强度的影响：

$$-\lg\gamma_i = 0.5Z_i^2\sqrt{I} \tag{6-9}$$

因而，当溶液离子强度改变时，必然导致活度系数的改变，最终影响氧化还原电对的电极电位。

在氧化还原反应中，溶液的离子强度一般比较大，活度系数不易计算，且各种副反应等其他因素的影响更重要，故一般予以忽略，近似地认为活度系数均为1。

（二）酸度的影响

酸度对电对电极电位的影响包含两个方面：一是对有 H^+ 或 OH^- 参加的氧化还原半反应，它们将直接影响相关电对的电极电位。如：

$$H_3AsO_4 + 2H^+ + 2e \rightleftharpoons H_3AsO_3 + H_2O$$

$$MnO_4^- + 8H^+ + 5e \rightleftharpoons Mn^{2+} + 4H_2O$$

酸度增大，电对的电极电位升高。二是酸度对条件电极电位的影响，酸度的种类及浓度不同，往往会改变电对的条件电极电位。

（三）其他副反应的影响

当溶液中存在使电对氧化型或还原型发生配位、沉淀等副反应的因素时，电对的电极电位必然改变。若电对氧化型发生配位、沉淀等副反应，则电对电极电位降低；若电对还原型发生配位、沉淀等副反应，则电极电位升高。

例如：用碘量法测定 Cu^{2+} 时，基于如下反应：

$$2Cu^{2+} + 4I^- \rightleftharpoons 2CuI\downarrow + I_2$$

析出的 I_2 再用 $Na_2S_2O_3$ 标准溶液滴定。但是从 $E^{\ominus}_{Cu^{2+}/Cu^+} = 0.16V$，$E^{\ominus}_{I_2/I^-} = 0.535V$ 来看，似乎 Cu^{2+} 无法氧化 I^-。然而，由于 Cu^+ 生成了溶解度很小的 CuI 沉淀，大大降低了 Cu^+ 的游离浓度，从而使 Cu^{2+}/Cu^+ 的电极电位显著升高，得以使上述反应向右进行。今令 $[Cu^{2+}] = [I^-] = 1.0mol/L$，则：

$$E_{Cu^{2+}/Cu^+} = E_{Cu^{2+}/Cu^+}^{\ominus} + 0.059 \times \lg \frac{[Cu^{2+}]}{[Cu^+]} \qquad [Cu^{2+}] = \frac{K_{sp(CuI)}}{[I^-]}$$

$$= 0.16 + 0.059 \times \lg[Cu^{2+}] + 0.059 \times \lg \frac{1}{\dfrac{K_{sp(CuI)}}{[I^-]}}$$

$$= 0.16 - 0.059 \times \lg(1.1 \times 10^{-12}) = 0.87(\text{伏})$$

显然，此时 $E_{Cu^{2+}/Cu^+} > E_{I_2/I^-}^{\ominus}$，$Cu^{2+}$ 可以氧化 I^-，反应向右进行。

例 6-3 计算 1.00×10^{-4} mol/L $Zn(NH_3)_4^{2+}$ 的 0.100mol/L NH_3 溶液中，$Zn(NH_3)_4^{2+}/Zn$ 电对的电极电位。（已知：$E_{Zn^{2+}/Zn}^{\ominus} = -0.763V$，$Zn(NH_3)_4^{2+}$ 的 $\beta_1 \sim \beta_4$ 为：$10^{2.37}$、$10^{4.81}$、$10^{7.31}$、$10^{9.46}$）

解：半电池反应：$Zn^{2+} + 2e \rightleftharpoons Zn$

$$[Zn^{2+}] = C_{Zn^{2+}}\delta_{Zn^{2+}} = \frac{C_{Zn^{2+}}}{\alpha_{Zn(NH3)_4^{2+}}} = \frac{1.00 \times 10^{-4}}{1 + \beta_1[NH_3] + \beta_2[NH_3]^2 + \beta_3[NH_3]^3 + \beta_4[NH_3]^4}$$

$$= 10^{-9.49}$$

$$E_{Zn(NH_3)_4^{2+}} = E_{Zn^{2+}/Zn} + \frac{0.059}{2}\lg[Zn^{2+}] = -0.763 - 0.0295 \times 9.49$$

$$= -1.04(V)$$

（四）温度

由 Nernst 方程式的基本式 $E_{Ox/Red} = E_{Ox/Red}^{\ominus} + \dfrac{RT}{nF}\ln\dfrac{\alpha_{Ox}}{\alpha_{Red}}$ 可以看出，当温度 T 升高时，电极电位升高。

二、氧化还原反应进行的程度

氧化还原反应进行的程度，可用相关反应的平衡常数 K 来衡量。而平衡常数 K 可根据相关的氧化还原反应，用 Nernst 方程式求得。例如下述氧化还原反应：

$$mOx_1 + nRed_2 \rightleftharpoons mRed_1 + nOx_2$$

平衡常数为：
$$K = \frac{(C_{Red_1})^m \cdot (C_{Ox_2})^n}{(C_{Ox_1})^m \cdot (C_{Red_2})^n} \tag{6-10}$$

与上述氧化还原反应相关的氧化还原半反应和电对的电极电位为：

$$Ox_1 + ne \rightleftharpoons Red_1 \qquad Ox_2 + ne \rightleftharpoons Red_2$$

$$E_{Ox_1/Red_1} = E_{Ox_1/Red_1}^{\ominus} + \frac{0.059}{n}\lg\frac{C_{Ox_1}}{C_{Red_1}} \qquad E_{Ox_2/Red_2} = E_{Ox_2/Red_2}^{\ominus} + \frac{0.059}{m}\lg\frac{C_{Ox_2}}{C_{Red_2}}$$

当氧化还原反应达到平衡时，两个电对的电极电位相等：

$$E_{Ox_1/Red_1}^{\ominus} + \frac{0.059}{n}\lg\frac{C_{Ox_1}}{C_{Red_1}} = E_{Ox_2/Red_2}^{\ominus} + \frac{0.059}{m}\lg\frac{C_{Ox_2}}{C_{Red_2}}$$

$$\lg K = \frac{m \cdot n(E^{\ominus'}_{Ox_1/Red_1} - E^{\ominus'}_{Ox_2/Red_2})}{0.059} \tag{6-11}$$

由式6-11可知：两个氧化还原电对的条件电极电位之差（即$\triangle E'$）越大，以及两个氧化还原半反应中转移电子的最小公倍数（m×n）越大，反应的平衡常数K越大，反应进行得越完全。若无相关电对的条件电极电位，亦可用相应的标准电极电位代替进行计算，作为初步预测或判断反应进行的程度。则式6-10改写如下：

$$\lg K = \frac{m \cdot n(E^{\ominus}_{Ox_1/Red_1} - E^{\ominus}_{Ox_2/Red_2})}{0.059} \tag{6-12}$$

若将上述氧化还原反应用于滴定分析，反应到达化学计量点时误差≤0.1%，则可满足滴定分析对滴定反应的要求，即有：

$$C_{Red_2} \leqslant C_{Ox_2} \times 0.1\% \qquad C_{Ox_1} \leqslant C_{Red_1} \times 0.1\%$$

$$C_{Ox_2} \geqslant C_{Red_2} \times 99.9\% \qquad C_{Red_1} \geqslant C_{Ox_1} \times 99.9\%$$

将上述关系代入平衡常数K，即式6-10：

当m=n=1时，$K \geqslant \dfrac{C_{Red_1} \cdot C_{Ox_2}}{C_{Red_1} \cdot 0.1\% \cdot C_{Red_2} \cdot 0.1\%} \geqslant 10^6$ $\triangle E' \geqslant 0.35V$

同理，若m=1，n=2（或m=2，n=1）时则$K \geqslant 10^9$ $\triangle E' \geqslant 0.27V$

若m=2，n=2时，则$K \geqslant 10^{12}$，$\triangle E' \geqslant 0.18V$。

其他依此类推。通过上述计算说明，若仅考虑反应进行的程度，通常认为$\triangle E' \geqslant 0.40V$的氧化还原反应可以用于氧化还原滴定法。

三、化学计量点电位

对于$mOx_1 + nRed_2 \rightleftharpoons mRed_1 + nOx_2$一类的氧化还原反应，化学计量点时：

$$E_{sp} = E^{\ominus}_{Ox_1/Red_1} + \frac{0.059}{n}\lg\frac{C_{Ox_1}}{C_{Red_1}}$$

$$E_{sp} = E_{Ox_2/Red_2} + \frac{0.059}{m}\lg\frac{C_{Ox_2}}{C_{Red_2}}$$

到达化学计量点时：$\dfrac{C_{Ox_1} \cdot C_{Ox_2}}{C_{Red_1} \cdot C_{Red_2}} = \dfrac{m \cdot n}{n \cdot m} = 1$

故 $E_{sp} = \dfrac{nE^{\ominus}_{Ox_1/Red_1} + mE_{Ox_2/Red_2}}{m+n} \tag{6-13}$

第三节   氧化还原反应的速率及其影响因素

在氧化还原反应中，根据氧化还原电对的标准电极电位E^-值或条件电极电位E'值可以判断、预测反应进行的方向及程度，但无法判断反应进行的速率。如$K_2Cr_2O_7$与KI的反应，其平衡常数$K \geqslant 10^{80}$，但反应速率却很慢，以至于必须放置一段时间反应才得以进行完全。所以，在讨论氧化还原滴定时，除要考虑反应进行的方向、次序、程度外，还要考虑反应进行的速率及其影响因素。除氧化还原电对的性质是影响反应速率的重要因素外，还有反应的外界条件，反应物浓度、温度、催化剂、诱导作用等外界条件因素。

一、反应物浓度

根据质量作用定律，反应速率与反应物浓度的乘积成正比。通常反应物浓度越大，反应的速率也越快。如：$K_2Cr_2O_7$ 在酸性介质中氧化 I^- 的反应：

$$Cr_2O_7^{2-} + 6I^- + 14H^+ \rightleftharpoons 2Cr^{3+} + 3I_2 + 7H_2O$$

增大 I^- 的浓度或提高溶液的酸度，均可提高上述反应的速率。

二、反应温度

升高反应温度一般可提高反应速率。通常温度每升高 $10℃$，反应速率可提高 $2\sim 4$ 倍。这是由于升高反应温度时，不仅增加了反应物之间碰撞的几率，而且增加了活化分子数目。如：在酸性介质中，用 MnO_4^- 氧化 $C_2O_4^{2-}$ 的反应：

$$2MnO_4^- + 5C_2O_4^{2-} + 16H^+ \rightleftharpoons 2Mn^{2+} + 10CO_2\uparrow + 8H_2O$$

在室温下反应速率很慢，若将溶液加热并控制在 $70\sim 80℃$，则反应速率明显加快。但并非在任何情况下均可用升高温度的办法来提高反应速率。如：$K_2Cr_2O_7$ 与 KI 的反应，若用升高温度的办法提高速率，则会使反应产物 I_2 挥发。有些还原性物质如：Fe^{2+}，Sn^{2+} 等，升高温度也会加快空气中氧气氧化 Fe^{2+}、Sn^{2+}。

三、催化剂

催化剂是一类能改变反应速度，而其本身的组成和质量在反应前后并不发生改变的物质。催化剂有正催化剂和负催化剂两类。正催化剂提高反应速率；负催化剂降低反应速率，又称"阻化剂"。通常所说的催化剂是指正催化剂。

催化剂的催化过程是非常复杂的，它可能是产生了一些不稳定的中间价态的离子、游离基或活泼的中间配合物，从而改变了氧化还原反应的历程；或者降低了原来反应所需的活化能，使反应速率改变。如：Ce^{4+} 氧化 AsO_3^{3-} 的反应速度很慢，若加入少量 KI 或 OsO_4 作催化剂时，则反应迅速进行；MnO_4^- 氧化 $C_2O_4^{2-}$ 的反应亦速度很慢，若加入少量 Mn^{2+}，则反应速度明显加快。

此外，在药品、食品、化妆品生产中，为提高产品的稳定性，常加入适量的"阻化剂"（亦称抗氧剂），以防止或延迟产品被氧化而变质。常用的抗氧剂有：聚三芳基膦化物（油料及脂肪中使用）、苯甲酸及其钠盐、丁基羟基茴香醚、维生素 C、维生素 E 等。在 $SnCl_2$ 溶液中加入适量多元醇，可降低空气中氧气对 Sn^{2+} 的氧化作用；配制 Na_2SO_3 溶液时，加入适量 Na_3AsO_3，也可防止 SO_3^{2-} 被空气中氧气氧化。

四、诱导作用

在氧化还原反应中，一种反应（主反应）的进行，能够诱发反应速率极慢或本来不能进行的另一反应的现象，称为诱导作用。如：MnO_4^- 氧化 Cl^- 的反应进行得很慢，

但当溶液中存在 Fe^{2+} 时，由于 MnO_4^- 与 Fe^{2+} 反应的进行，诱发 MnO_4^- 与 Cl^- 反应加快进行。这种本来难以进行或进行很慢，但在另一反应的诱导下得以进行或加速进行的反应，称为被诱导反应，简称诱导反应，如：

$MnO_4^- + 5Fe^{2+} + 8H^+ \rightleftharpoons Mn^{2+} + 5Fe^{3+} + 4H_2O$　　（初级反应或主反应）

$2MnO_4^- + 10Cl^- + 16H^+ \rightleftharpoons 2Mn^{2+} + 5Cl_2 + 8H_2O$　　（诱导反应）

其中 MnO_4^- 称为作用体；Fe^{2+} 称为诱导体；Cl^- 称为受诱体。

诱导反应在滴定分析中往往是有害的，应设法避免。

第四节　氧化还原滴定曲线与终点的确定

在氧化还原滴定中，随着滴定剂的加入，被测组分氧化型和还原型的浓度逐渐改变，导致电对的电极电位不断改变；化学计量点后，继续加入滴定剂时，滴定剂电对的氧化型或还原型浓度不断改变，亦导致电对的电极电位随之而改变。这种电对电极电位随滴定剂加入而改变的情况，用曲线来表示，称为氧化还原滴定曲线。通过讨论氧化还原滴定曲线，对深化电极电位与电对氧化型、还原型浓度间关系的理解以及氧化还原指示剂的选择是重要的。氧化还原滴定曲线一般用实验的方法测绘，而对于可逆氧化还原电对亦可依 Nernst 方程式进行计算。

一、氧化还原滴定曲线

对于可逆氧化还原电对，滴定过程中两电对的电极电位瞬间达到平衡，则滴定体系的电极电位，等于任一电对的电极电位。现以 0.1000mol/L Ce^{4+} 标准溶液滴定 20.00mL 0.1000mol/L Fe^{2+} 溶液为例（1mol/L H_2SO_4 溶液中），相关电对的氧化还原半反应（即半电池反应）为：

$Ce^{4+} + e \rightleftharpoons Ce^{3+}$　　$Fe^{3+} + e \rightleftharpoons Fe^{2+}$

$E_{Ce^{4+}/Ce^{3+}}^{'} = 1.44V$　　　　$E_{Fe^{3+}/Fe^{2+}}^{\ominus'} = 0.68V$

滴定反应为：

$Ce^{4+} + Fe^{2+} \rightleftharpoons Ce^{3+} + Fe^{3+}$

滴定过程中相关电对的电极电位依 Nernst 方程式计算如下：

（一）滴定前

此时虽是 0.1000mol/L 的 Fe^{2+} 溶液，由于空气中氧气可氧化 Fe^{2+} 为 Fe^{3+}，不可避免地存在少量 Fe^{3+}，然而 Fe^{3+} 的浓度难以确定，故此时电极电位无法依 Nernst 方程式进行计算。

（二）滴定开始至化学计量点前

这个阶段体系存在 Fe^{3+}/Fe^{2+}、Ce^{4+}/Ce^{3+} 两个电对。但由于 Ce^{4+} 在此阶段的溶液中存在极少且难以确定其浓度，故只能用 Fe^{3+}/Fe^{2+} 电对计算该阶段的电极电位。

$$E_{Fe^{3+}/Fe^{2+}} = E_{Fe^{3+}/Fe^{2+}}^{\ominus'} + 0.059 \lg \frac{C_{Fe^{3+}}}{C_{Fe^{2+}}}$$

因 $C_{Fe^{3+}}$、$C_{Fe^{2+}}$ 在数值上等于二者物质的量与滴定溶液总体积的比值，此总体积对 Fe^{3+}、Fe^{2+} 来说是相同的，为方便起见，上述 Nernst 方程式中的浓度比用物质的量之比代替。

1.若加入 Ce^{4+} 标准溶液 10.00mL（此时距化学计量点 50%）

Fe^{3+} 毫摩尔数等于加入 Ce^{4+} 毫摩尔数，即：

Fe^{3+} 毫摩尔数：$10.00 \times 0.1000 = 1.000$

Fe^{2+} 毫摩尔数：$(20.00 \times 0.1000 - 10.00 \times 0.1000) = 1.000$

$$E_{Fe^{3+}/Fe^{2+}} = 0.68 + 0.059 \lg \frac{0.01}{0.01} = 0.68V$$

2.若加入 Ce^{4+} 标准溶液 19.98mL（此时距化学计量点 0.1%）

Fe^{3+} 毫摩尔数：$19.98 \times 0.1000 = 1.998$

Fe^{2+} 毫摩尔数：$(20.00 - 19.98) \times 0.1000 = 0.002000$

$$E_{Fe^{3+}/Fe^{2+}} = 0.68 + 0.059 \lg \frac{1.998}{0.002000} = 0.86V$$

（三）化学计量点

此时加入 Ce^{4+} 标准溶液 20.00mLo 依化学计量点电位计算式式 6-13 得：

$$E_{sp} = \frac{nE^{\ominus'}_{Ox_1/Red_1} + mE^{\ominus'}_{Ox_2/Red_2}}{m+n} = \frac{1.44 + 1.68}{1+1} = 1.06V$$

（四）化学计量点后

此阶段因 Fe^{2+} 已被 Ce^{4+} 氧化完全，虽然可能尚有少量 Fe^{2+} 存在，但其浓度难以确定，故应按 Ce^{4+}/Ce^{3+} 电对的电极电位计算式计算这个阶段体系的电极电位。

$$E_{Ce^{4+}/Ce^{3+}} = E^{\ominus'}_{Ce^{4+}/Ce^{3+}} + 0.059 \lg \frac{C_{Ce^{4+}}}{C_{Ce^{3+}}}$$

若加入 Ce^{4+} 标准溶液 20.02mL（此时超过化学计量点 0.1%）

过量 Ce^{4+} 的毫摩尔数：$0.02 \times 0.1000 = 0.002000$

Ce^{3+} 的毫摩尔数：$20.00 \times 0.1000 = 2.000$

$$E_{Ce^{4+}/Ce^{3+}} = 1.44 + 0.059 \lg \frac{0.002000}{2.000} = 1.26V$$

用同样的方法可计算出该阶段其他各点相应的电位值，将滴定过程中计算出的结果列于表 6-1 中。

表 6-1 在 1mol/L H_2SO_4 溶液中，用 0.1000mol/L Ce^{4+} 滴定 20.00mL 0.1000mol/L Fe^{2+} 溶液相关数据表

加入 Ce^{4+} 溶液体积/mL	反应进行的百分率/%	E 值/V
1.00	5.0	0.60
2.00	10.0	0.62
4.00	20.0	0.64
8.00	40.0	0.67

续表

加入 Ce^{4+} 溶液体积/mL	反应进行的百分率/%	E 值/V
10.00	50.0	0.68
18.00	90.0	0.74
19.80	99.0	0.80
19.98	99.9	0.86]
20.00	100.0 ,	1.06，突跃范围
20.02	101.0	1.26]
22.00	110.0	1.38

以加入 Ce^{4+} 标准溶液的体积（mL）为横坐标，相应的电位值（V）为纵坐标作图，即得该氧化还原滴定的滴定曲线，如图 6-1 所示。

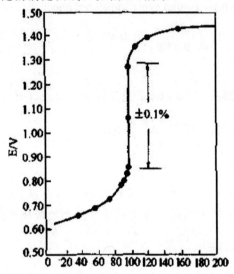

图 6-1 在 1mol/L H_2SO_4 溶液中，用 0.1000mol/L Ce^{4+} 滴
定 20.00mL0.1000mol/L Fe^{2+} 溶液的滴定曲线

由表 6-1 和图 6-1 可以看出，从化学计量点前 0.1% 到化学计量点后 0.1%，体系电极电位由 0.86V 突变至 1.26V（即 ΔE 为 0.40V）。了解此氧化还原滴定的电位突跃区间，对选择适宜的氧化还原指示剂是非常重要的。

对于类似 $mOx_1 + nRed_2 \rightleftharpoons mRed_1 + nOx_2$ 这样的可逆氧化还原反应，若用 Ox_1 为滴定 Red_2，则其化学计量点前后 ±0.1% 范围内电位突跃区间为：

$$(E^{\ominus\prime}_{Ox_2/Red_2} + \frac{3 \times 0.059}{m}) \sim (E^{\ominus\prime}_{Ox_1/Red_1} - \frac{3 \times 0.059}{n}) \tag{6-14}$$

由式 6-14 可知：影响此类氧化还原滴定电位突跃区间的主要因素为：一是两个氧化还原电对的 $\Delta E^{\prime}$ 值，此值越大，突跃区间越大；二是两个氧化还原半反应中转移的电子数 n 和 m，n 和 m 越大，突跃区间越大。氧化还原滴定的突跃及其大小，与两个氧化还原电对相关离子的浓度无关。

一般来说，若两个氧化还原电对的 $\Delta E^{\prime}$（或 ΔE）值在 0.25～0.4V 时，可用电位法确定终点（误差在1%以内）；若（或△E）值在0.40V以上，既可用氧化还原指示剂确定终点，又可用电位法确定终点（误差在0.1%以内）。

二、终点的确定方法

（一）仪器分析法

电位法、永停法等。

（二）指示剂法

1.自身指示法

在氧化还原滴定中，有些标准溶液或被滴定的组分本身有颜色，反应后变为无色或浅色物质，这类滴定则可用标准溶液或被滴定物质作指示剂。如$KMnO_4$、I_2等即属此类。实践证明，当$KMnO_4$的浓度在$2×10^{-6}$mol/L时，即可使溶液呈现明显的淡红色；而在100mL的溶液中加入1滴0.05mol/L的I_2标准溶液，即可使溶液呈现明显的淡黄色。

2.特殊指示剂

有的物质本身不具有氧化性和还原性，但它能与氧化剂或还原剂发生显色反应，因而可以指示终点到达。可溶性淀粉是此类指示剂的代表。可溶性淀粉遇I_3^-时即可发生显色反应，生成蓝色的吸附配合物；当I_3^-被还原为I^-后，则蓝色的吸附配合物不复存在，蓝色亦消失。所以可溶性淀粉是碘量法的专用指示剂。可溶性淀粉作为碘量法的专用指示剂，不仅可逆性好，而且非常灵敏，溶液中即使有$0.5×10^{-5}$mol/L的I_3^-，亦能与淀粉发生显色反应，使溶液呈现明显的蓝色。

3.氧化还原指示剂

这类指示剂的氧化型和还原型具有明显不同的颜色，根据颜色的变化指示滴定终点。现用In_{Ox}、In_{Red}分别表示指示剂的氧化型和还原型，指示剂的氧化还原半反应如下：

$$In_{Ox} + ne \rightleftharpoons In_{Red}$$

随着氧化还原滴定过程中溶液电位的变化，指示剂$C_{In_{Ox}}/C_{In_{Red}}$的比值亦按Nernst方程式的关系改变：

$$E = E^{\ominus'}_{In_{Ox}/In_{Red}} + \frac{0.059}{n}\lg\frac{C_{In_{Ox}}}{C_{In_{Red}}} \tag{6-15}$$

与酸碱指示剂的情况类似，当$C_{In_{Ox}}/C_{In_{Red}} \geqslant 10$时，溶液显指示剂氧化型的颜色；当$C_{In_{Ox}}/C_{In_{Red}} \leqslant 10$。时，溶液显指示剂还原型的颜色。故氧化还原指示剂的理论变色电位范围为：

$$E^{\ominus'}_{In_{Ox}/In_{Red}} \pm \frac{0.059}{n}(V) \tag{6-16}$$

显然，若n=1时，则其理论变色电位范围为$E_{In_{Ox}/In_{Red}}^{'} \pm 0.059(V)$；若n=2时，为$E_{In_{Ox}/In_{Red}}^{'} \pm 0.03(V)$。不同的氧化还原指示剂$E^{'}$不同，其变色电位范围亦不同。一些常用氧

化还原指示剂的 E'值及其颜色变化见表 6-2。

表 6-2 一些氧化还原指示剂的 E'值及顶色变化

指示剂	E' (V) [H⁺] =1mol/L	颜色变化	
		氧化型	还原型
次甲基蓝	0.53	蓝色	无色
二苯胺	0.76	紫色	无色
二苯胺磺酸钠	0.84	紫红	无色
邻苯氨基苯甲酸	0.89	紫红	无色
邻二氮菲亚铁	1.06	浅蓝	红色
硝基邻二氮菲-亚铁	1.25	浅蓝	紫红色

在选择氧化还原指示剂时，要求氧化还原指示剂的变色电位范围在滴定突跃电位范围内，最好使指示剂的 E'值与化学计量点的 E_{sp} 值一致。

若可供选择的指示剂只有部分变色范围在滴定突跃内，则必须设法改变滴定突跃范围，使所选用的指示剂成为适宜的指示剂。如将二苯胺磺酸钠作为 Ce^{4+} 滴定 Fe^{2+} 的指示剂时，其 E'=0.84V（[H⁺] =1mol/L），反应情况如下：

由反应可知，二苯胺磺酸钠变色范围为 0.81～0.87V。

用 Ce^{4+} 滴定 Fe^{2+} 的滴定突跃为 0.86～1.26V，而二苯胺磺酸钠指示剂的变色范围仅有一小部分在滴定突跃内。为避免产生较大的滴定误差，可向滴定溶液中加入适量的 H_3PO_4，使之与 Fe^{3+} 形成稳定的 $FeHPO_4^+$，从而降低 $C_{Fe^{3+}}/C_{Fe^{2+}}$ 的比值，达到降低滴定突跃起点电位值（即化学计量点前 0.1% 处电位值），增大滴定突跃范围的目的。若将 $C_{Fe^{3+}}$ 降低 10000 倍，则化学计量点前 0.1% 处的电位为：

$$E_{Fe^{3+}/Fe^{2+}} = 0.68 + 0.059 \lg\left(\frac{99.9}{0.1} \times \frac{1}{10000}\right) = 0.62V$$

则滴定突跃变成 0.62～1.26V，二苯胺磺酸钠指示剂的变色范围全部在滴定突跃内，是适用的指示剂。但应指出，采用二苯胺磺酸钠作指示剂时，常存在较大的指示剂空白，需在消除其他因素导致误差的前提下，做空白试验校正分析结果。

第七章　重量分析法

第一节　概　述

重量分析法简称重量法（gravimetric method）。是称取一定质量的试样，用适当的方法将待测组分与试样中的其他组分分离后，转化成一定的称量形式称取质量，从而求得该组分含量的方法。

重量法是直接采用分析天平称量的数据来获得分析结果。在分析过程中一般不需要基准物质和容量器皿引入的数据，称量误差一般很小，分析结果准确度较高。对于常量组分的测定，相对误差一般不超过±0.1%～±0.2%。由于重量法存在操作繁琐、费时、灵敏度不高、不适宜微量及痕量组分的测定和生产的控制分析等缺点，在生产中已逐渐被其他较快速、灵敏的方法所取代。但目前仍有一些药品的分析检查项目需应用重量法，如某些组分的含量测定、干燥失重、炽灼残渣以及中草药灰分的测定等，并已载入药典成为法定的测定方法。此外，重量法的分离理论和操作技术在其他分析方法中也经常应用，已成为生产中进行分离和富集的重要手段。其他分析方法的建立有时也需要经典的重量法对照和校正。因此重量法仍是分析化学中必不可少的基本方法。

根据待测组分性质不同，采用的分离方法各异，重量法可分为：挥发法、萃取法、沉淀法和电解法等，在中医药检验工作中常用前三种方法。

第二节　挥发重量法

挥发重量法是根据试样中的待测组分具有挥发性或可转化为挥发性物质，利用加热或其他方法使挥发性组分气化逸出，或用适宜的已知质量的吸收剂吸收至恒重，称量试样减失的质量或吸收剂增加的质量来计算该组分含量的方法。所谓"恒重"系指物品连续两次干燥或灼烧后称得的质量之差不超过规定的范围，则可认为已达恒重（药典凡例规定两次质量差在0.3mg以下）。

药典规定药物纯度检查项目中，对某些药物要求检查"干燥失重"，就是利用挥发法测定药物干燥至恒重后减失的质量，以测定试样中的吸湿水、结晶水和在该条件下能挥发的组分。一般在105℃附近烘干测定的是吸湿水门105～200℃烘干测定的是结晶水；加热几百度至近千度测定的是组成水，如：

$$2Na_2HPO_4 \rightleftharpoons Na_4P_2O_7 + H_2O$$
$$Ca(OH)_2 \rightleftharpoons CaO + H_2O$$

由于待测组分的耐热性、水分挥发性难易不同，故采用的干燥方法也各异，常用的方法有以下几种：

一、常压下加热干燥

对于性质稳定，受热不易挥发、氧化、分解或变质的试样可在常压下加热干燥。通常将试样置于电热干燥箱中，以105～110℃加热干燥。对某些吸湿性强或水分不易挥发的试样，可适当提高温度、延长时间。

有些化合物虽受热不易变质，但因结晶水的存在而有较低的熔点，在加热干燥时未达干燥温度即呈熔融状态，不利于水分的挥发。为此可先将试样置于低于熔融温度除去一部分或大部分结晶水后，再提高干燥温度。如含2分子水的$NaH_2PO_4 \cdot 2H_2O$，应先在低于60℃干燥至脱去1分子水，成为$NaH_2PO_4 \cdot 2H_2O$，再升温至105～110℃干燥至恒重。

二、减压加热干燥

对于在常压下高温加热易分解变质、水分较难挥发或熔点低的试样，可置真空干燥箱（减压电热干燥箱）内干燥。真空干燥箱是与真空泵相连的密闭系统，抽气后箱内气压降低，水蒸气的分压也降低，减压至2.67kPa以下在较低温度下（一般60～80℃）干燥至恒重，有利于水分的挥发，缩短干燥时间，获得高于常压下的干燥效率。

三、干燥剂干燥

能升华、受热易变质的物质不能加热，可在室温下用干燥剂干燥。干燥剂是一些与水有强结合力、且相对蒸气压低的脱水化合物。将试样置于盛有干燥剂的密闭容器内，干燥剂吸收空气中的水分，降低空气的相对湿度，促使试样中水的挥发，并能保持干燥器内较低的相对湿度。只要试样的相对蒸气压高于干燥剂的相对蒸气压，试样就能继续失水，直至达平衡。若常压下干燥水分不易除去，可置减压干燥器内干燥。但均应注意干燥剂的选择及检查干燥剂是否保持有效状态。尽管如此，使用干燥法测定水分时因达平衡时间长，很难达到完全干燥的目的，故此法较少用。干燥器内作为低湿度环境常用来短时间存放易吸湿的物品或试样。表8-1列出常用干燥剂及相对干燥效率。

表 8-1 常见干燥剂的干燥效率

干燥剂	每升空气中残留水分的体积/mL	干燥剂	每升空气中残留水分的体积/mL
$CaCl_2$（无水粒状）	1.5	$CaSO_4$（无水）	3×10^{-3}
NaOH	0.8	H_2SO_4	3×10^{-3}
硅胶	3×10^{-2}	CaO	2×10^{-3}
KOH（熔融）	2×10^{-7}	$Mg(ClO_4)_2$（无水）	5×10^{-4}
Al_2O_3	5×10^{-3}	P_2O_5	2×10^{-5}

挥发法也可用于试样中不易挥发但能转化为挥发性物质组分的测定，通过化学反应使这些不易挥发的组分定量转化为可挥发性物质逸出，根据试样达恒重后所减失的质量计算待测组分含量。例如测定由柠檬酸与 $NaHCO_3$ 混合而成的泡腾片中 CO_2 量，是通过将精密称定的片剂试样加入定量的水中，酸碱反应发生的同时有大量气泡逸出，不断振摇使反应完全，CO_2 全部逸出后进行称量，根据水加片剂减轻的质量可计算泡腾片中 CO_2 释放量，也可用一定质量的碱石灰吸收 CO_2，根据碱石灰增加的质量计算 CO_2 量。

此外，中药灰分的测定也用挥发法。药物中的有机物在高温和有氧条件下灰化氧化，挥散后所残留的不挥发性无机物所占试样的百分率称为灰分。在药物分析中灰分是控制中药材质量的检验项目之一，是中草药纯度检查的重要指标。药典规定，若将灰分在灼烧前用硫酸处理，使灰分的组成转化成硫酸盐形式测定，称为炽灼残渣。

例如：中草药灰分含量，药典对不同药物灰分有不同的要求，一般原生药（如植物的叶、皮、根等）的灰分要求较宽，可高达 10% 左右，例如洋地黄叶灰分不得超过 10%；而对中草药的分泌物、浸出物等一般要求灰分在 5% 以下，例如儿茶的灰分不得超过 3%，阿胶的灰分不得超过 1% 等，个别浸出物也有例外，如甘草浸膏的灰分要求不得超过 12% 等等。

操作步骤：取中草药样品 2～3g，置已炽灼至恒重的坩埚中，精密称定，先于低温下炽灼，并注意避免燃烧，缓缓加热至完全炭化时，逐渐升高温度，继续炽灼至暗红色（500～600℃），使完全灰化，称至恒重，根据残渣的重量计算中草药的灰分，并将结果与药典标准比较。

第三节　萃取重量法

萃取重量法是根据待测组分在两种不相溶的溶剂中的分配比不同，采用溶剂萃取的方法使之与其他组分分离，挥去萃取液中的溶剂，称量干燥萃取物的重量，求出待测组分含量的方法。萃取法可用溶剂直接从固体试样中萃取，也可先将试样制成溶液，再用与之不相溶的溶剂进行萃取。前者称为液-固萃取，在分析化学中应用更多的则是后者，称为液-液萃取。

物质在水相和与水互不相溶的有机相中都有一定的溶解度，所以在液-液萃取分离时，被萃取物质在有机相和水相中的浓度之比称为分配比，用D表示，即$D = C_{有} / C_{水}$。当两相体积相等时，若$D > 1$，说明经萃取后进入有机相的物质的量比留在水中的物质的量多，在实际工作中一般至少要求$D > 10$。当D不大，一次萃取不能满足要求时，应采用少量多次连续萃取以提高萃取率。某些中药材或制剂中生物碱、有机酸等成分，是根据它们的盐能溶于水，而游离生物碱不溶于水但溶于有机溶剂的性质，常采用萃取重量法进行测定。生物碱或有机酸成盐后以离子状态存在于水溶液中，调节溶液的pH值可使生物碱或有机酸游离，选用适宜的有机溶剂萃取。例如：中药苦参中总生物碱的含量测定，取一定量苦参提取液，加氨试液使呈碱性，生物碱游离，用氯仿分次萃取直至生物碱提尽为止，合并氯仿液，过滤，滤液在水浴上蒸干得到萃取物，干燥，称重，即可计算苦参中总生物碱的含量。

通常用萃取率（E%）表示萃取的完全程度。E%与分配比D的关系为：

$$E\% = \frac{溶质A在有机相中的总量}{溶质A的总量} \times 100\% \qquad (8-1)$$

$$= \frac{D}{D + \dfrac{V_{水}}{V_{有}}} \times 100\% \qquad (8-2)$$

E%值与分配比及两相体积比$V_{水} / V_{有}$有关，当$V_{水} = V_{有}$时

$$E\% = \frac{D}{D + 1} \times 100\% \qquad (8-3)$$

多次萃取是提高萃取率的有效措施，假设D在给定条件下为定值，每次萃取后，分出有机相，再以同体积的有机溶剂萃取，若$V_{水}$mL溶液内含有待测物（A）W_0g，用$V_{有}$mL的有机溶剂萃取一次，水相中剩余A的量W_1g，进入有机相的量是（$W_0 - W_1$）g，则

$$D = \frac{\left[C_A \right]_{有}}{\left[C_A \right]_{水}} = \frac{(W_0 - W_1) / V_{有}}{W_1 / V_{水}} \quad 故 \ W_1 = W_0 \left(\frac{V_{水}}{DV_{有} + V_{水}} \right)$$

若再用$V_{有}$mL的有机溶剂萃取一次，水相中剩余A的量为W_2g，

$$W_2 = W_1 \left(\frac{V_{水}}{DV_{有} + V_{水}} \right) = W_0 \left(\frac{V_{水}}{DV_{有} + V_{水}} \right)^2$$

萃取n次，水相中被萃取物A的剩余量为W_ng，则：

$$W_n = W_0 \left(\frac{V_{水}}{DV_{有} + V_{水}} \right)^n \qquad (8-4)$$

故用同样量的萃取液，少量多次萃取比全量一次萃取的萃取率高，但将n不断增多，萃取率的提高越来越不显著。

第四节　沉淀重量法

沉淀重量法是利用沉淀反应，将待测组分转化成难溶化合物的形式从试液中分离

出来，该沉淀物的化学组成称为沉淀形式（precipitation forms），析出的沉淀经过滤、洗涤、烘干或灼烧，转化为可供最后称量的化学组成，称为称量形式（weighing forms），根据称量形式的质量，计算被测组分的百分含量。在这里沉淀形式与称量形式有时相同有时则不同，前者如 $AgNO_3$ 作沉淀剂测定 Cl^-，灼烧前后均为 $AgCl$；后者如用 $(NH_4)_2C_2O_4$ 作沉淀剂测定 Ca^{2+}，沉淀形式是 $CaC_2O_4 \cdot H_2O$，灼烧后所得的称量形式是 CaO。

一、试样的称取和溶解

称取试样的均匀性和代表性直接影响测定结果的正确性（参见 2020 版《中国药典》药材取样法）。一般说来，对于有代表性的液体试样只要充分摇匀或搅匀即可，固体试样应先磨细、过筛，然后再研磨充分混匀后取样。

试样置于空气中常能吸收水分而变潮湿，吸湿的程度与试样的性质、粒度以及空气的相对湿度有关。试样的湿度若有改变，则各组分的百分含量也随之改变。为得到正确结果，应根据试样的性质选择适宜的干燥方法。先将试样干燥至恒重，然后再进行分析，结果以"干燥品"为基础计算百分含量。有时为了方便，也可取湿品分析，同时另取湿品测定干燥失重再进行换算。例如：测定未经干燥的盐酸黄连素，含 $C_{20}H_{17}O_4N \cdot HCl$ 量为 88.54%，测得干燥失重为 10.12%，则干燥品含量可换算如下：

88.54÷（100－10.12）×100%=98.51%

试样中的水分会影响分析结果，这是定量分析应重视的问题，进行药物分析是否需要干燥可根据具体情况决定。

在沉淀法中，试样的称取量必须适当，若称取量太多使沉淀量过大，给过滤、洗涤都带来困难；称样量太少称量误差以及各个步骤中所产生的误差将在测定结果中占较大比重，致使分析结果准确度降低。取试样量一般可根据干燥或灼烧后所得称量形式的质量进行估算，晶形沉淀 0.1～0.5g、非晶形沉淀以 0.08～0.1g 为宜。由此可根据试样中待测组分的大致含量，估算出大约应称取的试样量。

称取的试样需用适当的溶剂溶解，最常用的溶剂是水。对不溶于水的试样，应分别用酸、碱、有机物等溶剂进行溶解，或采用熔融法。溶解后的体积以 100～200mL 为宜。

二、沉淀的制备

试样溶解后，应选用适当的沉淀剂，将待测组分从试样中沉淀出来，制备的沉淀要正确地反映待测物的含量。因此，要求待测组分沉淀完全，所得沉淀要纯净，这是沉淀法的关键所在。现将沉淀制备中的有关内容分述如下：

（一）沉淀剂的选择及用量

1.沉淀剂的选择

（1）沉淀剂应具有较高的选择性，即要求沉淀剂只与待测组分生成沉淀，而不与其他组分起作用。

（2）沉淀剂与待测组分作用产生的沉淀溶解度要小，例如测定 SO_4^{2-} 选择 $BaCl_2$，

而不用 $CaCl_2$ 作沉淀剂，是因为 $BaSO_4$ 溶解度小，而 $CaSO_4$ 的溶解损失大。

（3）尽量选择具有挥发性的沉淀剂，以便在干燥或灼烧时，挥发除去过量的沉淀剂，使沉淀纯净。例如沉淀 Fe^{3+} 时，选用具有挥发性的 $NH_3 \cdot H_2O$ 而不选用 NaOH 作沉淀剂就是这个缘故。一些铵盐和有机沉淀剂都能满足这项要求。

（4）利用有机沉淀剂与金属离子作用生成不溶于水的金属配合物或离子配合物，是近年来广泛研究和应用的一个新领域。有机沉淀剂与无机沉淀剂比较具有以下优点：①有很高的选择性，甚至是特效的。例如丁二酮肟（$C_4H_8N_2O_2$）在 pH=9 的氨性溶液中，选择性地沉淀 Ni^{2+}，生成鲜红色的 Ni^{2+}（$C_4H_7N_2O_2$）$_2$ 螯合物沉淀。②沉淀在水中溶解度小，有利于待测组分沉淀完全。③易生成大颗粒的晶形沉淀，对无机杂质吸附少，容易获得纯净的易于过滤和洗涤的沉淀。④称量形式摩尔质量大，有利于减小称量相对误差。⑤沉淀的组成恒定，干燥后即可称量，不需要高温灼烧，简化了操作。

2.沉淀剂的用量

沉淀剂用量关系到沉淀的完全度和纯度。根据沉淀反应的化学计量关系，可以推算使待测组分完全沉淀所需沉淀剂的量，考虑到影响沉淀溶解度的诸多因素，加入沉淀剂应适当过量。若沉淀剂本身难挥发，则只能过量20%～30%或更少些；若沉淀剂易挥发，则过量可达50%～100%；一般的沉淀剂应过量30%～50%。

（二）沉淀法对沉淀的要求

1.对沉淀形成的要求

（1）沉淀的溶解度必须小，以保证待测组分沉淀完全，通常要求沉淀在溶液中溶解损失量小于分析天平的称量误差±0.2mg。

（2）沉淀纯度要高，尽量避免杂质的玷污。

（3）沉淀形式要易于过滤、洗涤，易于转变为称量形式。

2.对称量形式的要求

（1）要有确定已知的组成，否则将失去定量的依据。

（2）称量形式必须十分稳定，不受空气中水分、CO_2 和 O_2 等的影响。

（3）摩尔质量要大，这样由少量的待测组分可以得到较大量的称量物质，减少称量误差，提高分析的灵敏度和准确度。

（三）沉淀的溶解度及其影响因素

利用沉淀反应进行重量分析时，要求待测组分沉淀得越完全越好，沉淀反应是否完全，可根据反应达平衡后，溶液中未被沉淀的待测组分的量来衡量，即可以根据沉淀溶解度大小来判断。通常要求沉淀在母液及洗涤液中的溶解损失不超过分析天平的允许误差范围。但很多沉淀不能满足这一要求，因此必须了解影响沉淀溶解度的各种因素，利用这些因素来降低沉淀的溶解度，以使沉淀完全。现将常见影响因素讨论如下：

1.同离子效应（commonion effect）

当沉淀反应达到平衡后，若向溶液中加入含有某一构晶离子的试剂或溶液，可降低沉淀的溶解度。沉淀法中，一般要求沉淀反应的完全程度达99.9%。对于大多数难溶化合物，由于有一定的溶解度，很少能达到这一要求。因此，在制备沉淀时，常加入过量沉淀剂，以保证沉淀完全，或用沉淀剂（在干燥或灼烧时能除去）的稀溶液洗涤沉淀，减少沉淀的溶解损失，提高分析结果的准确度。

例8-1 欲使0.02mol/L草酸盐中$C_2O_4^{2-}$沉淀完全，生成$Ag_2C_2O_4$，问需过量Ag^+的最低浓度是多少？（忽略Ag^+加入时体积的增加）

解：$Ag_2C_2O_4(s) \rightleftharpoons 2Ag^+ + C_2O_4^{2-}$ $K_{sp(Ag_2C_2O_4)} = 3.5 \times 10^{-11}$

若$C_2O_4^{2-}$离子沉淀的完全程度不小于99.9%，则其在溶液中的剩余浓度应不大于0.02×0.1%=2×10^{-5}mol/L，则Ag^+的浓度为：

$$[Ag^+] = \left(\frac{K_{sp(Ag_2C_2O_4)}}{[C_2O_4^{2-}]} \right)^{1/2} = \left(\frac{3.5 \times 10^{-11}}{2 \times 10^{-5}} \right)^{1/2} x$$

$$[Ag^+] = 13 \times 10^{-3} \text{mol/L}$$

因此，在草酸盐溶液中，必须加入足够的Ag^+，沉淀反应后，溶液中剩余Ag^+的浓度不低于1.3×10^{-3}mol/L，才能保证沉淀完全。

2.异离子效应（diverse-ion effect）

在难溶化合物的饱和溶液中，加入易溶的强电解质，会使难溶化合物的溶解度比同温度时在纯水中的溶解度大的现象，称为异离子效应。例如：在KNO_3强电解质存在的情况下，AgCl、$BaSO_4$的溶解度比在纯水中大，而且溶解度随强电解质的浓度增加而增大。当溶液中KNO^3的浓度由0增大至0.01mol/L时，AgCl的溶解度由1.28×10^{-5}mol/L增大到1.43×10^{-5}mol/L。发生异离子效应的原因是由于强电解质的存在，使溶液的离子强度增大，活度系数减小，导致沉淀溶解度增大。

在沉淀法中，由于沉淀剂通常也是强电解质，所以在利用同离子效应保证沉淀完全的同时，还应考虑异离子效应的影响，过量的沉淀剂的作用是同离子效应和异离子效应的综合。当沉淀剂适当过量时，同离子效应起主导作用，沉淀的溶解度随沉淀剂用量的增加而降低。当溶液中沉淀剂的浓度达到某一数量时，沉淀的溶解度达到最低值，若再继续加入沉淀剂，由于异离子效应增大，使得溶解度反而增大，因此沉淀剂过量要适当。例如，测定Pb^{2+}时用Na_2SO_4作沉淀剂，由表8-2可以看出，随着Na_2SO_4浓度的增加，由于同离子效应使$PbSO_4$溶解度降低，当Na_2SO_4浓度增大到0.04mol/L时，$PbSO_4$的溶解度达到最小，说明此时同离子效应最大。Na_2SO_4浓度继续增大时，由于异离子效应增强，$PbSO_4$的溶解度又开始增大。

表8-2 $PbSO_4$在Na_2SO_4溶液中的溶解度

Na_2SO_4（mol/L）	0	0.001	0.01	0.02	0.04	0.100	0.200
$PbSO_4$（mol/L）	0.15	0.024	0.016	0.014	0.013	0.016	0.023

应该指出：如果沉淀本身的溶解度很小，一般来讲，异离子效应的影响很小，可以忽略不计。只有当沉淀的溶解度比较大，且溶液的离子强度很高时，才考虑异离子效应。

3.pH效应（effect of pH）

溶液的pH值影响沉淀溶解度的现象称为pH效应。在难溶化合物中有相当一部分是弱酸或多元酸盐，包括硫化物、铬酸盐、草酸盐、磷酸盐以及许多金属离子与有机沉淀剂形成的沉淀。当提高溶液H^+浓度，弱酸根离子与H^+离子结合生成相应共轭酸的倾向增大，因而溶解度增大；若降低溶液H^+浓度，难溶弱酸盐中的金属离子有可能水解，也会导致沉淀溶解度增大。

现以草酸钙沉淀为例，说明溶液的pH值对沉淀溶解度的影响。CaC_2O_4沉淀在溶液中建立如下平衡：

$$CaC_2O_4 \rightleftharpoons Ca^{2+} + C_2O_4^{2-}$$

$$C_2O_4^{2-} \underset{}{\overset{H^+}{\rightleftharpoons}} HC_2O_4^-$$

$$HC_2O_4^- \underset{}{\overset{H^+}{\rightleftharpoons}} H_2C_2O_4$$

当溶液酸度增大，使平衡向生成$H_2C_2O_4$方向移动，CaC_2O_4的溶解度增大。

酸度对沉淀溶解度的影响是比较复杂的，像CaC_2O_4这类弱酸盐及多元酸盐的难溶化合物，与H^+作用后生成难离解的弱酸，而使溶解度增大的效应必须加以考虑，若是强酸盐的难溶化合物则影响不大。

4.配位效应（coordination effect）

当难溶化合物的溶液中存在着能与构晶离子生成配合物的配位剂时，会使沉淀溶解度增大，甚至不产生沉淀，这种现象称为配位效应。配位效应的产生主要有两种情况，一是外加配位剂，二是沉淀剂本身就是配位剂。

例如：在AgCl沉淀溶液中加入$NH_3 \cdot H_2O$，则NH_3能与Ag^+配位生成$Ag(NH_3)_2^+$配离子，结果使AgCl沉淀的溶解度大于在纯水中的溶解度，若$NH_3 \cdot H_2O$浓度足够大，则可能使AgCl完全溶解。有关平衡如下：

$$AgCl \rightleftharpoons Ag^+ + Cl^- \quad K_{sp} = [Ag^+][Cl^-]$$

$$Ag^+ + NH_3 \rightleftharpoons AgNH_3^+ \quad K_1 = \frac{[AgNH_3^+]}{[Ag^+][NH_3]}$$

$$AgNH_3^+ + NH_3 \rightleftharpoons Ag(NH_3)_2^+ \quad K_2 = \frac{[Ag(NH_3)_2^+]}{[AgNH_3^+][NH_3]}$$

必须指出：配位效应使沉淀溶解度增大的程度与难溶化合物的溶度积常数K_{sp}和形成配合物的稳定常数K的相对大小有关。K_{sp}和K越大，则配位效应越显著。

又如：用Cl^-作沉淀剂沉淀Ag^+，最初生成AgCl沉淀，但若继续加入过量的Cl^-，则Cl^-能与AgCl配位生成$[AgCl_2]^-$，$[AgCl_3]^{2-}$、$[AgCl_4]^{3-}$配离子，而使AgCl沉淀逐渐溶解。从图8-1AgCl的溶解度随Cl^-浓度的变化情况，不难看出同离子效应与配位效应共同作用的结果。图中$[Cl^-]$从左到右逐渐增加，即pCl（$-lg[Cl^-]$）逐渐减小，当过量的$[Cl^-]$由小增大到约4×10^{-3}mol/L（pCl=2.4）时，AgCl的溶解度显著降低，显然在这段曲线中同离子效应起主导作用；但当$[Cl^-]$再继续增大，AgCl的溶解度反而增大，这时配位效应起主导作用。因此用Cl^-沉淀Ag^+时，必须严格控制过量Cl^-的浓度。沉淀剂本身是配体的情况也是常见的，对于这种情况，应避免加入太过量的沉淀剂。

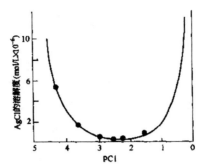

图 8-1 AgCl在不同浓度NaCl溶液中的溶解度

以上讨论了同离子效应、异离子效应、pH效应和配位效应，其中只有同离子效应是降低沉淀溶解度，保证沉淀完全的有利因素，其他效应均是影响沉淀完全程度的不利因素。在分析工作中应根据具体情况分清主次。如对无配位效应的强酸盐沉淀，应主要考虑同离子效应和异离子效应；对弱酸盐或难溶酸沉淀，多数情况应主要考虑pH效应。

5.其他因素

除上述主要因素之外，温度效应、溶剂效应、沉淀颗粒的大小和沉淀析出的形态都对沉淀的溶解度有影响，也应加以考虑。

（四）沉淀的纯度

沉淀法中，不仅要求沉淀的溶解度要小，而且沉淀要纯净。但当沉淀从溶液中析出时会或多或少地夹杂溶液中的其他组分使沉淀玷污，这是重量分析法误差的主要来源。因此，必须了解影响沉淀纯度的原因，以及如何得到尽可能纯净的沉淀。影响沉淀纯度的主要因素是共沉淀和后沉淀。

1.共沉淀（coprecipitation）

是指一种难溶化合物沉淀时，某些可溶性杂质同时沉淀下来的现象。引起共沉淀的原因主要有以下几方面。

（1）表面吸附

在沉淀的晶格中，正负离子按一定的晶格顺序排列，处在内部的离子都被带相反电荷的离子所包围，如图8-2所示，所以晶体内部处于静电平衡状态。而处于表面的离子至少有一个面未被包围，由于静电引力，表面上的离子具有吸引带相反电荷离子的能力，尤其是棱角上的离子更为显著。例如：用过量的$BaCl_2$溶液与Na_2SO_4溶液作用时，生成的$BaSO_4$沉淀表面首先吸附过量的Ba^{2+}，形成第一吸附层，使晶体表面带正电荷。第一吸附层中的Ba^{2+}又吸附溶液中共存的阴离子Cl^-，$BaCl_2$过量越多，被共沉淀的也越多。如果用$Ba(NO_3)_2$代替一部分$BaCl_2$，并使二者过量的程度相同时，共存阴离子有Cl^-和NO_3^-，由于$Ba(NO_3)_2$的溶解度小于$BaCl_2$的溶解度，第二步吸附的是NO_3^-，形成第二吸附层，第一、二吸附层共同组成沉淀表面的双电层，双电层里的电荷是等衡的。

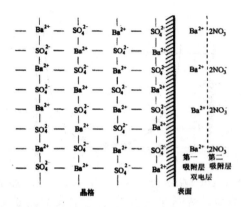

图 8-2 BaSO₄晶体表面吸附作用示意图

从静电引力的作用来说，溶液中任何带相反电荷的离子都同样有被吸附的可能性，但实际上表面吸附是有选择性的，沉淀对不同杂质离子的吸附能力，主要决定于沉淀和杂质离子的性质，其一般规律是：①第一吸附层优先吸附过量的构晶离子。②第二吸附层易吸附与构晶离子生成溶解度小或离解度小的化合物离子，杂质离子的电荷越高越容易被吸附。

此外，在不同条件下，沉淀对同一种杂质的吸附能力即吸附量，与下列因素有关：①沉淀颗粒越小，比表面积越大，吸附杂质量越多。②杂质离子浓度越大，被吸附的量也越多。③溶液的温度越高，吸附杂质的量越少，可见吸附过程是一放热过程，提高温度可减少或阻止吸附作用。

吸附作用是一可逆过程，洗涤可使沉淀上吸附的杂质进入溶液，从而净化沉淀，所选的洗涤剂必须是灼烧或烘干时容易挥发除去的物质。

（2）生成混晶

如果杂质离子与沉淀的构晶离子半径相近，电荷相同，形成的晶体结构也相同，杂质离子可进入晶格排列中，取代沉淀晶格中某些离子的固定位置，生成混合晶体，使沉淀受到严重玷污。例如 Pb^{2+} 与 Ba^{2+} 的电荷相同，离子半径相近，$BaSO_4$ 与 $PbSO_4$ 的晶体结构也相同，Pb^{2+} 离子就可能混入 $BaSO_4$ 的晶格中，与 $BaSO_4$ 形成混晶而被共沉淀下来。

由混晶引起的共沉淀纯化起来很困难，往往须经过一系列重结晶才能逐步加以除去，最好的办法是事先分离这类杂质离子。

（3）吸留和包藏

吸留是指被吸附的杂质离子机械地嵌入沉淀之中；包藏常指母液机械地嵌入沉淀之中。这类现象的发生是由于沉淀析出过快，表面吸附的杂质来不及离开沉淀表面就被随后生成的沉淀所覆盖，使杂质或母液被吸留或包藏在沉淀内部，当沉淀剂加入过快或有局部过浓现象时，吸留和包藏就比较严重。

这类共沉淀不能用洗涤的方法除去，可以用改变沉淀条件，熟化或重结晶的方法加以消除。

2.后沉淀（postprecipitation）

当溶液中某一组分的沉淀析出后，另一本来难以析出沉淀的组分，也在沉淀表面逐渐沉积的现象称为后沉淀。后沉淀的产生是由于沉淀表面吸附作用引起的，多出现在该组分形成的稳定过饱和溶液中，例如：Mg^{2+}存在下沉淀CaC_2O_4时，最初得到的CaC_2O_4不夹杂MgC_2O_4，但若将沉淀与溶液长时间共置，由于CaC_2O_4表面吸附$C_2O_4^{2-}$而使其表面$C_2O_4^{2-}$浓度增大，致使$[Mg^{2+}][C_2O_4^{2-}]$大于$K_{sp(MgC_2O_4)}$，草酸镁常能沉淀在草酸钙上产生后沉淀。沉淀在溶液中放置时间越长，后沉淀现象越显著。

3.提高沉淀纯度的措施

（1）选择合理的分析步骤如果试液中有几种含量不同的组分，欲测定少量组分的含量，不要首先沉淀主要组分，否则会引起大量沉淀的析出，使部分少量组分混入沉淀中而引起测定误差。分析这种体系应选择灵敏度高的检测方法，在主要组分不干扰测定的前提下，先分析微量组分。

（2）降低易被吸附杂质离子的浓度由于吸附作用具有选择性，降低易被吸附杂质离子的浓度，可以减少吸附共沉淀。例如：沉淀$BaSO_4$时，沉淀反应应在HCl溶液中进行，而不宜在HNO_3中进行。又如：Fe^{3+}溶液易被吸附，溶液中含有Fe^{3+}时，最好预先将Fe^{3+}还原为不易被吸附的Fe^{2+}，或加入适当的配位剂使Fe^{3+}转化为某种很稳定的配合物，也可减少共沉淀。

（3）选择合适的沉淀剂如选用有机沉淀剂常可减少共沉淀。

（4）选择合理的沉淀条件沉淀的纯度与沉淀剂浓度、加入速度、温度、搅拌情况、洗涤方法及操作有关，因此，选择合理的沉淀条件可减少共沉淀。

（5）必要时进行再沉淀即将沉淀过滤、洗涤、溶解后再进行第二次沉淀。此时由于杂质离子浓度大为降低，共沉淀或后沉淀自然减少。

（五）沉淀的形成与沉淀条件

在沉淀法中，为了得到准确的分析结果，除对沉淀的溶解度和纯度有一定要求外，还要求沉淀尽可能具有易于过滤和洗涤的结构。按沉淀的结构，可粗略地分为晶形沉淀和非晶形沉淀（无定形沉淀）两大类：

$$沉淀类型\begin{cases}晶形沉淀\begin{cases}粗晶形沉淀 & 如MgNH_4PO_4 \\ 细晶形沉淀 & 如BaSO_4\end{cases} \\ 非晶形沉淀\begin{cases}凝胶状沉淀 & 如AgCl \\ 胶状沉淀 & 如Fe(OH)_3 \cdot xH_2O\end{cases}\end{cases}$$

晶形沉淀颗粒大（直径$0.1 \sim 1\mu m$），体积小，内部排列规则，结构紧密，易于过滤和洗涤；而非晶形沉淀颗粒小（直径$< 0.02\mu m$），体积庞大，结构疏松，含水量大，容易吸附杂质，难于过滤和洗涤。

1.影响沉淀形成的因素

沉淀的形成是一个复杂的过程，有关这方面的理论尚不成熟，现仅对沉淀的形成过程做定性解释，以经验公式简单描述。沉淀的形成过程可大致表示如下：

当向试液中加入沉淀剂时，构晶离子浓度幂次方的乘积超过该条件下沉淀的K_{sp}时，离子通过相互碰撞聚集成微小的晶核，晶核形成后溶液中的构晶离子向晶核表面扩散，并聚积在晶核上，晶核逐渐长大成沉淀微粒。这种由离子聚集成晶核，再进一步积聚成沉淀微粒的速度称为聚集速度。在聚集的同时，构晶离子在静电引力作用下又能够按一定的晶格进行排列，这种定向排列的速度称为定向速度。

若一种晶核生成速度很慢，而定向速度很快，即离子较缓慢地聚集成沉淀，有足够的时间进行晶格排列，得到的是晶形沉淀。反之若晶核生成速度很快，而定向速度很慢，即离子很快地聚集成沉淀微粒，来不及进行晶格排列，新的沉淀又已生成，这样得到的沉淀为非晶形沉淀。

聚集速度主要由沉淀条件决定，其中最重要的是溶液中生成沉淀物质的过饱和度。聚集速度与溶液的相对过饱和度成正比，可用冯·韦曼（Von Weimarn）经验公式简单表示，即：

$$V = K\frac{(Q-S)}{S} \tag{8-5}$$

式中，V 为聚集速度；K 为比例常数；Q 为加入沉淀剂瞬间生成沉淀物质的浓度；S 为沉淀的溶解度；Q－S 为沉淀物质的过饱和度；（Q－S）/S 为相对过饱和度。

由式 8-5 可以看出：聚集速度与相对过饱和度成正比，若想降低聚集速度，必须设法减小溶液的相对过饱和度，即要求沉淀的溶解度（S）大，加入沉淀剂瞬间生成沉淀物质的浓度（Q）小，这样就可能获得晶形沉淀。反之，若沉淀的溶解度很小，瞬间生成沉淀物质的浓度又很大，则形成无定形沉淀，甚至形成胶体。

定向速度主要决定于沉淀物质的本性。一般极性强，溶解度较大的盐类，如 $MgNH_4PO_4$、$BaSO_4$、CaC_2O_4 等，都具有较大的定向速度，易形成晶形沉淀；而高价金属离子的氢氧化物溶解度较小，聚集速度很大，定向速度小，因此氢氧化物沉淀一般均为非晶形沉淀或胶体沉淀，如 $Fe(OH)_3$、$Al(OH)_3$ 是胶状沉淀。

不同类型的沉淀，在一定条件下可以相互转化。如常见的 $BaSO_4$ 晶形沉淀，若在浓溶液中沉淀，很快地加入沉淀剂，也可以生成非晶形沉淀。可见，沉淀究竟是哪一种类型，不仅决定于沉淀本质，也决定于沉淀形成时的条件。

2. 获得良好沉淀形状的条件

（1）晶形沉淀的条件 综上所述，聚集速度与定向速度的相对大小直接影响沉淀类型，其中聚集速度主要由沉淀条件所决定。为了得到纯净而易于过滤和洗涤的晶形沉淀，要求有较小的聚集速度，这就应选择适当的沉淀条件来完成，由式 8-5 可知，降低聚集速度，必须要降低相对过饱和度，因为在饱和度大的溶液中，会迅速产生数目众多的微小晶核，得不到颗粒粗大的晶形沉淀，要形成晶形沉淀应采取降低 Q 和适当增大 S 来实现，晶形沉淀的条件可归纳为：

①在适当稀的溶液中进行沉淀：可以减小 Q 值，使溶液中沉淀物的过饱和度不致于太大，瞬间生成的晶核不会太多。但溶液也不能太稀，否则沉淀溶解损失将会增加。

②在不断搅拌下缓慢加入沉淀剂：可避免由局部过浓而产生大量晶核。

③在热溶液中进行沉淀：一般难溶化合物的溶解度随温度升高而增大，沉淀对杂质的吸附量，随温度升高而减小，因此在热溶液中进行沉淀，一方面可略增大沉淀的溶解度，有效地降低溶液的相对过饱和度，以利生成少而大的结晶颗粒，同时还可以减少沉淀表面的吸附作用，以利于获得较纯净的沉淀。但由于晶形沉淀的溶解度一般

都比较大，在热溶液中更加大了沉淀损失，所以应在沉淀作用完毕后冷却至室温，然后进行过滤和洗涤。

④熟化：沉淀完全后，让初生的沉淀与母液共置一段时间，这个过程称为熟化（陈化）。熟化能使细晶体溶解，粗大晶体长大。由于细晶体的溶解度较粗晶溶解度大，溶液对于大晶体是饱和的，对于小晶体则是未饱和的，于是小晶体溶解，溶液中构晶离子浓度增大，便在大晶体表面上析出，使大晶体长大。这一过程反复进行，使生成的沉淀颗粒更趋于完整、紧密。加热和搅拌可以加快沉淀的溶解速度和离子在溶液中的扩散，因此可缩短熟化时间。一般室温下进行熟化需数小时，若于恒温水浴加热并不断搅拌，则仅需数分钟或1～2小时即可。

熟化作用可以使沉淀变得更加纯净，这是因为完整、紧密的大颗粒晶体有较小的比表面积，对杂质的吸附量少。同时由于小结晶的溶解可以释放出原来吸附、吸留或包藏的杂质，提高沉淀的纯度。不过若有后沉淀产生，熟化时间过长，则混入的杂质可能增加。

（2）非晶形沉淀的条件 非晶形沉淀的溶解度一般很小，溶液中相对过饱和度相当大，很难通过减小溶液的相对过饱和度来改变沉淀的物理性质。非晶形沉淀颗粒小，比表面积大，且体积庞大，结构疏松，不仅易吸附杂质而且难以过滤和洗涤，甚至能够形成胶体溶液。因此，对非晶形沉淀主要考虑的是使沉淀微粒凝聚，减少杂质吸附，破坏胶体，防止胶溶。非晶形沉淀的条件为：

①浓溶液中进行沉淀，迅速加入沉淀剂，使生成的沉淀较为紧密。但在浓溶液中，杂质浓度相应增大，吸附杂质的机会增多，所以在沉淀作用完毕后，应立刻加入大量的热水稀释并搅拌。

②在热溶液中进行沉淀，这样可以防止生成胶体，并减少杂质的吸附作用，使生成的沉淀更加紧密、纯净。

③加入适当的电解质以破坏胶体。常使用在干燥或灼烧中易挥发的电解质，如盐酸、铵盐等。

④不必熟化，沉淀完毕后，立即趁热过滤洗涤。

（3）均匀沉淀法（precipitation from homogeneous solution）也称均相沉淀法，是为了改进沉淀结构而发展的新沉淀方法。均匀沉淀是利用化学反应使溶液中缓慢地逐渐产生所需的沉淀剂，从而使沉淀在整个溶液中均匀地、缓慢地析出，以消除通常在沉淀过程中难以避免的局部过浓的缺点。可使溶液中过饱和度很小，且又较长时间维持过饱和度，这样可获得颗粒较粗、结构紧密、纯净而易于过滤的沉淀。

例如：测定 Ca^{2+} 时，在中性或碱性溶液中加入沉淀剂 $(NH_4)_2C_2O_4$，产生的 CaC_2O_4 是细晶形沉淀，如果先将溶液酸化后再加入 $(NH_4)_2C_2O_4$，则溶液中的草酸根主要以 $H_2C_2O_4$ 和 $HC_2O_4^-$ 形式存在，不会产生沉淀，然后加入尿素，加热煮沸，尿素逐渐水解：

$$CO(NH_2)_2 + H_2O \overset{90℃\sim100℃}{\rightleftharpoons} CO_2 + 2NH_3$$

生成的 NH_3 与溶液中的 H^+ 作用，使溶液的酸度逐渐降低，$[C_2O_4^{2-}]$ 的浓度渐渐增大，最后溶液的pH达到4～4.5之间，CaC_2O_4 沉淀完全。这样得到的 CaC_2O_4 沉淀晶形颗粒大、纯净。

另外，利用酯类和其他有机化合物的水解、配位化合物的分解、氧化还原反应等能缓慢地产生所需沉淀剂的方式，均可进行均匀沉淀。比如：利用在酸性条件下加热水解硫代乙酸胺，

$$CH_3CSNH_2 + 2H_2O \underset{\Delta}{\overset{H^+}{\rightleftharpoons}} CH_3COO^- + NH_4^+ + H_2S$$

均匀地、逐渐地放出 H_2S，用于金属离子与 H_2S 生成硫化物沉淀，可避免直接使用 H_2S 时的毒性及臭味，还可以得到易于过滤和洗涤的硫化物沉淀。

三、沉淀的过滤、洗涤、干燥和灼烧

（一）过滤

以上制得的沉淀是与母液混合在一起的，母液中含有过量的沉淀剂和其他可溶性杂质，为了使沉淀与母液分离，必须进行过滤。过滤沉淀时常使用滤纸或玻璃砂芯滤器。需要灼烧的沉淀，用无灰滤纸过滤，此种滤纸预先已用 HCl 和 HF 处理，其中大部分无机物已被除去，经灼烧后所余灰分不超过 0.2mg，所以也称为"定量滤纸"。

定量滤纸的疏密程度不同，可根据沉淀的性质加以选择。一般非晶形沉淀，应用疏松的快速滤纸过滤，以免过滤太慢；粗粒的晶形沉淀，可用较紧密的中速滤纸；较细粒的晶形沉淀，应选用最致密的慢速滤纸，以防沉淀穿过滤纸。滤纸越致密，沉淀越不易穿过，过滤的时间越长，因此选用滤纸应恰当。

近年来逐渐用烘干法代替灼烧沉淀的方法，尤其是使用有机沉淀剂时，烘干法应用更多。如用苦味酸作沉淀剂，测定中药黄连中黄连素的含量，生成的苦味酸黄连素沉淀只需烘干即可称量，一般采用玻璃砂芯滤器（也称垂熔玻璃滤器）过滤，包括玻璃砂芯坩埚和玻璃砂芯漏斗，过滤时采用减压抽滤。

垂熔玻璃滤器的底部滤层为玻璃粉烧结成的滤板，玻璃粉之间有微小的孔眼，其孔径大小与玻璃粉粗细有关，通常按孔径之大小将滤器分成 1～6 号，重量分析可根据淀的性状选用。常用各号玻砂坩埚的规格及用途见表 8-3。重量分析中常用 3 号、4 号玻砂坩埚，或按说明书选用，在加热使用时应低于 150℃，以防破裂。

新的玻璃滤器使用前，可用热盐酸或洗液处理并立即用水洗涤，使用后用水反复冲洗，必要时可用蒸馏水减压抽洗，以提高洗涤效率；若采用上述方法不能洗净，可根据沉淀物的性质选用化学洗涤剂洗涤。但不能用损坏滤器的氢氟酸、热浓磷酸、热或冷的浓碱液洗涤。过滤沉淀前，玻璃滤器需在与干燥沉淀相同的温度下干燥至恒重。

表 8-3 玻砂坩埚的规格及用途

坩埚滤孔编号	滤孔平均大小/nm	一般用途
1	80～120	过滤粗颗粒沉淀
2	40～80	过滤较粗颗粒沉淀
3	15～40	过滤一般晶形沉淀及滤除杂质
4	5～15	过滤细颗粒沉淀
5	2～5	过滤极细颗粒沉淀

6	<2	滤除细菌

不论采用何种滤材过滤，过滤方法通常采用"倾泻法"，即让沉淀放置澄清后，将上层溶液沿玻璃棒分次倾入漏斗或滤器中，沉淀尽可能留在杯底，然后洗涤。采用此法是为了使滤纸或滤器不致在开始时迅速被沉淀堵塞，以缩短过滤时间。

（二）洗涤

洗涤沉淀是为了洗去沉淀表面吸附的杂质和混杂在沉淀中的母液。洗涤时要尽量减少沉淀的溶解损失和避免形成胶体，因此需选择合适的洗涤液。选择洗涤液的原则是：

1.溶解度较小又不易生成胶体的沉淀，可用蒸馏水洗涤。

2.溶解度较大的晶形沉淀，可用沉淀剂（干燥或灼烧可除去）稀溶液或沉淀的饱和溶液洗涤。

3.溶解度较小的非晶形沉淀，需用热的挥发性电解质（如 NH_4NO_3）的稀溶液进行洗涤，用热洗涤液洗涤，以防止形成胶体。

洗涤沉淀也是采用"倾泻法"，根据"少量多次"的原则，将少量洗涤液注入沉淀中，充分搅拌，待沉淀下沉后，尽量倾出上层清液，如此洗涤数次后，再将沉淀转移至滤纸上，用少量洗涤液进行洗涤，洗后尽量沥干。

（三）干燥和灼烧

洗涤后的沉淀，除吸附有大量水分外，还可能有其他挥发性物质存在，需用烘干或灼烧的方法除去，使之具有固定的组成才能进行称量。

干燥温度和时间随沉淀性质决定，一般105℃～110℃烘干40～60分钟即可，冷却后称量，再烘干至恒重。有些有机沉淀干燥温度还需低些。若沉淀的水分不易除去（如 BaSO₄或沉淀形式组成不固定如 Fe（OH）₃·xH₂O，干燥后不能称量，需经高温800℃以上灼烧后转变成组成固定的形式（BaSO₄和Fe₂O₃），才能进行称量。灼烧这一操作是将滤有沉淀的定量滤纸卷好，置于已灼烧至恒重的瓷坩埚中，先于低温下使滤纸炭化，再于高温灼烧灰化后，冷却到适当温度再放入干燥器继续冷却至室温，称量，再烘干至恒重。

四、分析结果的计算

（一）换算因数的计算

沉淀重量法是用分析天平准确称取称量形式的质量，换算成待测组分的质量，以计算分析结果。

设A为待测组分，D为称量形式，其计量关系一般可表示如下：

$$aA \quad + \quad bB \quad \rightleftharpoons \quad cC \quad \xrightarrow{\Delta} \quad dD$$

待测组分　沉淀剂　沉淀形式　称量形式

A与D的物质的量 n_A 和 n_D 的关系为：

$$n_A = \frac{a}{d} n_D \tag{3-6}$$

将 n=W/M 代入上式得到 $W_A = \dfrac{aM_A}{dM_D}W_D$ （3-7）

式 3-7 中 M_A 和 M_D 分别为待测组分 A 和称量形式 D 的摩尔质量。待测组分的摩尔质量与称量形式的摩尔质量之比（aM_A/dM_D）为一常数，称为换算因数（conversion factor）或化学因数（chemical factor），用 F 表示，代入式 3-7 得：

$W_A=FW_D$ （3-8）

计算换算因数时，必须注意在待测组分的摩尔质量 M_A 及称量形式的摩尔质量 M_D 上乘以适当系数，使分子分母中含待测成分的原子数或分子数相等。例如：

待测组分	沉淀剂	沉淀形式	称量形式	
Fe	$Fe(OH)_3 \cdot xH_2O$	Fe_2O_3	$2M_{Fe}/M_{Fe_2O_3}$	
MgO	$MgNH_4PO_4$	$Mg_2P_2O_7$	$2M_{MgO}/M_{Mg_2P_2O_7}$	
$K_2SO_4 \cdot Al_2(SO_4)_3 \cdot 24H_2O$	$BaSO_4$	$BaSO_4$	$\dfrac{M_{K_2SO_4 \cdot Al_2(SO_4)_3 \cdot 24H_2O}}{4M_{BaSO_4}}$	

例 8-2 为测定四草酸氢钾的含量，用 Ca^{2+} 作沉淀剂，最后灼烧成 CaO 称量，试求 CaO 对 $KHC_2O_4 \cdot H_2C_2O_4 \cdot 2H_2O$ 的换算因数。

解：$KHC_2O_4 \cdot H_2C_2O_4 \cdot 2H_2O \rightarrow 2CaC_2O_4 \rightarrow 2CaO$，由式 8-8 知：

$$F = \frac{M_{KHC_2O_4 \cdot H_2C_2O_4 \cdot 2H_2O}}{2M_{CaO}} = \frac{254.2}{2 \times 56.08} = 2.266$$

有些换算因数，可以从分析化学手册、药典或药品标准等书籍中查得。例如：《中国药典》在中药芒硝中硫酸钠的含量测定中规定，"将沉淀灼烧至恒重，精密称定 $BaSO_4$ 的重量，与 0.6086 相乘"。0.6086 即为换算因数。

故：$W_{Na_2SO_4} = W_{BaSO_4} \times 0.6086$

利用换算因数的概念，可以将待测组分、沉淀剂和称量形式的质量进行相互换算，用来估计取试样量、沉淀剂的用量及结果计算。因此换算因数是重量分析法计算的关键。

（二）沉淀剂用量计算

沉淀剂的用量如前所述，决定于沉淀剂及难溶化合物的性质。

例 8-3 欲使 0.3g $AgNO_3$ 试样中的 Ag^+ 完全沉淀为 AgCl，需要 0.5mol/L 的 HCl 溶液多少毫升？

解：$AgNO_3 + HCl \rightleftharpoons AgCl + HNO_3$

由 $n_{HCl}=C_{HCl} \cdot V_{HCl}$ $n_{AgNO_3}=W_{AgNO_3}/M_{AgNO_3}$ $n_{HCl}=n_{AgNO_3}$

得：

$$V_{HCl} = \frac{W_{AgNO_3}}{M_{AgNO_3} \times C_{HCl}} = \frac{0.3}{169.9 \times 0.5} \approx 4 \times 10^{-3}L = 4mL$$

因为 HCl 易挥发，可过量 100%，所以需 HCl 溶液 8mL。

（三）待测物含量计算

分析结果常按百分含量计算。待测组分的重量 W_A 与试样量 S 的比值即为结果的百分含量，计算式如下：

$$X\% = \frac{W_A}{S} \times 100\% = F \times \frac{W_D}{S} \times 100\% \tag{8-9}$$

例 8-4 称取酒石酸试样 0.1200g，制成碳酸钙，过滤洗涤后用 HCl 溶液处理沉淀至碳酸钙完全溶解，所得溶液蒸发至干，除去 HCl，残渣中的氯离子以氯化银形式测定，得 AgCl 0.1051g，求试样酒石酸的含量。

解：　　　　$H_2C_4H_4O_6 \rightarrow CaC_4H_4O_6 \xrightarrow{\Delta} CaCO_3 \rightarrow CaCl_2 \rightarrow 2AgCl$

$H_2C_4H_4O_6 \rightarrow 2AgCl$

由式 8-9 得：

$$H_2C_4H_4O_6\% = \frac{0.1051 \times \dfrac{150.1}{2 \times 143.3} \times 100\%}{0.1200} = 45.87\%$$

第八章　分光光度法

第一节　分光光度法的基本原理

分光光度法（spectrophotometry）的基本原理是基于物质对光的选择性吸收，包括比色法、可见光分光光度法（visible spectrophotometry）和紫外分光光度法（ultraviolet spectrophotometry）等。本章主要介绍可见光分光光度法。

一、物质对光的选择性吸收

光是一种电磁波，具有波粒二象性。光的能量取决于光的波长（或频率）。理论上，把某一个波长的光称为单色光，组成单色光的光子能量是相同的。不同波长的单色光所组成的光称为复合光，如日光。

人眼能够接收并识别的光称为可见光。一般来说，可见光的波长为$400 \sim 760nm$，本章所讨论的可见光分光光度法就是基于物质对于可见光区的某一单色光选择性的吸收。

当一束白光（如日光或白炽灯光）照射到某一溶液时，一部分波长的光被溶液选择性地吸收，其他波长的光则透过溶液（当溶液为无色透明时，复合光全部透射；当溶液为黑色不透明时，复合光全部被吸收）。溶液的颜色由透射光所决定。透射光与被吸收的光组合成白光，组成白光的两种光互为补色光。例如，$KMnO_4$溶液因吸收了绿色的光而透射紫红色的光，所以呈现紫红色，那么绿色的光与紫红色的光就互为补色光。表 10-1 中列出透射光与吸收光的关系。

表 10-1 透射光与吸收光的关系

透射光颜色	吸收光	
	颜色	波长/nm
黄绿	紫	$400 \sim 450$
黄	蓝	$450 \sim 480$
橙	绿蓝	$480 \sim 490$

透射光颜色	吸收光	
	颜色	波长/nm
红	蓝绿	490～500
紫红	绿	500～560
紫	黄绿	560～580
蓝	黄	580～600
绿蓝	橙	600～650
蓝绿	红	650～780

可以通过绘制吸收光谱（absorption spectrum）曲线的办法来考察物质对于不同波长光的吸收能力。具体办法是将不同波长的单色光依次通过某一固定浓度和光程的有色溶液，测量溶液在不同波长下的吸光度（光的吸收强度，absorbance），然后以波长为横坐标，以吸光度为纵坐标作图。图10-1就是三种不同浓度的邻二氮杂菲-亚铁溶液的吸收曲线。图10-1中，1、2、3分别是浓度为0.2mg/L、0.4mg/L、0.6mg/L的溶液的吸收曲线。由10-1可以得出以下结论：

（一）不同浓度的溶液都在500nm处有最大的吸光度

而对于波长为600nm的橙红色光几乎没有吸收，由于全部透射而使溶液呈橙红色；

（二）同一物质的不同浓度溶液

在吸收峰处的吸光度随着溶液浓度的升高而增大，这说明溶液中吸收此波长光的物质粒子越多，吸收的光也就越多。

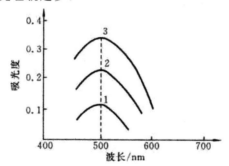

图 10-1 邻二氮杂菲-亚铁溶液的吸收曲线

二、朗伯比尔定律

1729年，法国科学家波格（Pierre Bouguer）发现气体对光的吸收与光通过气体的光程有关1760年，波格的学生朗伯（Johann Heinrich Lambert）指出："当溶液的浓度固定时，溶液的吸光度与光程成正比。"这个关系称为朗伯定律，其公式为

$$A = \lg \frac{I_0}{I} = k_1 b \tag{10-1}$$

式中：A为吸光度；I_0为入射光强度；I为透射光强度；k_1为比例常数；b为光程

（光通过的液层厚度）。

1852年，德国科学家比尔（August Beer）发现，一束单色光通过固定厚度的有色溶液时，溶液的吸光度与溶液的浓度成正比，这个关系称为比尔定律，其公式为

$$A = \lg \frac{I_0}{I} = k_2 c \qquad (10\text{-}2)$$

式中：a为溶液的浓度；k_2为比例常数。

把以上两个定律合起来，就是朗伯比尔定律，其公式为

$$A = \lg \frac{I_0}{I} = abc \qquad (10\text{-}3)$$

式中：a为吸光系数。由于吸光度A量纲为1，浓度c的单位为g/L，光程b的单位为cm，所以a的单位为L/（g·cm）。如果c采用物质的量浓度，那么吸光系数为摩尔吸光系数（molar absorptivity）.用字母ε表示，单位为L/（mol·cm）。此时式（10-3）就可以写

$$A = \lg \frac{I_0}{I} = \varepsilon bc \qquad (10\text{-}4)$$

ε是一定条件、一定波长和溶剂的情况下的特征常数。通常用较稀的溶液，显色后测其吸光度，再计算ε的数值。一般来说，当ε<10^4L/（mol·cm）时，属于灵敏度较低的情况。通常要选取灵敏度较高的ε值，ε值越大，显色反应越灵敏。ε与入射光的波长、溶液的性质和温度及仪器的狭缝宽度等因素有关，而与溶液的浓度和液层的厚度无关。

如果溶液中吸光物质不止一种，那么溶液总的吸光度等于各种物质吸光度之和，而它们之间没有相互作用，吸光度的加和性为

$$A_总 = A_1 + A_2 + \cdots + A_n = \varepsilon_1 bc + \varepsilon_x bc + \cdots + \varepsilon_n bc \qquad (10\text{-}5)$$

分光光度计中通常还可以测溶液的透光率T，即透射光强度I与入射光强度I_0之比，其公式为

$$T = \frac{I}{I_0}$$

因此吸光度与透光率的关系为

$$A = \lg \frac{1}{T} \qquad (10\text{-}6)$$

三、偏离朗伯比尔定律的原因

用分光光度法进行分析时，往往要测不同浓度溶液的吸光度，绘制一条标准曲线。根据朗伯-比尔定律，单色光通过固定光程的有色物质时，吸光度与物质的浓度关系经过校正后应该得到一条直线，但实际上得到的不是一条真正的直线，会向浓度轴或吸光度轴方向弯曲，如图10-2所示。偏离朗伯-比尔定律的现象是由许多物理因素和化学因素造成的。

（一）入射光线为非单色光引起的偏离

实际上，只有激光管才能发出单色光，现在使用的分光光度法标准曲线光光度计

提供的都是复合光，只是组成复合光的光带波长范围较窄。下面讨论由多个波长组成的复合光会对朗伯-比尔定律产生什么样的影响。为方便起见，假设复合光只由波长为λ、λ'的两个单色光组成，那么两个单色光的吸光度分别为

$$A' = \lg \frac{I_0'}{I_1} = \varepsilon' bc \qquad A'' = \lg \frac{I_0''}{I_1} = \varepsilon'' bc \tag{10-7}$$

入射光总强度为 $I_0 = I_0' + I_0''$，透射光总强度为 $I = I_1 + I_2$，所以

$$A = \lg \frac{I_0' + I_0''}{I_1 + I_2} \tag{10-8}$$

如果ε'=ε''，A与c之间呈线性关系，如果ε'≠ε''，A与c就不呈线性关系，这样就引起了朗伯-比尔定律偏离，而且两者相差越大，偏离也就越大。

因此，在实际工作中，除了选择物质具有最大吸收波长的光作为入射光源，光源的波长范围还应该尽可能地窄，如图10-3所示，应该选择吸光度随波长不同变化较小的谱带a，而不是谱带b。谱带a因为吸光度（A）随波长（λ）变化较小，即ε变化较小，吸光度与浓度（c）大致呈线性关系；而谱带b吸光度随波长变化较大，即ε变化较大，吸光度与浓度发生了偏离，就不呈线性关系了。

（二）溶液本身的化学变化引起的偏离

前面已经说过，溶液的总吸光度为各组分吸光度的总和，也就是说，吸光度具有加和性。那么，溶液中对入射光有吸收的粒子之间如果发生化学变化引起了自身性质的变化，对溶液总的吸光度也会随之产生影响。例如，对入射光有吸收的粒子之间的缔合、离解等都会引起朗伯-比尔定律偏离。

例如，重铬酸钾在水溶液中存在 $Cr_2O_7^{2-}$ 与 CrO_4^{2-} 的平衡，当溶液的浓度及酸碱度变化时，两者就会发生转换，溶液中发生光吸收的质点随之变化，这样由于溶液本身的化学变化而发生了朗伯-比尔定律偏离。

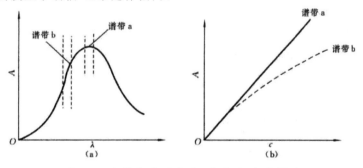

图10-3 非单色光对朗伯-比尔定律的影响

第二节　分光光度计

一、分光光度计的基本结构

目前使用的分光光度计多数由光源、单色器、吸收池、检测系统四部分组成，如

图10-4所示。

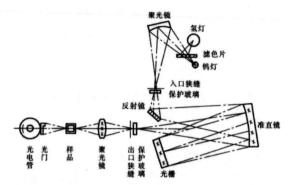

图10-4 分光光度计的基本光学系统图

（一）光源

理想的光源应该能够提供所需波长范围内的连续的、长时间稳定的连续光谱，并且具有足够的光强度。通常可见光区采用钨灯（波长范围为320～2500nm）作为光源，此外，还有卤钨灯（如碘钨灯及溴钨灯等），后者的功率比较大，发射光强度大，稳定性好，有利于提高测定的灵敏度。而近紫外光区则用氢灯或氘灯（波长范围为180～375nm）作为光源。紫外光源也可用氙灯。

（二）单色器

单色器是将来自光源的光按波长的长短顺序分散为单色光并能随意改变波长的一种分光部件，由入口狭缝、色散元件、出口狭缝和准直镜四部分组成，其中，色散元件是单色器的主要组成部分，一般为棱镜、光栅或滤光片。

1.滤光片

滤光片是让有色溶液最大吸收波长的光通过.其余波长的光被吸收的一种滤光装置。如将各种不同波长的单色光通过同一块滤光片，分别测定其透光率，然后以波长为横坐标，透光率为纵坐标作图，就可得到这块滤光片的透光曲线。半宽度是衡量滤光片质量好坏的指标。半宽度愈小，透过单色光的成分就愈纯，测定的灵敏度就愈高。一般滤光片的半宽度为30～100nm，质地好的滤光片为20～50nm。干涉滤光片的半宽度可达5nm，比普通滤光片狭窄得多，光线的单色性当然就更纯了。目前半自动或全自动生化分析仪大部分采用滤光片作单色器，其半宽度可达8nm。常用的滤光片有吸收滤光片、截止滤光片、复合滤光片和干涉滤光片。

2.棱镜

棱镜是用玻璃或石英材料制成的，分别称为玻璃棱镜和石英棱镜。当混合光从一种介质（空气）进入另一种介质（棱镜）时，在界面处，光的前进方向改变而发生折射。波长不同，在棱镜内传播速率不同，其折射率就不同。长波长的光波在棱镜内传播速率比短波长的大，折射率小；反之，折射率大。其结果是复合光通过棱镜后，各种波长的光被分开，从长波长到短波长分散成为一个由红到紫的连续光谱。玻璃棱镜由于能吸收紫外线，因此，只能用于可见光分光光度计，但玻璃棱镜色散能力大，分辨率高是其优点。石英棱镜可用于紫外光区、可见光区和近红外光区。分光光度计往往利用顶角为30°的利物特罗棱镜来消除石英棱镜双折射的影响。

3.光栅

光栅是分光光度计常用的一种色散元件，其优点是所用波长范围宽（从数纳米到数百纳米），均可用于紫外光区、可见光区和近红外光区，所产生的光谱中各条谱线间距离相等，几乎具有均匀一致的分辨能力。现在用光栅作单色器的仪器越来越多。

狭缝在决定单色光带宽上起重要作用。狭缝由两片精密加工而有锐利边沿的金属片形成。一般狭缝宽度是可调节的。当需分辨窄吸收带时，最好采用较小的狭缝宽度。但当狭缝变窄时，射出的辐射强度将明显减小。因此，在定量分析中所采用的狭缝宽度往往比在定性分析中宽。由于棱镜的色散是非线性的，因此，为了得到某一给定有效带宽的辐射，在长波部分就必须采用比在短波部分窄得多的狭缝。

光栅作为单色器的优点之一是固定的狭缝宽度可产生几乎恒定的带宽，而与波长无关。

（三）吸收池

吸收池又称为比色皿或比色杯等。常用吸收池是由无色透明、耐腐蚀的玻璃或石英材料制成，前者用于可见光区，后者用于紫外光区。吸收池光程为 $0.1\sim 10cm$，其中以 1cm 为最多。同一种吸收池上、下厚度必须一致，装入同一种溶液时，于同一波长下测定其透光率，两者透光率误差应在 0.5% 以内。使用吸收池时应注意保持其洁净，避免磨损透光面。

（四）检测系统

检测系统一般包括光电元件、放大器、读数系统三部分。光电元件有硒光电池、光电管及光电倍增管。

硒光电池一般在比色计及简易型分光光度计上使用。它是测量光强度最简单的一种探测器，只要直接连上一个低电阻的微电流计就可以进行测量。硒光电池的优点在于构造简单、价格便宜、耐用、产生的光电流较大。其缺点是光电流与照射光的强度并不呈很好的线性关系，并且具有疲劳效应，即经强光照射时，光电流很快升至较高值，然后逐渐下降。照明强度愈大，疲劳效应愈为显著。

光电管一般用在紫外-可见分光光度计上。因为可以将它所产生的光电流进行放大，所以可以用来测量很弱的光，灵敏度比硒光电池高。

另外，现在很多比较先进的分光光度计配有数据存储及处理系统，这里就不具体介绍了。

二、分光光度计的光学性能与类型

朗伯-比尔定律是分光光度计的基本工作原理，所以评价一台分光光度计的主要指标是其光学性能，从波长准确性、波长重复性、测光准确性、波长的精确度等方面进行考察，当然随着仪器制造水平的提升，现在比较先进的分光光度计还要从扫描速度、光栅性能、软件功能和可供选配的附件等多方面进行比较。

目前国产的分光光度计种类较多，常见的型号有72型、721型、722型、723型、

740型、752型等，按单色器类型分为棱镜型和光栅型，按单色器数目分为单光束型和双光束型。

三、使用分光光度计的一些注意事项

（一）坚持标准溶液现用现配

不使用存放过久的标准溶液。使用仪器之前，一般要校正仪器，看空白时透光率是否为100%。

（二）吸收池应该保持清洁、干燥

如果有污物，可用稀HCl溶液清洗后，再用1：1的酒精与乙醚清洗晾干。禁止用硬物碰或擦透明表面。或者使用10%的HCl溶液浸泡，然后用无水乙醇冲洗2～3次。吸收池具有方向性，使用时要注意，吸收池上方有一个箭头标志，代表入射光方向。注入和倒出溶液时，应该选择非透光面。最好使用配对的吸收池。

（三）防止仪器震动

影响光学系统。

（四）在开机状态

不测量时，应该打开样品池门，否则会影响光电传感器的寿命。

（五）样品集中测量

避免开机次数过多，可延长光源寿命。

（六）仪器工作稳定性差

漂移大时，应该考虑更换光源或光电元件。

第三节　分光光度法实验条件的选择

一、显色反应的选择

利用分光光度法进行分析时，并非所有的待测组分都有颜色，对于无色的组分，要利用显色剂将其转变成有色的。显色反应的选择及控制，对于光度分析是十分重要的。

常用的显色反应可分为配位反应及氧化还原反应，配位反应是最常用的。通常一种待测组分可以和多种显色剂配位显色，在显色剂的选择上要遵循以下四个原则。

（一）灵敏度高

在多个待选的显色剂中，要选择摩尔吸光系数高的显色剂，前面已经讲过。ε是物质吸光能力的量度指标，ε越大，灵敏度越高。通常ε为$10^4 \sim 10^5$L/（mol·cm）时，可认为灵敏度较高。在表10-2中，Cu^{2+}与BCO、DDTC或双硫腙（二硫腙）的反应灵敏度是比较高的。

表 10-2 Cu²⁺的显色剂及其配合物的ε值

显色剂	显色条件	$\lambda_{最大}$/nm	ε/ [L/ (mol·cm)]
氨	水介质	620	1.2×10^2
铜试剂（DDTC）	5.7＜pH＜9.2，CCl₄萃取	436	1.3×10^4
双环己酮草酰双腙（BCO）	水介质，8.9＜pH＜9.6	595	1.6×10^4
双硫腙	0.1mol/L HC1介质，CCl₄萃取	533	5.0×10^4

（二）选择性好

选择的显色剂应该只与溶液中一个或少数几个组分发生显色反应。应该尽量选择仅与目标组分发生反应的专属显色剂，当然这种理想的显色剂是比较难找到的，实际工作中经常选用干扰较少的，或是存在的干扰可以通过其他方法消除的显色剂。

（三）显色剂在测定波长处吸光度小

这样空白值小，反衬度大，可以进一步提高准确度。一般要求对比度Δλ（有色物质的最大吸收波长与显色剂本身的最大吸收波长的差值）在60nm以上。

（四）有色化合物组成恒定

化学性质稳定。这样才能保证在测定过程中吸光度保持不变，确保数据的准确度及重现性。

二、显色条件的选择

（一）显色剂用量

显色剂的加入量以生成有色配合物稳定常数最大为宜。一般显色剂的加入量与吸光度 A 有如图 10-5 所示的关系。当显色剂用量时，吸光度随显色剂浓度的增大而增大；当a<c<b时，曲线出现平台或近似平台.吸光度基本保持稳定；当c＞b时，往往会出现一般副反应，使吸光度 A 减小。通常选择吸光度稳定时的显色剂浓度。

例如，硫氰酸盐与 Mo⁵⁺的反应式为

$$Mo(SCN)_3^{2+} \rightleftharpoons Mo(SCN)_5 \rightleftharpoons Mo(SCN)_6^-$$
　　（浅红）　　　　（橙红）　　　　（浅红）

若显色剂SCN⁻浓度过低或过高，生成的配合物颜色都会变浅，吸光度减小，所以在显色剂的用量上，必须严格控制。

（二）酸度的控制

H 浓度对于配位反应影响很大，酸度的改变将会使得显色的配位反应产生较大的改变，使显色剂及有色的配合物浓度发生变化，从而改变溶液颜色，引起吸光度的改变。通常吸光度-pH曲线（如图10-6所示）也会出现平台，应该选择平坦曲线时的pH值作为光度分析的测定条件。

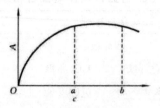

图 10-5 吸光度与显色剂浓度的关系曲线

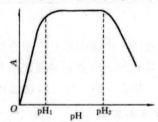

图 10-6 吸光度-pH 曲线

（三）显色温度

显色反应大多可以在室温下很快完成，但如果显色时间过长，就需要提高溶液温度来加速显色反应过程。然而，也有一些有色配合物在过高的温度下会发生分解。当然，对于需要加热的显色反应，要求分光光度计有水浴或其他保温措施，以确保测定过程中吸光度的稳定。所以在光度分析之前，应该确定最适宜的温度。

（四）显色时间

显色时间也是测定之前应该确定的实验参数之一。有些有色的配合物放置时间过长，颜色会减弱。而显色时间也与显色温度有一定的关系。

（五）消除干扰

如果溶液中杂质离子有颜色，或杂质离子与显色剂生成的配合物有颜色，都会干扰对目标离子进行的光度分析。前面讲过显色反应大多为配位反应，所以可以借鉴配位滴定中消除杂质离子的一些办法来消除光度分析中的杂质干扰。

（六）加入掩蔽剂

利用配位反应或氧化还原反应使杂质离子生成配合物变为无色或使杂质离子转变为无色价态。例如，利用 NH_4SCN 作显色剂测定 Co^{2+} 时，可加入 NaF，与溶液中的杂质离子 Fe^{3+} 生成无色的 FeF_6^{3+}，从而消除 Fe^{3+} 的干扰；也可以通过氧化还原反应使 Fe^{3+} 转变为 Fe^{2+}，通过改变离子的氧化数进而改变其反应路径而达到目的。

（七）控制酸度

改变酸效应系数，改变配位条件，使杂质离子不与显色剂反应而消除干扰，也可以通过沉淀、离子交换、萃取等分离方法来消除杂质离子的干扰。

三、测定波长的选择

选择入射光波长要以摩尔吸光系数最大、灵敏度最高为原则。根据吸收曲线，选择最大吸光度的波长。当然此处的曲线是一个合适的平台，即在波长有小幅调整时吸光度变化不大，这一点前面已经说过。另外，如果最大吸收波长并不在仪器的可调范围内或溶液中非目标离子（如显色剂）在此波长也有最大吸收，那么可以不选择最大吸收波长。如图10-7所示，显色剂与目标离子在420nm处均有最大吸收峰，如果选用此波长，显色剂就会干扰目标离子的测定。这时可以选择曲线a中另外一个平台，即500nm，此处虽然不是最大吸收，但没有杂质离子干扰，而且波长变化不大，在牺牲部分灵敏度的情况下，准确度和选择性得到了保证。

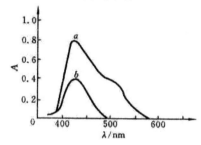

图 10-7 钴及显色剂的吸收曲线

（a）钴配合物吸收曲线；（b）显色剂（1-亚硝基-2-萘酚-3，6-二磺酸）吸收线

四、参比溶液的选择

参比溶液是光度分析中用来调节仪器零点的溶液，选择参比溶液在光度分析中是非常重要的.参比溶液要使待测溶液的吸光度得到真实反映，减少由溶剂、试剂及吸收池造成的干扰，其原理表达式为

$$A = \lg \frac{I_0}{I_1} \approx \lg \frac{I_{参比}}{I_{试液}}$$

实质上，相当于把通过参比皿的光强度作为入射光强度，如此就满足了前面的原则，比较真实地反映了目标物质的浓度。通常选择参比溶液时应该遵循以下原则。

（一）如果仅待测物与显色剂的反应产物有吸收

可用纯溶剂（如蒸馏水）作参比溶液。

（二）如果显色剂无色

而待测溶液中其他离子有色，则用不加显色剂的样品溶液作参比溶液。

（三）如果显色剂或其他试剂略有吸收

则应用空白溶液（如零浓度）作参比溶液。

（四）如果试样中其他组分有吸收

但不与显色剂反应，则当显色剂无吸收时，可用试样溶液作参比溶液；当显色剂略有吸收时，可在试样中加入适当的掩蔽剂将待测组分掩蔽后再加显色剂，然后以此溶液作参比溶液。

五、吸光度范围的选择

任何光度计都有一定的测量误差，这是由测量过程中光源的不稳定、读数的不准确或实验条件的偶然变动等因素造成的。由于吸收定律中浓度 c 与透光率 T 是负对数的关系，相同的透光率读数误差在不同的浓度范围内，所引起的浓度相对误差不同。当浓度较大或浓度较小时，相对误差都比较大。因此，要选择适宜的吸光度范围进行测量，以降低测定结果的相对误差。根据吸收定律

$$\lg \frac{1}{T} = \varepsilon bc$$

对上式微分后，得

$$-\mathrm{dlg}T = -0.434\mathrm{dln}T = -\frac{0.434}{T}\mathrm{d}T = \varepsilon bdc$$

将以上两式相除，并用有限值代替微分值，得

$$\frac{\Delta c}{c} = \frac{0.434}{T\lg T}\Delta T$$

式中：$\frac{\Delta c}{c}$ 为浓度的相对误差；ΔT 为透光率的绝对误差。

以 $\frac{\Delta c}{c}$ 对 T 作图，如图 10-8 所示。

由图 10-8 可以看出，当吸光度为 0.15～1.0 时，浓度的相对误差为 3.6%～5%。吸光度读数过高或过低，误差都迅速增长。因此，应该避免用光度分析测定含量过高及过低的物质。

随着仪器生产水平的提高，测量误差也有所改善。在实际使用过程中应该参照厂家出具的说明书确认测量误差范围。

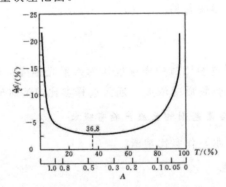

图 10-8 测量误差和透光率关系（$\Delta T=0.01$）

第四节 分光光度法的应用

一、标准曲线法对单组分含量的测定

分光光度法最常用于标准曲线法对单组分含量的测定。与其他很多仪器分析中的标准曲线法类似，要配制一系列不同浓度的标准溶液，在已经选定的测定波长处测定各标准溶液的吸光度，以吸光度对溶液浓度作图，得到一条标准曲线。然后在同一波长处测定待测溶液的吸光度，根据吸光度值在标准曲线上查找与之对应的浓度值，就是待测溶液目标组分的含量。

二、酸碱离解常数的测定

酸和碱的离解常数可用分光光度法测定，离解常数依赖于溶液的pH值。

设有一元弱酸HB，按下式离解：

$HB \rightleftharpoons H^+ + B^-$

$K_a = [B^-][H^+] / [HB]$

配制三种分析浓度（c= [HB] + [B^-]）相等而pH值不同的溶液。第一种溶液的pH值在pK_a附近，此时溶液中HB与B^-共存，用1cm的吸收池在一定的波长下，测量其吸光度为

$$A = A_{HB} + A_{B^-} = \kappa_{HB}[HB] + \kappa_{B^-}[B^-]$$

$$A = \kappa_{HB}\frac{[H^+]c}{[H^+] + K_a} + \kappa_{B^-}\frac{K_a c}{[H^+] + K_a} \tag{10-9}$$

第二种溶液是pH值比pKa低2以上的酸性溶液，此时弱酸几乎全部以HB型体存在，在上述波长下测得吸光度为

$$A_{HB} = \kappa_{HB}[HB] = \kappa_{HB}c$$

$$\kappa_{HB} = \frac{A_{HB}}{c} \tag{10-10}$$

第三种溶液是pH值比pK_a高2以上的碱性溶液，此时弱酸几乎全部以B^-型体存在．在上述波长下测得吸光度为

$$A_{B^-} = \kappa_{B^-}[B^-] = \kappa_{B^-}c$$

$$\kappa_{B^-} = \frac{A_{B^-}}{c} \tag{10-11}$$

将式（10-9）、式（10-10）、式（10-11）整理得

$$K_a = \frac{A_{HB} - A}{A - A_{B^-}}[H^+]$$

$$pK_a = pH + \lg\frac{A - A_{B^-}}{A_{HB} - A}$$

此为用分光光度法测定一元弱酸离解常数的基本公式。

三、配合物组成和稳定常数的测定

物质的量比法（饱和法）是根据在配位反应中金属离子 M 被显色剂 R 所饱和的原则来测定配合物组成的。

设配位反应式为

$$M + nR \rightleftharpoons MR_n$$

通过固定其中一种组分的浓度，逐渐改变另一种组分的浓度，在选定条件和波长下，测定溶液的吸光度。一般是固定金属离子 M 的浓度，改变配位剂 R 的浓度，将所得吸光度对 [R] / [M] 作图，如图 10-9 所示。

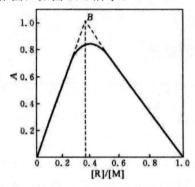

图 10-9 配合物的物质的量比法图式

当配位剂的量较小时，金属离子没有完全配合。随着配位剂的量逐渐增加，生成的配合物便不断增多。当金属离子被配合后，这时配位剂的量再增多吸光度也不会增大。图 10-9 中曲线转折点不明显，是由于配合物离解所造成的。运用外推法得一交点，从交点向横坐标作垂线，对应的 [R] / [M] 值就是配合物的配合比 n。

这种方法简单、快速，离解度小的配合物可以得到满意的结果，尤其适宜于配合比高的配合物组成的测定。

四、示差分光光度法

前面已经讨论过，分光光度法不适合测定过高及过低浓度的溶液，会产生较大误差。即使能将 A 控制在合适的吸光度范围（0.15～1.0）内，测量误差也仍有 4% 左右。这样大的相对误差如果说对微量组分的测定还是可以接受的话，那么对常量组分测定就是不能允许的，因为此时不仅相对误差较大，而且绝对误差也较大。但示差分光光度法可以应用于常量组分的测定，因为它们的测量相对误差可以降低到 0.5% 以下，从而使测量准确度大大提高。

示差分光光度法与普通分光光度法的主要区别在于它们所采用的参比溶液不同。示差分光光度法是以浓度比待测溶液浓度稍低的标准溶液作为参比溶液。假设待测溶液浓度为 C_x，参比溶液浓度为 C_s，则 $C_s < C_x$。根据朗伯-比尔定律，在普通分光光度法中，有

$$A_x = \varepsilon b c_x = -\lg T_x = -\lg \frac{I_x}{I_0}$$

$$A_s = \varepsilon b c_s = -\lg T_s = -\lg \frac{I_s}{I_0}$$

但是在示差分光光度法中，是以参比溶液为参比，即以参比溶液的透射光强 I_s 作为假想的入射光强 I_0' 以来调节吸光度零点的，即

$$I_s = I_0'$$

而把待测溶液推入光路后，其透光率为

$$T_{差} = \frac{I_x}{I_0'} = \frac{I_x}{I_s} = \frac{I_x}{I_0}\frac{I_0}{I_s} = \frac{T_x}{T_s}$$

所测得的吸光度为

$$A_{差} = -\lg T_{差} = -\lg \frac{T_x}{T_s} = (-\lg T_x) - (-\lg T_s) = A_x - A_s = \triangle A$$

可见，在示差分光光度法中，实际测得的吸光度 $A_{差}$ 就相当于在普通分光光度法中待测溶液与参比溶液的吸光度之差 $\triangle A$。"示差"一词即源于此。将朗伯比尔定律代入，有

$$\triangle A = A_x - A_s = \varepsilon b (c_x - c_s) = \varepsilon b \triangle c$$

其中，$\triangle c = c_x - c_s$。即在示差分光光度法中，朗伯-比尔定律可表示为

$$\triangle A = \kappa \triangle c$$

据此测得的浓度并不是 c_x 而是浓度差 $\triangle c$。但由于 c_s 是已知的标准溶液的浓度，由

$$c_x = c_s + \triangle c$$

可间接推算出待测溶液的浓度 c_x。此即示差分光光度法测定的原理。

在示差分光光度法中，由仪器噪声引起的测量误差依然存在，因此，即使控制吸光度 $\triangle A$ 为 $0.2 \sim 0.8$，测量相对误差也仍将达到约4%。但与普通分光光度法不同的是，在示差分光光度法中这个近4%的相对误差是相对于 $\triangle c$ 而言的，而不是相对于 c_x 而言的。如果是相对于 c_x 而言的，则相对误差为

$$RE = \frac{4\% \times \triangle c}{c_x}$$

由于 c_x 仅仅是稍大于 c_s，故 c_x 总是远大于 $\triangle c$。假设 c_x 为 $\triangle c$ 的10倍，则测量相对误差就等于0.4%。这就使得示差分光光度法的准确度大大提高，可适用于常量组分的分析。示差分光光度法标尺扩大原理如图10-10所示。

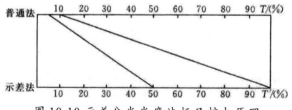

图 10-10 示差分光光度法标尺扩大原理

从仪器构造上讲，示差分光光度法需要一个大发射强度的光源，才能用高浓度的参比溶液调节吸光度零点。因此，必须采用专门设计的示差分光光度计，这使它的应用受到一定限制。

五、多组分的同时测定

在分光光度法中，经常可以同时测定多个组分，下面以溶液中有 x、y 两个组分为例进行讨论。

（一）当两个组分的吸收曲线不重叠时

如图 10-11（a）所示，和正常情况相同，分别在波长为 λ_1 和 λ_2 处测定 x、y 两组分，互不干扰。

（二）当两个组分的吸收曲线重叠时

如图 10-11（b）和（c）所示，在两组分各自最大吸收峰处都互有干扰，由吸光度的加和性，此时将在波长为 λ_1 和 λ_2 处测定 x、y 两组分的吸光度 A_1 和 A_2，联立方程

$$A_1 = \kappa_{x_1}bc_x + \kappa_{y_1}bc_y$$

$$A_2 = \kappa_{x_2}bc_x + \kappa_{y_2}bc_y$$

解上述方程组即可求出 x、y 两组分的浓度 c_x、c_y。

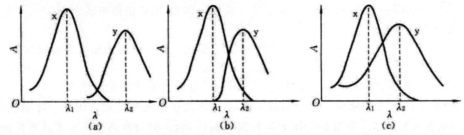

图 10-11 多组分分析光谱

如果多个组分之间在测定波长处的吸光度值相差不大，则会对测定结果带来很大误差．所以此法也只常用于两组分或三组分体系的测定。如果组分过多，则需利用最小二乘法进行求解。

六、光度滴定法

光度滴定法是常用的化学分析方法之一。因为它与肉眼观察的普通滴定法相比能更准确地确定滴定终点。只要滴定剂、被测组分或生成物中的任何一种在一定波长具有吸收并遵守朗伯-比尔定律，就可以利用滴定过程中吸收的增强或减弱来确定滴定终点，这就是直接光度滴定法。通常是在适当波长（生成物、被测组分或滴定剂的 λ_{max}）下，不断加入滴定剂，同时测定溶液的吸光度，依据吸光度的突变来确定滴定终点，以 A-V$_{滴定剂}$作图，得到光度滴定曲线，这是一条折线，两直线段的交点或延长线的交点即为化学计量点，可应用于配合、酸碱、氧化还原反应，有时还可用于沉淀反应。

对应于滴定反应，有

M（被测组分）+T（滴定剂）→C（生成物）

用 0.1mol/L EDTA 溶液滴定 100mLCu^{2+}、Bi^{3+}混合液（浓度均为 $2×10^{-3}$mo］/L，pH =2.0），由于

$\lg K_{BiY} = 28.2 > \lg K_{CuY} = 18.8$

所以先滴 $Bi^{3+} \rightarrow BiY$（无色），然后滴 $Cu^{2+} \rightarrow CuY^{2-}$（蓝色）。

在滴定过程中用分光光度计记录吸光度的变化，从而求出滴定终点的容量分析方法，适用于滴定有色的或混浊的溶液，或滴定微量物质，并可提高灵敏度和准确度。光度滴定装置可由分光光度计改装。将具微型搅拌器的滴定池放在分光光度计的吸收池暗室内，微量滴定管则放在滴定池上方。在滴定过程中，溶液吸光度 A 的变化遵循朗伯-比尔定律。滴定时，每加入一定量的滴定剂，都在一定波长下记录其吸光度，在超过化学计量点后，还需再加 6～8 滴滴定剂，并记录吸光度。然后以吸光度 A 为纵坐标，标准溶液的体积 V 为横坐标，绘制光度滴定曲线，从两条切线的交点可求得滴定终点。

光度滴定法的优点如下。

（一）可在很稀溶液中进行。

（二）只要求反应速率大

不要求反应进行完全（允许滴定剂过量很多）。

（三）只要待测组分（M）或滴定剂（T）浓度和 A 之间有良好的线性关系

即可通过作图确定滴定终点，与化学计量点附近弯曲部分无关，所以只需在化学计量点前、后各取 3～4 个数据即可准确确定滴定终点。

（四）对于底色较深的溶液

用指示剂显色目测终点比较困难，用光度滴定并选用合适的波长即可测定。

第九章　原子吸收光谱法

第一节　原子吸收光谱分析法概述

原子吸收光谱分析法（atomic absorption spectrometry，AAS）又称原子吸收分光光度分析法，是基于试样中待测元素的基态原子蒸气对同种元素发射的特征谱线进行吸收，依据吸收程度来测定试样中该元素含量的一种方法。该方法是20世纪50年代后期才逐渐发展起来的，随着商品仪器的出现与不断完善，现已成为分析实验室中金属元素测定的基本方法之一。

早在1802年，伍朗斯顿（Wollaston W. H.）就发现太阳连续光谱中存在一些暗线，但其产生原因长期不明。直到I860年本生（Bunsen R.）和克希荷夫（Kirchhoff G.）才指出："太阳光谱中的暗线是太阳外围较冷蒸气圈中钠原子蒸气对太阳连续光谱吸收的结果。"尽管对原子吸收现象的观察已有很长时间，但原子吸收光谱分析法作为一种分析方法还是从1955年澳大利亚物理学家瓦尔什（Walsh A.）发表了他的著名论文《原子吸收光谱在化学分析中的应用》以后才开始的，这篇论文奠定了原子吸收光谱分析法的理论基础。随后，1959年里沃夫（L'vov）发表了非火焰原子吸收光谱法的研究论文，提出石墨原子化器，使得原子吸收光谱分析法的灵敏度得到较大提高。1965年威尔斯（Willis J. B.）将氧化亚氮-乙炔火焰成功用于火焰原子吸收分光光度法中，使测定元素由近30种增加到70种之多。

原子吸收光谱分析法是分析化学发展史上发展最快的方法之一。该方法具有灵敏度高、选择性好、抗干扰能力强、重现性好、测定元素范围广、仪器简单、操作方便等许多优点，现已被广泛应用于机械、冶金、地质、化工、农业、食品、轻工、医药、卫生防疫、环境监测、材料科学等各个领域。

原子吸收光谱分析法也有其局限性。例如：测定每一种元素都需要使用同种元素金属制作的空心阴极灯，这不利于进行多种元素的同时测定；对难熔元素（如钝、锆、铱、锢、铜、钨、锆、铀、硼等）的分析能力低；对共振线处于真空紫外区的非金属元素（如卤素、硫、磷等）不能直接测定，只能用间接法测定；非火焰法虽然灵敏度高，但准确度和精密度不够理想。这些均有待进一步改进和提高。

为了实现原子吸收分析，要有可供气态原子吸收的特征辐射，该辐射要靠光源来发射，原子吸收分析的光源一般用空心阴极灯；要将试样中待测元素转变为气态原子，这一过程称为原子化，需要借助于原子化器来实现；此外，还需要使用分光系统和检测系统，将分析线与非分析线的辐射分开并测量吸收信号的强度。根据所得吸收信号强度的大小便可进行物质的定量分析。

第二节　原子吸收光谱分析的基本原理

一、共振线与吸收线

一个原子可具有多种能态，在正常状态下，原子处在最低能态，即基态。基态原子受到外界能量激发，其外层电子可能跃迁到不同能态，因此有不同的激发态。电子吸收一定的能量，从基态跃迁到能量最低的第一激发态时，由于激发态不稳定，电子会在很短的时间内跃迁返回基态，并以光的形式辐射出同样的能量，这种谱线称为共振发射线。使电子从基态跃迁到第一激发态所产生的吸收谱线称为共振吸收线。共振发射线和共振吸收线都简称为共振线。

根据 $\Delta E = h\nu$ 可知，由于各种元素的原子结构及其外层电子排布不同，核外电子从基态受激发而跃迁到其第一激发态所需能量不同，同样，再跃迁回基态时所发射的共振线也就不同，因此这种共振线就是元素的特征谱线。由于第一激发态与基态之间跃迁所需能量最低，最容易发生，因此，对大多数元素来说，共振线就是元素的灵敏线。原子吸收分析就是利用处于基态的待测原子蒸气对从光源辐射的共振线的吸收来进行的。

二、基态原子数与激发态原子数的分布

在进行原子吸收测定时，试液应在高温下挥发并离解成原子蒸气，其中部分基态原子可能进一步被激发成激发态原子。按照热力学理论，在热平衡状态时，基态原子与激发态原子的分布符合玻耳兹曼分布定律，即

$$N_j = N_0 \frac{g_j}{g_0} e^{-\frac{E_j - E_0}{kT}} \tag{11-1}$$

式中：N_j 和 N_0 分别为单位体积内激发态和基态原子的原子数；g_j 和 g_0 分别为原子激发态和基态的统计权重（表示能级的简并度，即相同能量能级的数目）；E_j 和 E_0 分别为激发态和基态的能量；k 为玻耳兹曼常数（$1.38 \times 10^{-23} J/K$）；T 为热力学温度。

对共振线来说，电子从基态（$E_0 = 0$）跃迁到激发态，于是式（11-1）可写为

$$N_j = N_0 \frac{g_j}{g_0} e^{-\frac{E_j}{kT}} = N_0 \frac{g_j}{g_0} e^{-\frac{h\nu}{kT}} \tag{11-2}$$

在原子光谱中，对一定波长的谱线，g_j、g_0 和 E_j 均为已知。若知道火焰的温度，就可以计算出 N_j/N_0 值。表 11-1 列出了某些元素共振线的 N_j/N_0 值。

表 11-1 某些元素共振线的 N_j/N_0 值

元素	谱线波长 λ/nm	E_j/eV	g_j/g_0	N_j/N_0		
				2000K	2500K	3000K
Cs	852.11	1.455	2	4.31×10^{-4}	2.33×10^{-3}	7.19×10^{-3}
K	766.49	1.617	2	1.68×10^{-1}	1.10×10^{-3}	3.84×10^{-3}
Na	589.0	2.104	2	0.99×10^{-5}	1.14×10^{-4}	5.83×10^{-4}
Ba	553.56	2.239	3	6.83×10^{-6}	3.19×10^{-5}	5.19×10^{-4}
Ca	422.67	2.932	3	1.22×10^{-7}	3.67×10^{-6}	3.55×10^{-5}
Cu	324.75	3.817	2	4.82×10^{-10}	4.04×10^{-8}	6.65×10^{-7}
Mg	285.21	4.346	3	3.35×10^{-11}	5.20×10^{-9}	1.50×10^{-7}
Zn	213.86	5.795	3	7.45×10^{-15}	6.22×10^{-12}	5.50×10^{-10}

从式（11-2）及表 11-1 的数据可知，温度越高，N_j/N_0 的值越大。在同一温度下，电子跃迁的能级 E_j 越小，共振线的波长越长，N_j/N_0 的值也越大。由于常用的火焰温度一般低于 3000K，大多数共振线的波长小于 600nm，因此，大多数元素的 N_j/N_0 的值很小，即原子蒸气中激发态原子数远小于基态原子数，也就是说，火焰中基态原子数占绝对多数，激发态原子数 N_j 可忽略不计，即可用基态原子数 N_0 代表吸收辐射的原子总数。

三、谱线轮廓及变宽

当将一束不同频率的光（强度为 I_0）通过原子蒸气时（如图 11-1 所示），一部分光被吸收，透过光的强度 I_v 与原子蒸气宽度 L 有关。若原子蒸气中原子密度一定，则透过光强度与原子蒸气宽度 L 成正比，符合光吸收定律，有

$$I_v = I_0 e^{-K_v L} \tag{11-3}$$

$$A = \lg \frac{I_0}{I_v} = 0.434 K_v L \tag{11-4}$$

式中：K_v 为原子蒸气中基态原子对频率为 v 的光的吸收系数。由于基态原子对光的吸收有选择性，即原子对不同频率的光的吸收不尽相同，因此，透射光的强度 I_v 随光的频率 v 而变化，其变化规律如图 11-2 所示。由图可知：在频率 v_0 处，透射的光最少，即吸收最大，也就是说，在特征频率 v_0 处吸收线的强度最大。v_0 称为谱线的中心频率或峰值频率。

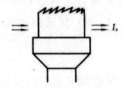

图 11-1 原子吸收示意图

若在各种频率 v 下测定吸收系数 K_v，并以 K_v 对 v 作图得一曲线，称为吸收曲线（如图 11-3 所示）。其中，曲线吸收系数极大值相对应的频率 v_0 称为中心频率，中心频

率处的吸收系数 K_0 称为峰值吸收系数。在峰值吸收系数一半（$K_0/2$）处吸收线呈现的宽度称为半宽度，以 $\Delta \nu$ 表示。吸收曲线的形状就是谱线的轮廓。ν_0 和 $\Delta \nu$ 是表征谱线轮廓的两个重要参数，前者取决于原子能级的分布特征（不同能级间的能量差），后者除谱线本身具有的自然宽度外，还受多种因素的影响。下面讨论几种较为重要的谱线变宽因素。

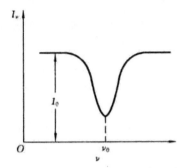

图 11-2 透射光强度 I_ν 与频率 ν 关系

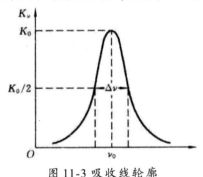

图 11-3 吸收线轮廓

（一）自然宽度小外

没有外界影响的情况下，谱线仍有一定宽度，该宽度称为自然宽度，以 $\Delta \nu_N$ 表示。其大小与激发态原子的平均寿命 $\Delta \tau$ 成反比，平均寿命越长，谱线宽度越窄。不同谱线有不同的自然宽度。对于多数元素的共振线而言.其宽度一般小于 10^{-5}nm，与其他谱线变宽效应相比，其值较小，可忽略不计。

（二）多普勒变宽 $\Delta \nu_D$

由于原子在空间无规则热运动而引起的变宽.称为多普勒变宽，也称为热变宽。由多普勒光学效应可知：在原子吸收分析中，处于无规则热运动状态的发光粒子，有的向着检测器运动，在检测器看来，其频率较静止的发光粒子大（波长短）；有的背离检测器运动，在检测器看来，其频率较静止的发光粒子小（波长长）。因此，检测器接受到很多频率稍有不同的光，从而谱线发生变宽。多普勒变宽与温度的平方根成正比，与待测元素的相对原子质量的平方根成反比，因此，待测元素的相对原子质量 M 越小，温度 T 越高，多普勒变宽 $\Delta \nu_D$ 越大。对多数谱线来说，通常 $\Delta \nu_D$ 为 10^{-4}～10^{-3}nm，是谱线变宽的主要因素。

（三）压力变宽

由于吸光原子与蒸气中其他粒子（分子、原子、离子和电子等）间的相互碰撞，引起能级变化，从而使发射或吸收光的频率改变，由此产生的谱线变宽统称为压力变宽。压力变宽通常随压力增大而增大。

根据相互碰撞的粒子的不同，可将压力变宽分为两类。

1.凡是同种粒子（如待测元素原子间）碰撞引起的变宽称为共振变宽或赫尔兹马克变宽。由于原子吸收光谱分析法多用于痕量分析或微量分析，待测元素原子浓度较低，所以它们之间相互碰撞的概率较小，因此，该变宽不是主要的压力变宽。

2.凡是由异种粒子（如待测元素原子与火焰气体粒子）碰撞引起的变宽称为洛伦兹变宽，以 Δv_L 表示。

洛伦兹宽度与温度的平方根成反比，这与多普勒宽度相反，但它显著地随气体压力的增大而增大。在原子蒸气中，由于火焰中外来气体的压力较大，洛伦兹变宽占有重要地位.洛伦兹宽度与多普勒宽度处于同一数量级，为 $10^{-4} \sim 10^{-3}$nm，也是潜线变宽的主要因素。

在空心阴极灯中，由于气体压力很低，一般仅为 266.6～1333Pa，洛伦兹变宽产生的影响不大；另外，在采用无火焰原子化装置时，其他元素的粒子浓度很低，Δv_D 将是主要影响因素。

谱线变宽除受上述因素影响外，还受自吸变宽和场致变宽的影响。自吸变宽是由自吸现象引起的，空心阴极灯发射的共振线被灯内同种基态原子所吸收产生自吸现象，从而使谱线变宽。灯电流越大，自吸变宽越严重，因此应尽量使用小的灯电流进行工作。

四、原子吸收与原子浓度的关系

（一）积分吸收

积分吸收是指在原子吸收分析中原子蒸气所吸收的全部能量，即图 11-3 中吸收线下面所包括的整个面积。根据经典的爱因斯坦理论可知：积分吸收与原子蒸气中吸收辐射的原子数成正比，数学表达式为

$$\int K_v dv = \frac{\pi e^2}{mc} f N_0 \tag{11-5}$$

式中：e 为电子电荷；m 为电子质量；c 为光速；N_0 为单位体积内基态原子数，即基态原子的浓度；f 为振子强度，即每个原子能够吸收或发射特定频率光的平均电子数，f 与能级间跃迁概率有关，它反映了谱线的强度，在一定条件下对一定的元素可视为定值。

在一定条件下，$\frac{\pi e^2}{mc} f$ 项为一常数，并设为 K'，则

$$\int K_v dv = K' N_0 \tag{11-6}$$

式（11-6）说明：在一定条件下，积分吸收与基态原子数 N_0 呈简单的线性关系，这是原子吸收光谱分析法的重要理论依据。

若能测定积分吸收，则可求出 N_0。然而在实际工作中，要测量出半宽度只有 $0.001 \sim 0.005nm$ 的原子吸收线的积分吸收值.所需单色器的分辨率（设波长为500nm）为

$$R = 500 \div 0.001 = 5 \times 10^5$$

显然，这是一般仪器难以达到的。如果用连续光谱作光源，所产生的吸收值将是微不足道的，仪器也不可能提供如此高的信噪比。因此，尽管原子吸收现象早在18世纪就被发现，但一直未能成功用于分析应用。直到1955年，澳大利亚物理学家瓦尔什提出以锐线光源为激发光源，用峰值吸收来代替积分吸收的测量，从此，积分吸收难以测量的困难才得以间接解决。

（二）峰值吸收

1955年，瓦尔什提出在温度不太高的稳定火焰条件下，峰值吸收系数与火焰中待测元素的自由原子浓度也存在线性关系。吸收线中心波长处的吸收系数 K_0 为峰值吸收系数，简称峰值吸收。

峰值吸收是积分吸收和吸收线半宽度的函数。从吸收线轮廓（如图11-3所示）可以看出：若半宽度 Δv 较小，吸收线两边会向中心频率靠近，因而峰值吸收系数 K_0 越大，即 K_0 与 Δv 成反比；若 K_0 增大，则积分面积也增大，可见 K_0 与积分吸收成正比。于是，可写出

$$\frac{K_0}{2} = \frac{b}{\Delta v} \int K_v dv \tag{11-7}$$

式中：K_0 为峰值吸收；b为常数，其值取决于谱线变宽因素。当多普勒变宽是唯一变宽因素，b为 $\sqrt{\frac{\ln 2}{\pi}}$；当洛伦兹变宽是唯一变宽因素时，b为 $\frac{1}{2\sqrt{\pi}}$。实际上，谱线变宽因素不是唯一的，往往是以某一因素为主，另一因素为次，所以，b介于两者之间。

将积分吸收式（11-5）代入峰值吸收式（11-7），同时考虑到 $N_0 \approx N$，有

$$K_0 = \frac{2b\pi e^2}{\Delta vmc} fN_0 \approx \frac{2b\pi e^2}{\Delta vmc} fN \tag{11-8}$$

可见，峰值吸收与原子浓度成正比，只要能测出 K_0，就可得到 N_0 或 N。

瓦尔什提出用锐线光源测量峰值吸收，从而解决了原子吸收的实用测量问题。锐线光源是发射线半宽度远小于吸收线半宽度的光源（一般为吸收线半宽度的1/10～1/5），并且发射线与吸收线的中心频率 v_0（或波长 λ_0）完全一致，也就是说，锐线光源发射的辐射为被测元素的共振线。

在一般原子吸收测量条件下，原子吸收轮廓取决于多普勒宽度，则峰值吸收系数为

$$K_0 = \frac{2}{\Delta v_D} \sqrt{\frac{\ln 2}{\pi}} \frac{\pi e^2}{mc} fN \tag{11-9}$$

对于中心吸收，由式（11-4）可得

$$A = \lg \frac{I_0}{I_v} = 0.434 K_0 L \tag{11-10}$$

将式（10-9）代入式（10-10），得到

$$A = 0.434 \times \frac{2}{\Delta v_D} \sqrt{\frac{\ln 2}{\pi}} \frac{\pi e^2}{mc} fLN \qquad (11\text{-}11)$$

在一定的实验条件下，试样中待测元素的浓度C与原子化器中基态原子的浓度N_0或原子的浓度N有恒定的比例关系，式（11-11）的其他参数又都是常数，因此，可改写为

$$A = KC \qquad (11\text{-}12)$$

式中：K为常数。

由式（11-12）表明，在一定实验条件下，吸光度A与待测元素的浓度C成正比，所以通过测定溶液的吸光度就可以求出待测元素的含量。这就是原子吸收光谱法定量分析的基础。

第三节　原子吸收分光光度计

进行原子吸收分析的仪器是原子吸收分光光度计。目前，国内外商品化的原子吸收分光光度计的种类繁多、型号各异，但基本构造原理是相似的，都是由光源、原子化系统、分光系统和检测系统四个主要部分组成（如图11-4所示），下面分别进行介绍。

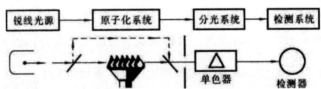

图11-4 原子吸收分光光度计的结构原理图

一、光源

光源的作用是给出待测元素的特征辐射。原子吸收对光源有如下要求。

（一）发射线的波长范围必须足够窄

即发射线的半宽度明显小于吸收线的半宽度，以保证峰值吸收的测量。这样的光源称为锐线光源。

（二）辐射的强度要足够大

以保证有足够的信噪比。

（三）辐射光强度要稳定且背景小

使用寿命长等。

目前使用的光源有空心阴极灯（hollow cathode lamp，HCL）、无极放电灯和蒸气放电灯等，其中空心阴极灯是符合上述要求且应用最广的光源。

空心阴极灯是一种气体放电管，其基本结构如图11-5所示。它由一个空心圆筒形阴极（内径为2~5mm，深约10mm）和一个阳极构成。空心阴极一般用待测元素的

纯金属制成，也可用其合金，或用铜、铁、镍等金属制成阴极衬套，衬管的空穴内再衬入或融入所需金属。阳极为钛棒，上面装有钛丝或钽片作吸气剂，以吸收灯内少量杂质气体（如氢气、氧气、二氧化碳等）。两电极密封于充有低压惰性气体的带有石英窗的玻璃壳内。

由于受宇宙射线等外界电离源的作用，空心阴极灯中总是存在极少量的带电粒子。当两电极间施加适当电压（通常是$300\sim500V$）时，管内气体中存在的极少量阳离子向阴极运动，并轰击阴极表面，使阴极表面的电子获得外加能量而逸出。逸出的电子在电场作用下，向阳极做加速运动，在运动过程中与内充气体原子发生非弹性碰撞，产生能量交换，使惰性气体原子电离产生二次电子和正离子。在电场作用下，这些质量较大、速度较快的正离子向阴极运动并轰击阴极表面，不但将阴极表面的电子击出，而且还使阴极表面的原子获得能量从晶格能的束缚中逸出而进入空间，这种现象称为阴极溅射，溅射出来的阴极元素的原子，在阴极区再与电子、惰性气体原子、离子等发生碰撞并被激发，于是阴极内便出现了阴极物质和内充惰性气体的光谱。

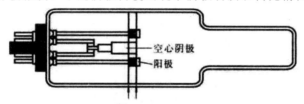

图 11-5 空心阴极灯

空心阴极灯发射的光谱主要是阴极元素的光谱，因此用不同的待测元素作阴极材料，可制成各相应待测元素的空心阴极灯。若阴极物质只含一种元素，可制成单元素空心阴极灯；若阴极物质含多种元素，则可制成多元素空心阴极灯。多元素空心阴极灯的发光强度一般较单元素空心阴极灯弱。为避免发生光谱干扰，制灯时一般选择的是纯度较高的阴极材料和选择适当的内充气体（常为高纯氖或氩气），以使阴极元素的共振线附近不含内充气体或杂质元素的强谱线。在电场作用下，充氖气的空心阴极灯发射出橙红色光，充氩气的空心阴极灯发射出淡紫色光，便于调整外光路。

空心阴极灯的光强度与灯的工作电流大小有关。增大灯电流，虽能增强共振发射线的强度，但往往也会发生一些不良现象。例如：使阴极溅射增强，产生密度较大的电子云，灯本身发生自蚀现象；加快内充气体的"消耗"而缩短寿命；阴极温度过高，使阴极物质熔化；放电不正常，使灯光强度不稳定等。如果工作电流过低，又会使灯光强度减弱，导致稳定性、信噪比下降。因此，使用空心阴极灯时必须选择适当的灯电流。最适宜的灯电流随阴极元素和灯的设计不同而不同。

空心阴极灯在使用前一定要预热，使灯的发射强度达到稳定，预热时间长短视灯的类型和元素而定，一般在$5\sim20min$范围内。

空心阴极灯是性能优良的锐线光源，只有一个操作参数（即灯电流），发射的谱线稳定性好，强度高而宽度窄，并且容易更换。

二、原子化系统

将试样中待测元素转化为基态原子的过程称为原子化过程，能完成这个转化的装置称为原子化系统（原子化器）。待测元素的原子化是整个原子吸收分析中最困难和最关键的环节，原子化效率的高低直接影响到测定的灵敏度，原子化效率的稳定性则直接决定了测定的精密度。原子化过程是一个复杂的过程，常用的原子化方法有火焰原子化法、无火焰原子化法和化学原子化法。下面分别进行介绍。

（一）火焰原子化装置

火焰原子化装置实际上是喷雾燃烧器.它是由雾化器、预混合室（雾化室）、燃烧器、火焰及气体供应等部分组成的。雾化器将试液雾化形成雾滴，这些雾滴在雾化室中与气体（燃气与助燃气）均匀混合，除去大液滴后，再进入燃烧器形成火焰，最后，试液在火焰中产生原子蒸气。预混合型原子化器是目前应用最广的原子化器，如图11-6所示。

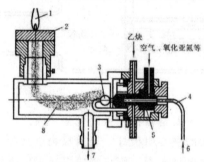

图 11-6 预混合型原子化器

1-火焰；2-燃烧器；3-撞击球；4-毛细管；5-雾化器；6-试液；7-废液；8-混合室

1.雾化器。雾化器是原子化器的关键部分，其作用是将试液雾化。原子化过程中，一般要求雾化器喷雾稳定，产生的雾珠要尽量细小而均匀，并且雾化效率要高。目前的商品仪器多采用气动同轴型雾化器，该雾化器由一根吸样毛细管和一只同轴的喷嘴组成，在喷嘴与吸样毛细管之间形成的环形间隙中，由于高压助燃气（空气、氧气、氧化亚氮等）以高速通过，形成负压区，从而将试液沿毛细管吸入，并被高速气流分散成雾滴。喷出的雾滴经节流管后碰在撞击球上，进一步分散成更细小的雾滴。雾化效率除与试液的表面张力及黏度等物理性质有关外，还与助燃气的压力、气体导管和毛细管孔径的相对大小及撞击球的位置等有关。

2.预混合室。试液雾化后进入预混合室（也称为雾化室，简称雾室），其作用是使雾珠进一步细化并得到一个平稳的火焰环境。雾室一般做成圆筒状，内壁具有一定锥度，下面开有一个废液管。雾化器产生的雾珠有大有小，在雾室中，较大的雾珠由于重力作用重新在室内凝结成大液珠，沿内壁流入废液管排出；小雾珠与燃气在雾室内均匀混合。

3.燃烧器。被雾化的试液进入燃烧器，在火焰高温和火焰气氛的作用下，经历干燥、熔融、蒸发、离解和原子化等过程，产生大量的基态原子和少量激发态原子、离子和分子。

为防止在高温下变形，燃烧器一般用不锈钢制成。在预混合型燃烧器中，一般采用吸收光程较长的长狭缝型喷灯，这种喷灯灯头金属边沿宽，散热较快，不需要水冷。燃烧狭缝的缝宽与缝长可根据使用的火焰性质来决定，火焰燃烧速度快的，使用较窄的燃烧狭缝，反之，对于燃烧速度慢的火焰，可以使用较宽的燃烧狭缝。

4.火焰。原子吸收分析测定的是基态原子对特征谱线的吸收情况。因此，对火焰的基本要求是：温度要足够高，要使化合物完全离解为游离的基态原子，但原子又不进一步激发或电离；火焰燃烧要稳定；本身的背景吸收和发射要少。

火焰提供了试液脱水、气化和热分解原子化等过程中所需要的能量，因此其性质很重要。火焰的燃烧特性可从燃烧速度、火焰温度和火焰的燃气与助燃气比例（燃助比）等方面加以描述。燃烧速度是指由着火点向可燃烧混合气其他点传播的速度，它影响火焰的安全使用和燃烧稳定性。要使火焰稳定而安全地燃烧，应使可燃混合气体的供应速度大于燃烧速度。但供气速度过大，会使火焰离开燃烧器，变得不稳定，甚至吹灭火焰；供气速度过小，将会引起回火。火焰中燃气和助燃气的种类不同，火焰的燃烧速度不同，火焰的最高温度也不同，如表11-2所示。

表11-2 几种火焰的温度及燃烧速度

火焰类型	化学反应	最高温度/℃	燃烧速度/（cm/s）
丙烷-空气	$C_3H_8 + 5O_2 \rightarrow 3CO_2 + 4H_2O$	1925	82
氢气-空气	$H_2 + 1/2O_2 \rightarrow H_2O$	2050	320
乙炔-空气	$C_2H_2 + 5/2O_2 \rightarrow 2CO_2 + H_2O$	2300	160
乙炔-氧化亚氮	$C_2H_2 + 5N_2O \rightarrow 2CO_2 + H_2O + 5N_2$	2955	180
氢气-氧气	$H_2 + 1/2O_2 \rightarrow H_2O$	2700	900
乙炔-氧气	$C_2H_2 + 5/2O_2 \rightarrow 2CO_2 + H_2O$	3060	1130

对于同一类型的火焰，根据燃助比的不同可分为化学计量火焰、富燃火焰和贫燃火焰三种类型。化学计量火焰的燃助比中燃气与助燃气的燃烧反应计量关系相近，该火焰蓝色透明、层次清楚、温度高、稳定，火焰本身不具有氧化还原性，又称为中性火焰，可用于35种以上元素的测定。富燃火焰是指燃助比大于化学计量的火焰，该火焰因燃气增加使火焰中碳原子浓度增高，火焰呈亮黄色，层次模糊，火焰还原性较强，又称为还原性火焰，适用于Al、Cr、Mo、Ti、V、W等易氧化而形成难离解氧化物的元素测定。贫燃火焰是指燃助比小于化学计量的火焰，该火焰呈蓝色，温度较低，并具有明显的氧化性，多用于碱土金属和Ag、Au、Cu、Co、Pb等不易氧化的元素测定。

在原子吸收分析中，常用的火焰有氢气-空气、丙烷-空气、乙炔-空气、乙炔-氧化亚氮等。采用氢气作燃气的火焰温度不太高（约2000℃），但氢火焰具有相当低的发射背景和吸收背景，适用于共振线位于紫外区域的元素（如As、Se等）分析。丙烷-空气火焰温度更低（约1900℃），干扰效应大，仅适用于易挥发和离解的元素，如碱金属和 Cd、Cu、Pb、Au、Ag、Hg、Zn 等的测定。乙炔-空气火焰用途最广，该火焰燃烧稳定，重现性好，噪声低，温度高，最高温度约 2300℃，对大多数元素有足够高的灵敏度；但该火焰对波长小于 230nm 的辐射有明显吸收，特别是富燃火焰，由于未燃烧炭粒的存在，使火焰的发射和自吸收增强，噪声增大；另外，该火焰对易形成难熔氧化物的 B、Be、Y、Sc、Ti、Zr、Hf、V、Nb、Ta、W、Th、U 以及稀土等元素，原子化效率较低。乙炔-氧化亚氮是另一应用较多的火焰，由于燃烧过程中，氧化亚氮分解出氧和氮并释放出大量热，乙炔则借助其中的氧燃烧，火焰温度高（约 3000℃）；另外，火焰中除含 C、CO、OH 等半分解产物外，还有 CN 及 NH 等成分，因而具有强还原性，可使许多离解能较高的难离解（如 Al、B、Be、Ti、V、W、Ta、Zr 等）氧化物原子化，可测 70 多种元素，大大扩展了火焰法的应用范围。

（二）无火焰原子化装置

虽然火焰原子化器操作简便，但雾化效率低，原子化效率也低。此外，基态气态原子在火焰吸收区停留时间很短（约 10^{-4}s），同时原子蒸气在火焰中被大量气体稀释，因此火焰法的灵敏度提高受到限制。无火焰原子化装置是利用电热、阴极溅射、高频感应或激光等方法使试样中待测元素原子化的。下面简要介绍应用最广的电热高温石墨炉原子化器。

石墨炉原子化器的形式多种多样，但其基本原理都是利用大电流（400～600A）通过高阻值的石墨器皿（如石墨管）时所产生的高温（3000℃），使置于其中的少量溶液或固体样品蒸发和原子化。图 11-7 为一石墨管原子化器示意图，该装置实为石墨电阻加热器，两端开口的石墨管固定在两个电极之间，安装时使其长轴与光束通路重合；管中央上方为进样口，用微量进样器从可卸式窗及进样口将试样注入石墨管内。为了防止试样及石墨管氧化，需在石墨管内、外部不断通入惰性气体（氮或氩）加以保护。

石墨炉原子化法采用直接进样和程序升温的方式.样品需经过干燥、灰化、原子化、除残四个过程，如图 11-8 所示。通过设置适当的电流和加热时间，达到渐进升温的目的。干燥的目的是脱除试样的溶剂，以避免试样在灰化和原子化阶段发生暴沸和飞溅。干燥时，通常以小电流工作，温度控制在稍高于溶剂沸点（如除水时，控温为 105℃），干燥时间为 10～20s。灰化的作用是在较高温度（350～1200℃）下除去易挥发的有机物和低沸点无机物，以减少基体组分对待测元素的干扰及光散射或分子吸收引起的背景吸收，灰化时间为 10～20s。原子化的温度随待测元素而异，一般为 2400～3000℃，时间为 5～8s；在原子化过程中，应停止载气通过，延长基态原子在石墨管中的停留时间，以提高该方法的灵敏度。除残的作用是将温度升至最大允许值，以去除石墨管中的残余物，消除由此产生的记忆效应；除残温度应高于原子化温度，为 2500～3200℃，时间为 3～5s。

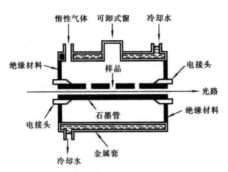

图 11-7 高温石墨管原子化器示意图

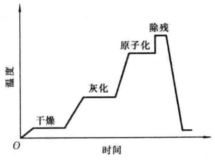

图 11-8 石墨炉升温示意图

石墨炉原子吸收光谱分析法的优点是：试样几乎可以完全原子化，原子化效率几乎达到100%；试样用量少（液体几微升，固体几毫克），对于较黏稠的样品（如生物体体液）和固体均适用；基态原子在吸收区停留的时间长，因此方法的检出限低、灵敏度高。但由于共存化合物的干扰大及背景吸收等，结果的重现性不如火焰法高。

（三）化学原子化法

化学原子化法又称为低温原子化法，是将一些元素的化合物在低温下与强还原剂反应，使样品溶液中的待测元素以气态原子或化合物的形式与反应液分离，然后送入吸收池中或在低温下加热进行原子化的方法。常用的方法有氢化物原子化法和冷原子化法。

氢化物原子化法主要用来测定 As、Bi、Ge、Pb、Sb、Se、Sn 和 Te 等元素。这些元素在酸性介质中与强还原剂硼氢化钠（或钾）反应生成气态氢化物。以砷为例，其反应式为

$$AsCl_3 + 4NaBH_4 + HCl + 8H_2O = AsH_3 \uparrow + 4NaCl + 4HBO_2 + 13H_2 \uparrow$$

待反应完成后，将反应产生的砷化氢（AsH_3）气体用氧气或氮气送入原子化装置中，由于氢化物不稳定，发生分解，产生自由原子，完成原子化过程，即可进行测定。

氢化物原子化法的基体干扰和化学干扰少，选择性好，另外由于还原转化为氢化物时的效率高，且氢化物生成过程本身是个分离过程，因而本法的灵敏度比火焰法高1～3个数量级。

冷原子化法是将试液中汞离子用 $SnCl_2$ 或盐酸羟胺还原为金属汞，然后用氮气将汞蒸气吹入具有石英窗的气体吸收管中进行原子吸收测量。本法的灵敏度和准确度都

较高，是测定微量和痕量汞的好方法。现有专门的测汞仪出售。

三、光学系统

原子吸收分光光度计的光学系统可分为外光路系统（照明系统）和分光系统（单色器）两部分。

外光路系统的作用是使光源发出的共振线准确地透过被测试液的原子蒸气，并投射到单色器的入射狭缝上。通常用光学透镜来达到这一目的。光源发出的射线成像在原子蒸气的中间，再由第二透镜将光线聚焦在单色器的入射狭缝上。

分光系统的作用是把待测元素的共振线与其他干扰谱线分离开来，只让待测元素的共振线通过。分光系统（单色器）主要由色散元件（光栅或棱镜）、反射镜、狭缝等组成。图11-9是一种分光系统（单光束型）的示意图。由入射狭缝S_1投射出来的被待测试液的原子蒸气吸收后的透射光，经反射镜M、色散元件光栅G、出射狭缝S_2，最后照射到光电检测器PM上，以备光电转换。

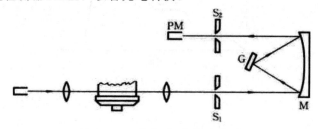

图11-9 一种分光系统示意图

G-光栅；M-反射镜；S1-入射狭缝；S2-出射狭缝；PM-光电检测器

原子吸收法要求单色器有一定的分辨率和集光本领，这可通过选用适当的光谱通带来满足。所谓光谱通带是通过单色器出射狭缝的光束的波长宽度，即光电检测器PM所接收到的光的波长范围，用W表示，它等于光栅的倒线色散率D与出射狭缝宽度S的乘积，即

$$W=DS \tag{11-13}$$

式中：W为单色器的通带宽度，nm；D为光栅的倒线色散率，nm/mm；S为狭缝宽度，mm。

由于仪器中单色器采用的光栅一定，其倒线色散率D也为定值，因此单色器的分辨率和集光本领取决于狭缝宽度。调宽狭缝，使光谱通带加宽，单色器的集光本领加强，出射光强度增加；但同时出射光包含的波长范围也相应加宽，使光谱干扰与背景干扰增加，单色器的分辨率降低，导致测得的吸收值偏低，工作曲线弯曲，产生误差。反之，调窄狭缝，光谱通带变窄，实际分辨率提高，但出射光强度降低，相应地要求提高光源的工作电流或增加检测器增益，此时会产生谱线变宽和噪声增加的不利影响。实际工作中，应根据测定的需要调节合适的狭缝宽度。例如，对碱金属及碱土金属，由于待测元素共振线附近干扰及连续背景很小，应采用较大的狭缝宽度；对于过渡及稀土元素等具有复杂光谱或有连续背景的元素，宜采用较小的狭缝宽度。

四、检测系统

检测系统包括光电转换器、检波放大器和信号显示与读数装置。检测系统的作用是将待测光信号转换成电信号，经过检波放大、数据处理后显示结果。

常用的光电转换元件有光电池、光电管和光电倍增管等。在原子吸收分光光度计中，通常使用光电倍增管作检测器，光电倍增管是一种具有多级电流放大作用的真空光电管，它可以将经过原子蒸气吸收和单色器分光后的微弱光信号转变成电信号，其放大倍数可达 $10^6 \sim 10^8$。

检波放大器的作用是将光电倍增管输出的电压信号进行放大。由于蒸气吸收后的光强度并不直接与浓度呈直线关系，因此信号须经对数变换器进行变换处理后，才能提供给显示装置。

在显示装置里，信号可以转换成吸光度或透光率，也可以转换成浓度用数字显示器显示出来，还可以用记录仪记录吸收峰的峰高或峰面积。

五、原子吸收分光光度计的类型

原子吸收分光光度计按光束形式可分为单光束和双光束两类；按波道数分类，有单道、双道和多道原子吸收分光光度计。目前普遍使用的是单道单光束和单道双光束原子吸收分光光度计。

（一）单道单光束原子吸收分光光度计

单道单光束原子吸收分光光度计只有一个单色器，外光路只有一束光，其结构原理如图 11-10 所示。这类仪器结构简单，共振线在外光路损失少，灵敏度较高，因而应用广泛。但该类仪器不能消除光源强度变化而引起的基线漂移（零漂），因此，实际测量中要求对空心阴极灯进行充分预热，并经常校正仪器的零点吸收。

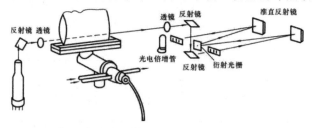

图 11-10 单道单光束原子吸收分光光度计结构原理图

（二）单道双光束原子吸收分光光度计

单道双光束原子吸收分光光度计中有一个单色器，外光路有两束光，其光学系统原理如图 11-11 所示。光源发射的辐射被旋转切光器分为性质完全相同的两束光：试样光束通过火焰，参比光束不通过火焰；然后用半透半反射镜使试样光束及参比光束交替通过单色器而射至检测系统，在检测系统中将所得脉冲信号分离为参比信号 I_r 及试样信号 I，这样就可检测出两束光的强度之比 I/I_r。该类仪器可消除光源和检测器不稳定而引起的基线漂移现象，准确度和灵敏度都高，但它仍不能消除原子化不稳定和火焰背景的影响。

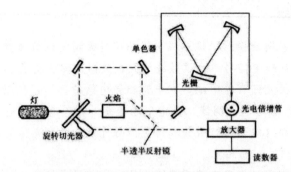

图 11-11 单道双光束原子吸收分光光度计结构原理图

六、原子吸收分光光度计与紫外-可见分光光度计构造原理的比较

原子吸收光谱分析法和紫外-可见分光光度法的基本原理类似，都是利用物质对辐射的吸收来进行分析的方法，都遵循朗伯-比尔定律，但它们的吸光物质状态不同。紫外-可见分光光度法测量的是溶液中分子（或离子）对光的吸收，一般为宽带吸收，带宽从几纳米到几十纳米，使用的是连续光源（如钨灯、氘灯）；而原子吸收光谱分析法测量的是气态基态原子对光的吸收，该吸收为窄带线状吸收，其带宽仅为 10^{-3}nm 数量级，使用的光源必须是锐线光源（如空心阴极灯等）。原子吸收分光光度计由光源、原子化系统、分光系统、检测系统构成（如图11-4所示），构造上和紫外-可见分光光度计十分相似，原子化器相当于紫外-可见分光光度计中的吸收池。但由于原子吸收与分子吸收的本质差别，决定了原子吸收分光光度计具有不同于一般分光光度计的一些特点，其主要区别是：第一，采用锐线光源而不是连续光源，以使峰值吸收得以测量；第二，将分光系统安排在原子化系统与检测系统之间，以避免来自原子化器的辐射直接照射检测器，否则会使检测器饱和而无法正常工作；第三，采用调制式工作方式，以区分光源辐射（原子吸收减弱后的光强度）和火焰的辐射（原子化系统中火焰的发射背景）。图 11-12（a）、（b）中给出了紫外-可见分光光度计的光路和原子吸收分光光度计的光路比较示意图。

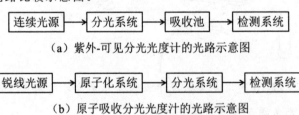

（a）紫外-可见分光光度计的光路示意图

（b）原子吸收分光光度汁的光路示意图

图 11-12 紫外-可见分光光度计与原子吸收分光光度计光路比较示意图

第四节　干扰的类型及其抑制方法

原子吸收光谱分析法由于使用了锐线光源，被认为是一种选择性好、干扰少甚至无干扰的分析方法。但在实际工作中，由于工作条件、分析对象的多样性和复杂性，

在某些情况下，干扰还是存在的，有时甚至还很严重。

原子吸收光谱分析法中的干扰一般分为四类：物理干扰、化学干扰、电离干扰和光谱干扰。下面分别进行讨论。

一、物理干扰

物理干扰是指试样中共存物质的物理性质的变化对试样在提取、雾化、蒸发和原子化过程中的干扰效应。物理干扰是非选择性干扰，对试样中各元素的影响基本相同。

在火焰原子吸收中，试样溶液的性质发生任何变化，都直接或间接地影响原子化效率。例如：溶液黏度发生变化时，影响试样喷入火焰的速率，进而影响雾量和雾化效率；毛细管内径和长度以及空气流量同样影响试样喷入火焰的速率；表面张力会影响雾滴大小及分布；溶剂蒸气压影响蒸发速度和凝聚损失，等等。上述因素最终都影响到进入火焰中的待测元素原子数量，从而影响吸光度测定。

物理干扰一般为负干扰，配制与被测试样组成相似的标准溶液，是消除物理干扰最常用的方法，也可采用标准加入法或稀释法来减小和消除物理干扰。

二、化学干扰

化学干扰是指试样溶液转化为自由基态原子的过程中，待测元素与其他组分之间发生化学作用而引起的干扰效应。化学干扰主要影响待测元素的熔融、蒸发、离解以及原子化过程，是一种选择性干扰。

化学干扰的机理很复杂，消除或抑制其干扰应根据具体情况的不同而采取相应的措施。

（一）提高火焰温度

火焰温度直接影响着样品的熔融、蒸发和离解过程。许多在低温火焰中出现的干扰在高温火焰中可以部分或完全消除。

（二）加入释放剂

加入一种过量的金属元素，与干扰元素形成更稳定或更难挥发的化合物，使待测元素被释放出来，加入的这种物质称为释放剂。常用的释放剂有氯化镧和氯化锶等。例如：磷酸盐干扰钙的测定，当加入 La 或 Sr 后，La、Sr 与磷酸根离子结合而将 Ca 释放出来，从而消除了磷酸盐对钙的干扰。

（三）加入保护剂

加入一种试剂使待测元素不与干扰元素生成难挥发的化合物，可保护待测元素不受干扰，这种试剂称为保护剂。例如：为了消除磷酸盐对钙的干扰，加入 EDTA 使 Ca 转化为 EDTA-Ca 配合物，后者在火焰中易于原子化，这样可消除磷酸盐的干扰。同样，在铅盐溶液中加入 EDTA，可消除磷酸盐、碳酸盐、硫酸盐、氟离子、碘离子对铅测定的干扰。

（四） 加入缓冲剂

在试样和标准溶液中加入一种过量的干扰元素，使干扰影响不再变化，进而抑制或消除干扰元素对测定结果的影响。这种干扰物质称为缓冲剂。

（五） 化学分离法

应用化学方法将干扰组分与待测元素分离。

三、电离干扰

由于某些易电离的元素在原子化过程中发生电离，使参与吸收的基态原子数减少，引起原子吸收信号降低，这种干扰称为电离干扰。

元素在火焰中的电离度与火焰温度和该元素的电离电位有密切关系。火焰温度越高，待测元素的电离电位越低，则电离度越大，电离干扰越严重。因此，电离干扰主要发生于电离电位较低的碱金属和碱土金属。

提高火焰中离子的浓度、降低电离度是消除电离干扰的最基本途径。最常用的方法是加入 K、Rb、Cs 等易电离元素的化合物作为消电离剂，因为这些元素在火焰中可以强烈电离，将有效抑制试样中其他自由原子的电离作用，从而达到消除电离干扰的目的。

四、光谱干扰

光谱干扰主要产生于光源和原子化器。

（一） 与光源有关的光谱干扰

这类干扰是指光源在单色器的光谱通带内存在与分析线相邻的其他谱线。对于空心阴极灯，产生的干扰往往很小，一般可不考虑。

（二） 光谱线重叠干扰

光谱线重叠干扰主要是由于共存元素吸收线与待测元素分析线十分接近乃至重叠而引起的。一般谱线重叠的可能性较小，但并不能完全排除这种干扰存在的可能性。例如：被测元素铁的分析线为 271.903nm，而共存元素 Pt 的共振线为 271.904nm。此时，可选择灵敏度较低的其他谱线而避开干扰，也可用分离共存元素的方法加以解决。

（三） 背景吸收 （分子吸收）

背景吸收是指原子化环境中由于背景吸收引起的干扰，包括分子吸收和光散射所引起的光谱干扰。

分子吸收是指在原子化过程中产生的分子对光辐射的吸收，分子吸收有多种来源，例如：火焰中 OH、CH、CO 等基团或分子，试样的盐或酸分子，低温火焰中的金属卤化物、氧化物、氢氧化物及部分硫酸盐和磷酸盐等分子对光的吸收。分子吸收是带状光谱，会在一定波长范围内形成干扰。例如：碱金属卤化物在紫外区有吸收；不同无机酸会产生不同的影响，在波长小于 250nm 时，H_2SO_4 和 H_3PO_4 有很强的吸收带，而 HNO_3 和 HCl 的吸收很小。因此，原子吸收分析中多用 HNO_3 和 HCl 配制溶液。光散射是指原子化过程中形成的烟雾或固体微粒处于光路中，使共振线发生散射而产生的假吸收。在原子吸收分析时，分子吸收和光散射的后果是相同的，均产生表观吸收，使测定结果偏高。

在原子吸收光谱分析中，校正背景的方法主要为氘灯校正背景法。其校正原理是：先用锐线光源测定分析线的原子吸收和背景吸收的总吸光度，再用氘灯（紫外区）或碘钨灯、显弧灯（可见区）在同一波长测定背景吸收（这时原子吸收可以忽略不计），计算两次吸光度之差，即可使背景吸收得到校正。氘灯校正背景装置简单，可校正吸光度为 0.5 以内的背景干扰，但只能在氘灯辐射较强的波长范围（190～350nm）内应用，且只有在背景吸收不是很大时，才能较完全地扣除背景。

第五节　测定条件的选择

在原子吸收光谱分析中，测定的灵敏度、准确度和干扰消除情况等，与测定条件的选择有很大的关系，因此，必须予以充分重视。

一、分析线选择

通常选择元素的共振线作为分析线。因为共振线往往也是元素的最灵敏吸收线，这样可使吸收强度大，测定的灵敏度高。但并非任何情况下都作这样的选择，有时应选择灵敏度较低的非共振线作分析线。例如：As、Hg、Se 等元素的共振线位于200nm 以下，火焰组分对其有明显吸收，故用火焰法测定时，不宜选用这些元素的共振线。当待测组分浓度较高时，吸收信号过大，可选用次灵敏线作为分析线。

二、狭缝宽度选择

狭缝宽度影响光谱通带宽度与检测器接受的能量。在原子吸收光谱分析中，光谱重叠的概率小，因此测定时可以使用较宽的狭缝，以增加光强，提高信噪比。但是，对谱线较多的元素（如过渡金属、稀土金属），应使用较小的缝宽，以便提高仪器的分辨率，改善线性范围，提高灵敏度。

三、灯电流选择

空心阴极灯的发射特性取决于灯电流的大小，空心阴极灯一般需要预热10～30min 才能达到稳定输出。灯电流过小，放电不稳定，故光谱输出不稳定，且光谱输出强度小；灯电流过大，发射谱线变宽，导致灵敏度下降，校正曲线弯曲，灯寿命缩短。通常，商品空心阴极灯都标有允许使用的最大工作电流，但并不是工作电流越大越好，其确定的基本原则是：在保证稳定和合适的辐射强度输出的前提下，尽量选用最低的工作电流。

四、火焰原子化条件选择

在火焰原子吸收法中，火焰条件（包括火焰类型和燃助比等）是影响原子化效率的主要因素。通常需要根据试液的性质，选择火焰的温度；再根据火焰温度，选择火焰的组成。因为组成不同的火焰其最高温度有明显差异，所以，对于难离解化合物的元素，应选择温度较高的乙炔空气火焰，甚至乙炔-氧化亚氮火焰；反之，应选择低温火焰，以免引起电离干扰。

火焰类型确定后，需调节燃气与助燃气比例，以得到适宜的火焰性质。易生成难离解氧化物或氢氧化物的元素，用富燃火焰，营造还原环境；过渡金属或氧化物不稳定的元素，宜用化学计量火焰或贫燃火焰。

由于在火焰区内，自由原子的空间分布不均匀，且随火焰条件而变化，因此，应调节燃烧器高度，以使来自空心阴极灯的光束从自由原子浓度最大的火焰区域通过，以获得高灵敏度。为适应高浓度测定，燃烧头的转角也是可调的。当燃烧头调节到适宜高度，燃烧头的狭缝严格与发射光束平行时，可获得最高灵敏度。

五、石墨炉原子化条件选择

在石墨炉原子化法中，合理选择干燥、灰化、原子化及除残温度与时间是十分重要的。干燥应在稍低于溶剂沸点的温度下进行，以防止试液飞溅。灰化的目的是除去基体和干扰组分，在保证被测元素没有损失的前提下应尽可能使用较高的灰化温度。原子化温度应选择达到最大吸收信号的最低温度。原子化时间的选择，应以保证完全原子化为准。原子化阶段停止通保护气，以延长自由原子在石墨炉内的平均停留时间。除残的目的是消除残留物产生的记忆效应，除残温度应高于原子化温度。

第六节　定量分析方法

一、标准曲线法

标准曲线法是原子吸收分析中的常规分析方法。

这种方法的步骤如下：首先配制一组浓度合适的标准溶液（一般5～7个），在相同的实验条件下，以空白溶液调整零吸收，再按照浓度由低到高的顺序，依次喷入火焰，分别测定各种浓度标准溶液的吸光度。以测得的吸光度A为纵坐标，待测元素的含量或浓度为横坐标作图，绘制A-c关系曲线（标准曲线）。在同一条件下，喷入待测试液，根据测得的吸光度A_x值，在标准曲线上查出试样中待测元素相应的含量或浓度值。

为了保证测定结果的准确度，标准试样的组成应尽可能接近待测试样的组成。在标准曲线法中，要求标准曲线必须是线性的。但是，在实际测试过程中，由于喷雾效率、雾粒分布、火焰状态、波长漂移以及各种其他干扰因素的影响，标准曲线有时在高浓度区向下弯曲，不呈线性，故每次测定前必须用标准溶液对标准曲线进行检查和校正。

标准曲线法简便、快速，适合对大批量组成简单的试样进行分析。

二、标准加入法

在一般情况下，待测试液的确切组成是未知的，这样欲配制与待测试液组成相似的标准溶液就很难进行。在这种情况下，应该采用标准加入法进行定量分析。

这种方法的步骤如下：取相同体积的试液两份，置于两个完全相同的容量瓶 A 和 B 中，另取一定量的标准溶液加入瓶 B，然后将两份溶液稀释到相应刻度值，分别测出 A、B 溶液的吸光度。若试液的待测组分浓度为 c_x，标准溶液的浓度为 c_s，A 液的吸光度为 A_x，B 液的吸光度为 A，则根据朗伯-比尔定律有

$A_x = kc_x$

$A = k（c_s + c_x）$

所以
$$C_x = \frac{A_x c_s}{A - A_x}$$
(11-14)

在实际工作中，采用的是作图法，又称为直线外推法。取若干份（至少四份）相同体积的试样溶液，放入相同容积的容量瓶中，从第二份开始依次按比例加入不同量的待测元素的标准溶液，用溶剂定容（设原试液中待测元素的浓度为加入标准溶液后浓度分别为 c_x、$c_x + c_s$、$c_x + 2c_s$、$c_x + 3c_s$、$c_x + 4c_s$ 等），摇匀后在相同测定条件下测定各溶液的吸光度（A_x、A_1、A_2、A_3、A_4 等），以吸光度 A 对加入标准溶液的浓度 c_s 作图，可得到一条直线。该直线不通过原点，而是在纵轴上有一截距。显然，截距的大小反映了标准溶液加入量为零时溶液的吸光度，即原待测试液中待测元素的存在所引起的光吸收效应。如果外推直线使之与横坐标相交，则相应于原点与交点的距离，即为所求试样中待测元素的浓度 c_x。

标准加入法要求测量所得的 A-c_s 曲线应呈线性关系，最少应采用 4 个点作外推曲线，并且曲线的斜率不能太小，否则易产生较大误差。另外，标准加入法能消除基体效应和某些化学干扰的影响，但不能消除背景吸收的影响，因此，在测定时应该首先进行背景校正，否则将得到偏高的结果。

第七节　原子吸收光谱分析法的灵敏度及检出限

在原子吸收光谱分析中，灵敏度（S）和检出限（D）是评价分析方法与分析仪器的两个重要指标。灵敏度可以检验仪器是否处于正常状态，检出限表示一个给定分析方法的测定下限，即在适当置信度下能够检出的试样最小浓度（或含量）。

一、灵敏度

如果浓度 c 或质量 m 发生很小的变化而引起吸收值很大的改变，就可认为这种方法是灵敏的。根据国际纯粹与应用化学联合会（IUPAC）规定，灵敏度 S 的定义是分析标准函数 x=f（c）的一次导数，用 S=dx/dc 表示。由此可见，灵敏度 S 是标准曲线

的斜率，S值越大，灵敏度越高。在原子吸收光谱分析中，其表达式为

$$S = \frac{dA}{dc} \qquad (11-15)$$

或

$$S = \frac{dA}{dm} \qquad (11-16)$$

即当待测元素的浓度c或质量m改变一个单位时，吸光度A的变化量。

在火焰原子化法中，常用特征浓度c_c来表征仪器对某一元素在一定条件下的分析灵敏度。所谓特征浓度，是指能产生1%净吸收或0.0044吸光度值时溶液中待测元素的质量浓度或质量分数，以μg/mL或μg/mL）/（1%）表示。1%吸收相当于吸光度0.0044，即

$$A = \lg\frac{I_0}{I} = \lg\frac{100}{99} = 0.0044$$

因此，元素的特征浓度心的计算公式为

$$c_c = \frac{\rho_s \times 0.0044}{A} \qquad (10-17)$$

式中：ρ_s为试液的质量浓度，μg/mL；A为试液的吸光度。显然，c_c越小，元素测定的灵敏度越高。

在石墨炉原子化法中，常用特征质量四来表征仪器对某一元素在一定条件下的分析灵敏度。所谓特征质量，是指产生1%净吸收或0.0044吸光度值时所对应的待测元素质量，以g或g/（1%）表示，其计算公式为

$$m_c = \frac{\rho_s V \times 0.0044}{A} \qquad (10-18)$$

式中：ρ_s为试液的质量浓度，μg/mL；V为试液进样体积，mL；A为试液的吸光度。同样，m_c越小，元素测定的灵敏度越高。

二、检出限

检出限是指能以适当的置信度检测的待测元素的最低浓度或最小质量。在原子吸收法中，检出限（D）表示被测元素能产生的信号为空白值的标准偏差三倍（3σ）时元素的质量浓度或质量分数，单位用μg/mL或μg/g表示。由朗伯-比尔定律和检出限的定义，得

A=Kc，3σ=KD

因此，原子吸收法的相对检出限（μg/mL）为

$$D = \frac{\rho_s \times 3\sigma}{A} \qquad (11-19)$$

同理，原子吸收法的绝对检出限（μg）为

$$D_c = \frac{m \times 3\sigma}{A} \qquad (11-20)$$

或

$$D_m = \frac{\rho_s V \times 3\sigma}{A} \qquad (11-21)$$

式中：D_c为火焰原子化法检出限，μg/mL；D_m为石墨炉原子化法检出限，μg；m为被测物质的质量，g；ρ_s为试液的质量浓度，μg/mL；V为进样体积，mL；A为试液的吸光度；σ为用空白溶液或接近空白的标准溶液进行10次以上吸光度测定所计算得到的标准偏差。

可见，分析方法的检出限与灵敏度、空白值的标准偏差密切相关，灵敏度越高，空白值及其波动越小，则方法的检出限越低。检出限不但与影响灵敏度的各种因素有关，还与仪器的噪声及稳定性或重现性有关，因此，检出限更能反映仪器的性能质量指标。

第八节　原子吸收光谱分析法的应用

原子吸收光谱分析法具有测定灵敏度高、选择性好、抗干扰性能强、稳定性好、适用范围广等特点，现已广泛应用在矿物、金属、陶瓷、水泥、化工产品、土壤、食品、血液、生物体、环境污染物等试样中的金属元素的测定。图11-13为周期表中能用原子吸收光谱分析法分析的元素，其中元素符号下面的数字为分析线的波长（nm），最下排的数字表示火焰的类型（0：冷原子化法；1：空气-乙炔火焰；1+：富燃空气-乙炔火焰；2：空气-丙烷或天然气火焰；3：乙炔-氧化亚氮火焰），大部分元素可用石墨炉原子化法进行分析。

目前，原子吸收法主要有直接原子吸收法和间接原子吸收法两大类。

Li 670.8 1,2	Be 234.9 1+,3											B 249.7 3					
Na 589.0 589.6 1,2	Mg 285.2 1+											Al 309.3 1+,3	Si 251.6 1+,3				
K 766.5 1+,2	Ca 422.7 1	Sc 391.2 3	Ti 364.3 3	V 318.4 3	Cr 357.9 1+	Mn 279.5 1,2	Fe 248.3 1	Co 240.7 1	Ni 232.0 1,2	Cu 324.8 1,2	Zn 213.9 2	Ga 287.4 1	Ge 265.2 3	As 193.7 1	Se 196.0 1		
Rb 780.0 1,2	Sr 460.7 1+	Y 410.2 3	Zr 360.1 3	Nb 358.0 3	Mo 313.3 1+		Ru 349.9 1	Rh 343.5 1,2	Pd 244.8 247.6 1,2	Ag 328.1 2	Cd 228.8 2	In 303.9 1,2	Sn 286.3 224.6 1	Sb 217.6 1,2	Te 196.0 1		
Cs 852.1 1	Ba 553.6 1+,3	La 392.8 3	Hf 307.2 3	Ta 271.5 3	W 255.1 3	Re 346.0 3		Ir 264.0 1	Pt 265.9 1,2	Au 242.8 1+,2	Hg 185.0 253.7 0,1,2	Tl 377.6 276.8 1,2	Pb 217.0 283.3 1,2	Bi 223.1 306.7 1,2			
					Pr 495.1 3	Nd 463.4 3		Sm 429.7 3	Eu 459.4 3	Gd 368.4 3	Tb 432.6 3	Dy 421.2 3	Ho 410.3 3	Er 400.8 3	Tm 410.6 3	Yb 398.8 3	Lu 331.2 3
						U 351.4 3											

图11-13 周期表中能用原子吸收光谱分析法分析的元素

一、直接原子吸收法

直接原子吸收法是利用特定的波长直接测定目标元素的含量的方法，已广泛应用于各行业各类产品中微量元素和痕量元素的分析，有些已被定为国家标准分析法，还有的被定为仲裁分析法。现举例说明它的应用。

地质冶金方面：包括矿物、岩石、冶金以及合金中的成分分析和杂质元素的分析等。

农业方面：包括粮食、种子、土壤、农药、肥料、蔬菜、饲料等中微量元素的分析。

食品安全方面：包括肉类、水产、酒类、茶叶、奶制品等食品中金属元素的分析。

轻化工方面：包括化学试剂、玻璃、塑料、橡胶、油漆、石油原油及其制品等中金属元素含量的分析。

环境监测方面：包括空气、飘尘、雨水、河水、废水、污水、土壤中各类金属污染物的测定。

生命科学领域：包括血液、尿液、毛发和组织等中微量元素的测定。

卫生防疫方面：包括医药卫生、临床分析、疾病控制分析、人体生化指标分析、代谢物分析、药品分析等样品中微量元素的测定。

二、间接原子吸收法

从理论上讲，凡能有效地转化为自由基态原子，并能获得稳定的共振辐射光源的元素，都可以用原子吸收光谱分析法测定，但是，在目前的技术条件下，很多元素不能用常规原子吸收法直接测定，另外，有机化合物也不能用原子吸收法直接测定。

为了弥补直接原子吸收法的不足，扩大该方法的应用范围，许多分析工作者致力于间接原子吸收光谱分析的研究。所谓间接原子吸收法，就是在进行原子吸收测定之前，利用某些特定的金属离子与被测元素或化合物间的化学反应，使某些不能直接进行原子吸收测定或灵敏度低的被测物质与易于原子吸收测定的元素进行定量反应，最后通过测定易于原子吸收测定的元素的吸收，间接求出被测物质的含量。因此，利用间接原子吸收法可以测定非金属元素、阴离子和有机化合物。

第十章 气相色谱与高效液相色谱法

第一节 气相色谱分析法

一、概 述

现在大气中多环芳烃（PAH）、废水中酚类物质以及食品风味、蔬菜中农药残留等检测均采用气相色谱法。如可挥发性有机物（VOC）监测是以氮气为载气，流速1～3mL/min，通过DB-1（甲基聚硅氧烷）或DB-5（5%苯基95%甲基聚硅氧烷）为固定相的毛细管色谱柱进行分离。色谱条件为起始温度30℃，保留时间2min，升温速率8℃/min，最后在200℃下使所有色谱峰出完为止。

气相色谱法是以气体为流动相的色谱分析方法。具有高效、快速、灵敏、应用范围广等特点。常用气相色谱仪的主要部件和分析流程如图8-18所示。

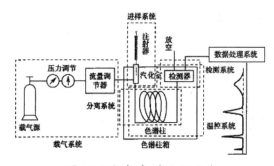

图12-1 气相色谱流程示意

气相色谱仪由五个部分组成：气路系统、进样系统、分离系统、温控系统以及检测和数据处理系统（化学工作站）。

二、气相色谱分离原理

（一）分配系数和分配比

以气相色谱为例，被测组分在固定相与流动相之间反复发生吸附、脱附或溶解、挥发过程，即分配过程，可用分配系数或分配比来描述被测组分分子与固定相分子间的相互作用。

1.分配系数 K

在一定的温度和压力下，当分配体系达到平衡时，被测组分在固定相浓度 C_S 与在流动相中浓度 C_M 之比为常数。此常数称为分配系数，以 K 表示。

$$K = \frac{C_S}{C_M} \qquad (12\text{-}1)$$

K 值除了与温度、压力有关外，还与组分的性质、固定相和流动相的性质有关。K 值的大小表明组分与固定相分子间作用力的大小。K 值小的组分在柱中滞留的时间短，较早流出色谱柱；反之，K 值大的组分在柱中滞留的时间长，则较迟流出色谱柱。因此，不同组分的分配系数的差异是实现色谱分离的先决条件，分配系数相差越大，越容易实现分离。

2.分配比 k

又称为容量因子，在一定温度和压力下，组分在两相间达到分配平衡时，分配在固定相和流动相中的质量之比，即：

$$k = \frac{m_S}{m_M} \qquad (12\text{-}2)$$

分配系数与分配比之间的关系为：

$$K = \frac{C_S}{C_M} = \frac{m_S / V_S}{m_M / V_M} = k\beta$$

式中：V_M 为色谱柱中流动相体积，即柱内固定相颗粒间的空隙体积；V_S 为色谱柱中固定相体积，在不同类型的色谱法中含义不同。例如在吸附色谱中 V_S 为吸附剂表面容量，在分配色谱中则为固定液体积。V_M 与 V_S 之比称为相比，以 β 表示，它反映了各种色谱柱柱型的特点。例如，填充柱的 β 值为 6～35，毛细管柱的 β 值为 50～1500。

（二）色谱流出曲线及有关术语

样品中各组分经色谱柱分离后，依次从色谱柱流出，以组分浓度（或质量）为纵坐标，流出时间为横坐标，绘得的组分浓度（或质量）随时间变化曲线称为色谱流出曲线，也称色谱图。如图 12-2 所示。

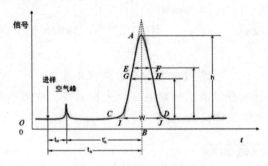

图 12-2 色谱流出曲线

色谱的基本术语包括基线、峰高、保留值和区域宽度。

1.基线

色谱柱中仅有流动相通过时，检测器记录信号即为基线。实验条件稳定时，基线应是一条直线。如上图中平行于横轴的直线段所示。

2.峰高

从色谱峰顶点到基线之间的垂直距离，以 h 表示。

3.保留值

表示样品组分在色谱柱中的滞留情况，通常用时间或载气体积表示。

（1）用时间表示的保留值

保留时间 t_R：被测组分从进样到色谱峰出现浓度最大值时所需的时间，如图 12-2 中 O'B 所示。

死时间 t_M：不被固定相保留的组分（如空气）的保留时间，如图 12-2 中 O'A' 所示。

调整保留时间 t_R'：扣除死时间后组分的保留时间，如图 12-2 中 A'B 所示。

即：

$$t_R' = t_R - t_M$$

在确定的实验条件下，任何物质都有一定的保留时间，它是色谱定性的基本参数。

（2）用流动相体积表示的保留值

保留体积 V_R：从进样到色谱峰出现浓度最大时所通过的流动相体积，单位为 mL。它与保留时间 t_R 的关系如下：

$$V_R = t_R \cdot F_0$$

式中：F_0 为流动相体积流速，mL/min。

死体积：死体积是指色谱柱中未被固定相占据的空隙体积，也即色谱柱内流动相的体积。但在实际测量时，它包括了柱外死体积，即色谱仪管路和连接头以及进样口和检测器的空间。当柱外死体积很小时，可忽略不计。死体积由死时间与流动相体积流速 F_0 计算。

$$V_M = t_M \cdot F_0$$

调整保留体积 V_R'：扣除死体积后组分的保留体积。

$$V_R' = V_R - V_M = t_R' \cdot F_0$$

（3）相对保留值 r_{21}

指组分 2 与组分 1 的调整保留值之比，是一个量纲为一的量。

$$r_{21} = \frac{t_{R_2}'}{t_{R_1}'} = \frac{V_{R_2}'}{V_{R_1}'} \tag{12-3}$$

其中脚标代表组分 1 和组分 2，组分 2 的保留一般大于组分 1，因此 $r_{21} \geq 1$。r_{21} 可作为衡量固定相对组分分离选择性指标，又称选择性因子，也可用 α 表示。

（4）保留值与分配比的关系

设柱中某组分的平均线速度为 u，则：

$$u = \frac{L}{t_R}$$

若流动相的平均线速度为 u。则 $u = \dfrac{u_0}{1+k}$

这说明，在一个样品的分析过程中，各个组分的线速度是分配比的函数，分配比越大，组分的速度越小，保留时间越长。

整理后得到：$\qquad t_R = t_M（1+k）$

这表明，t_R 为 k 和 t_M 的函数。因此，分配比 k 是色谱柱对组分保留能力的参数，k 值越大，保留时间越长。

$$k = \frac{t_R - t_M}{t_M} = \frac{t'_R}{t_M} = \frac{V'_R}{V_M}$$

分配比 k 同时也是组分在固定相与在流动相中停留时间之比。k 不仅与物质的热力学性质有关，还与色谱柱的柱形及其结构有关。由于分配比 k 可以方便地从色谱图上求得，因此它比分配系数 K 更为常用，是色谱理论中的一个非常重要的参数。

4.区域宽度

色谱峰的区域宽度是组分在色谱柱中谱带扩张的函数，它反映了色谱操作条件的动力学因素。色谱峰的区域宽度可用下面三种方法表示。

（1）标准偏差 σ

色谱峰是正态分布曲线，可以用标准偏差 σ 表示峰的区域宽度，即 0.607 倍峰高处色谱峰宽度的一半，如图 12-2 中 EF 的一半。

（2）半峰宽 $Y_{1/2}$

峰高一半处色谱峰的宽度，如图 12-2 中的 GH。它与标准偏差的关系是：

$Y_{1/2} = 2.354\sigma$ $\qquad\qquad$ （12-4）

（3）峰底宽度 Y

也称峰宽，为色谱峰两侧拐点上的切线在基线上截距，如图 12-2 中的 IJ 所示。它与标准偏差的关系是：

$Y = 4\sigma$ $\qquad\qquad$ （12-5）

（三）色谱法基本理论

1.塔板理论

1941 年由詹姆斯（James）和马丁（Martin）提出，并用数学模型描述了色谱分离过程。这个半经验的理论将色谱柱比作一个分馏塔，柱内由一系列设想的塔板组成，把色谱柱分成许多小段。在每一小段内，一部分空间被固定相占据，另一部分空间充满流动相，分离组分在两相间达到平衡。这样每个小段称做一个理论塔板，每小段的长度称为理论塔板高度，用 H 表示。组分随着流动相进入色谱柱后，经过多次分配平衡，分配系数小的组分先离开色谱柱，分配系数大的组分后离开色谱柱。

塔板理论方程式：

对一根长为 L 的色谱柱，组分达成分配平衡的次数应为 n：

$$n = \frac{L}{H}$$

式中：n 称为理论塔板数。由塔板理论可导出理论塔板数 n 计算公式为：

$$n=5.54\left(\frac{t_\mathrm{R}}{Y^{1/2}}\right)^2=16\left(\frac{t_\mathrm{R}}{Y}\right)^2 \tag{12-6}$$

显然，当色谱柱长 L 一定时，塔板高度 H 越小，塔板数 n 值越大，组分在色谱柱内的分配次数就越多，则色谱柱效越高。

但是由于死时间 t_M（或 V_M）包含在 t_R（或 V_R）内，而 t_M 并不参加柱内组分的分配，所以理论塔板数、理论塔板高度并不能真实反映色谱柱分离性能。因此，常采有效塔板数 $n_{有效}$ 或有效塔板高度 $H_{有效}$ 作为衡量柱效的指标。分别表示为：

$$n_{有效}=5.54\left(\frac{t'_\mathrm{R}}{Y^{1/2}}\right)^2=16\left(\frac{t'_\mathrm{R}}{Y}\right)^2$$

$$H_{有效}=\frac{L}{n_{有效}}$$

n 与 $n_{有效}$ 的关系式：

$$n=n_{有效}\left(\frac{1+k}{k}\right)^2 \tag{12-7}$$

上式说明，容量因子 k 越小，n 与 $n_{有效}$ 之间相差越大。

色谱柱的 $n_{有效}$ 越大，组分在色谱柱的分配次数越多，柱效越高，所得色谱峰越窄，越有利于分离，但这不能表示各组分的实际分离效果。混合物样品各组分能否被分离取决于各组分在固定相上分配系数的差异，而不是取决于分配次数的多少。如果两组分的分配系数 K 相同，无论该色谱柱的塔板数多大，都无法分离。

2.速率理论

1956 年荷兰学者范第姆特（Van Deemter）等在研究气-液色谱时，提出了色谱过程的动力学理论——速率理论。在综合评价影响塔板高度的动力学因素后，导出了塔板高度 H 与载气线速度 u 的关系式。即速率理论方程式，简称范氏方程，即：

$$H=A+B/u+Cu \tag{12-8}$$

式中：A 为涡流扩散项，B 为分子扩散项系数，C 为传质阻力项系数；u 为流动相的平均线速度，单位为 cm/s。各项的物理意义分别为：

（1）涡流扩散项 A

在填充色谱柱中，组分分子随流动相在固定相颗粒间的孔隙串行，向柱尾方向移动，碰到填充物颗粒时，不断地改变流动方向，使组分分子在流动相中形成紊乱的类似"涡流"的流动。由于填充物颗粒大小不同以及填充的不均匀性，使组分分子通过填充柱时的路径长短不同，使得组分分子在色谱柱中进行运动时的离散程度增大，引起色谱峰形的扩展，分离变差。

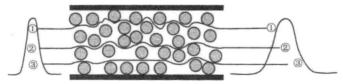

图 12-3 色谱柱中的涡流扩散

涡流扩散项 A 与固定相颗粒大小及填充的均匀性有关，其值可用下式表示：

A=2λd_p

式中：λ为填充不规则因子；d_p为填充物颗粒的平均直径。固定相颗粒大小是影响涡流扩散项的主要因素。使用颗粒细、粒度均匀的填充物且填充均匀，是减少涡流扩散和提高柱效的有效途径。对于空心毛细管柱，不存在涡流扩散，因此 A=0。

（2）分子扩散项 B/u

分子扩散项又称为纵向扩散项。由于进样后样品仅存在于色谱柱中很短的一段空间内，因此可认为样品是以"塞子"的形式进入色谱柱的。在"塞子"前后形成浓度梯度，组分分子从高浓度处向低浓度处扩散，这种扩散沿柱的纵向进行，结果使色谱峰展宽、分离变差。

分子扩散项系数 B 为：

B=2γD_g

式中：γ为弯曲因子；D_g为组分分子在气相中的扩散系数（cm^2/s）。弯曲因子γ是与组分分子在柱内扩散路径的弯曲程度有关的因子。对填充柱，γ=0.5～0.7；而毛细管空心柱因无填充物阻碍，γ=1。D_g的大小与组分及流动相的性质、组分在流动相中的停留时间及柱温等有关。组分的相对分子质量大，扩散不易，D_g较小。D_g与流动相相对分子质量的平方根成反比，且随柱温的升高而增大。分子扩散还与组分在柱内的保留时间有关，载气流速越小，保留时间越长；柱子越长，分子扩散对峰展宽的影响就越显著。因此，为了减小分子扩散项，要适当加大流动相流速，使用相对分子质量较大的流动相，控制或降低柱温等。

（3）传质阻力项 Cu

气相传质阻力是指样品分子由气相移动到固定相界面进行交换传质过程中所受到的阻力。传质阻力越大，引起峰展宽也越大。传质阻力系数 C 包括气相传质阻力系数C_g和液相传质阻力系数C_l两项，即$C=C_g+C_l$。气相传质阻力系数：

$$C_g = \frac{0.01k^2}{(1+k)^2} \cdot \frac{d_p^2}{D_g}$$

式中：k为分配比。从上式可以看出，气相传质阻力系数C_g与填充物粒度d_p的平方成正比，与组分在气相中的扩散系数D_g成反比。因此，采用粒度小的填充物和相对分子质量小的气体（如H_2）作载气，或适当降低流动相线速，可以降低气相传质阻力，提高柱效。

液相传质阻力是指组分分子从气液两相界面扩散至液相内部进行质量交换，达到分配平衡后再返回气液两相界面，整个过程的传质阻力。液相传质阻力系数：

$$C_l = \frac{2}{3} \cdot \frac{k}{(1+k)^2} \cdot \frac{d_f^2}{D_l}$$

式中：d_f为固定相液膜厚度；D_l为组分分子在固定液中的扩散系数。可见，液相传质阻力与固定相液膜厚度的平方成正比，与组分分子在固定液中的扩散系数成反比。液膜厚度薄，组分在液相的扩散系数大，则液相的传质阻力就小。

将 A、B 和 C 代入式（12-8），即可得到气液色谱的速率理论方程：

$$H = 2\lambda d_p + \frac{2\gamma D_g}{u} + \left[\frac{0.01k^2}{(1+k)^2} \cdot \frac{d_p^2}{D_g} + \frac{2k}{3(1+k)^2} \cdot \frac{d_f^2}{D_l} \right] u \tag{12-9}$$

由此可见，范氏方程对于分离条件的选择具有指导意义。它说明，填充均匀程度、担体粒度、载气种类、载气流速、柱温、固定相液膜厚度等对柱效、峰扩展的影响。

3.色谱分离基本方程

衡量柱效的指标是 n 或 $n_{有效}$。n 越大，说明组分在柱中进行分配平衡的次数越多，越有利于分离。但各组分能否得到分离并不取决于分配平衡次数的多少，而是取决于各组分在固定相中分配系数的差异。因此，不能将 n 视为能否实现组分分离的依据，而应以选择性作为能否实现组分分离的依据。所谓选择性即是难分离物质的相对保留值 r_{21}。它表示固定液对难分离物质的选择性保留作用，r_{21} 越大，两组分分离得越好，但它不能反映柱效高低。而分离度 R_s 作为色谱柱的总分离效能指标，可以判断难分离物质在色谱柱中的分离情况，反映柱效和选择性影响的总和。因此，可将分离度（R_s）、柱效（n）和选择性（r_{21}）联系起来，得到如下的关系式：

$$R_S = \frac{\sqrt{n}}{4}\left(\frac{r_{21}-1}{r_{21}}\right)\left(\frac{k}{1+k}\right) \tag{12-10}$$

上式被称为色谱分离基本方程式。整理则可得到用 $n_{有效}$ 表示的色谱分离基本方程：

$$R_S = \frac{\sqrt{n_{有效}}}{4}\left(\frac{r_{21}-1}{r_{21}}\right) \tag{12-11}$$

（1）分离度与柱效的关系

分离度与 n 的平方根成正比。对于一对难分离组分，当固定相、流动相确定，那么选择因子 r_{21} 就确定了，分离度取决于 n。增加柱长可以改善分离度，但各组分的保留时间增长，容易使色谱峰变宽。因此在保证一定分离度的前提下尽量用短色谱柱。除增加柱长外，增加 n 的另一个方法是降低 H，这意味着要制备一根性能优良的色谱，且在最优化条件下操作。

（2）分离度与选择性的关系

r_{21} 是柱选择性的量度，r_{21} 越大，柱选择性越好，对分离越有利。分离度对 r_{21} 的微小变化很敏感，增大 r_{21} 是提高分离度的有效办法。当 $r_{21}=1$ 时，两物质不能实现分离；当很小的情况下，特别是 $r_{21}<1.1$ 时，两物质很难分离。如果两物质的 r_{21} 值足够大，即使色谱柱的 $n_{有效}$ 较小，也能实现分离。

在实际分析中，可以通过改变固定相或流动相的组成，或采用较低的柱温来改变 r_{21} 值。气相色谱法中一般通过改变固定相组成来实现，因为载气是惰性的且可选择种类很少。液相色谱中，流动相种类繁多，往往通过改变流动相来改变 r_{21} 值。

（3）分离度与分配比的关系

k 值大对改善分离效果有利，但并非越大越好。当 k>10，增加 k 值对 k/k+1 的改变不大，对 R 的改进不明显，反而使分析时间延长。因此 k 值的最佳范围是 1～10，在此范围内，既可得到较大的 R 值，又可使分析时间不至过长，使峰的扩展不会太严重而对检测产生影响。

可以通过改变固定相、流动相、柱温或相比使 k 发生变化。前三种方法使分配系数 K 发生变化，从而使 k 改变。改变相比包括改变固定相的量及柱的死体积。固定相的量越大，则 k 值越大；柱的死体积越大，则 k 值越小。

$$n_{有效} = 16R_s^2\left(\frac{r_{21}-1}{r_{21}}\right)^2 \tag{12-12}$$

于是，

$$L = 16R_s^2\left(\frac{r_{21}-1}{r_{21}}\right)^2 H_{有效} \tag{12-13}$$

由此可计算出达到某一分离度所需色谱柱长。

三、气相色谱固定相

在气相色谱分析中能否将混合物完全分离，主要取决于色谱柱的选择性和柱效，但很大程度上取决于固定相的选择是否适当。气相色谱固定相分为固体固定相和液体固定相两类，液体固定相是由固定液和担体组成。

（一）气-固色谱固定相

气-固色谱固定相在形态上是固体，包括吸附剂固定相和聚合物固定相两类。将这类固定相直接装入柱中就可用于分离。

1.固体吸附剂

固体吸附剂是一些多孔、大表面积、具有吸附活性的固体物质。这类吸附剂具有吸附容量大、耐高温的优点，适于分离永久性气体（在色谱中是指常温常压下是气态的气体）和低沸点物质；缺点是柱效较低，活性中心易中毒，使柱寿命缩短。常用的有非极性的活性炭、弱极性的氧化铝、强极性的硅胶以及具有特殊吸附作用的分子筛等。

2.聚合物固定相

聚合物固定相是近年来出现的一种较为理想的新型固定相。例如，最常用的聚合固定相是高分子多孔微球，它是一种性能优良的吸附剂，经活化后可直接作为固定相使用，也可在其表面上涂渍固定液作为担体使用。高分子多孔微球分为极性和非极性两种。如果在聚合时引入不同极性的基团，就可以得到具有一定极性的高聚物，如 GDX-3 和 GDX-4 型、401 有机载体，Porapak N 等均属此类。非极性的聚合物固定相是由苯乙烯与二乙烯基苯共聚而成，如 GDX-I 和 GDX-2 型，Chormosorb-104 等均属此类。

高分子多孔微球的比表面积大，力学强度较好，耐腐蚀。它可分析极性的多元醇、脂肪酸、腊类、胺类或非极性的烃、醚、酮等，且峰形对称，拖尾现象很少，尤其适合于分析有机物中的微量水，它的最高使用温度为 250℃，超过此温度会发生分解。

（二）气-液色谱固定相

气-液色谱固定相包括固定液及其担体。它以一种称为担体（或载体）的惰性固体颗粒作支持剂，在其表面涂渍一种高沸点的液体有机化合物，这种液体在色谱分析过程中是不动的，称为固定液。将涂渍了固定液的担体作固定相，装填于柱中构成了气-液色谱的色谱柱。

1.担体

它是一种化学惰性的多孔固体颗粒。它的作用是提供一个较大的惰性表面，使固定液能以液膜状态均匀地分布在其表面上。对担体的具体要求如下：具有化学惰性，即在使用温度下不与固定液或样品发生反应；具有良好的热稳定性，即在使用温度下不分解、不变形、无催化作用；有一定的力学强度，在处理过程中不易破碎；有适当的比表面积，表面无深沟，以便使固定液成为均匀的薄膜；要有较大的孔隙率，以便减小柱压降。常用的担体分硅藻土和非硅藻土两类。按制造方法的不同，分为红色担体和白色担体两种。

2.固定液

固定液具有下列性质：挥发性小，在操作温度下有较低的蒸气压，以免流失；热稳定性好，在操作温度下不发生分解，呈液体状态；对样品各组分有适当的溶解能力，否则组分易被载气带走而起不到分配作用；具有高的选择性，即对沸点相同或相近的不同物质有尽可能高的分离能力；化学稳定性好，不与被测物质起化学反应。

固定液一般都是高沸点的有机化合物，而且各有其特定的使用温度范围，特别是最高使用温度极限。可用作固定液的高沸点有机物很多，现在已有上千种固定液，而且数量还在增加。

3.固定液的选择

选择固定液时，一般是根据"相似相溶"的原则来选择。即固定液的性质与被分离组分之间有某些相似，如极性、官能团、化学键等相似时分子间的作用力就强，组分在固定液中的溶解度就大，分配系数大，保留时间长，易于相互分离。可从以下几个方面进行选择。

分离非极性组分一般选用非极性固定液，如角鲨烷、甲基硅油、阿皮松等。组分和固定液分子间的作用力主要是色散力，各组分基本上按沸点从低到高的顺序流出色谱柱。

分离中等极性组分应选用中等极性固定液，如邻苯二甲酸二壬酯、聚乙二醇己二酸酯等。这时组分和固定液分子间的作用力主要是色散力和诱导力。若诱导力很小，样品中各组分基本上按沸点从低到高的顺序流出色谱柱。但在分离沸点相近的非极性和可极化组分的混合物时，则诱导力起主要作用，非极性组分先流出，极性组分后流出。

分离非极性和极性物质的混合物时，一般选用极性固定液，这时非极性组分先出峰，极性组分后出峰。对于比较复杂样品的分离，当样品中各组分的沸点差别很大时，可选非极性固定液；当各组分之间极性差别很显著时，则可选极性固定液分离。

分离强极性组分，可选择强极性固定液，如β，β'-氧二丙精、聚丙二醇己二酸酯等。这时组分和固定液分子间的作用力主要是定向力。极性越大，作用力越大，各组分按极性顺序出峰，即极性弱的先流出，极性强的后流出。如果极性组分中含有非极性组分，则非极性组分最先流出。

分离能形成氢键的组分，应选择氢键型的固定液，如醇、酚、酰和多元醇等，样品中各组分按与固定液形成氢键的能力大小先后流出，不易形成氢键的先流出，最易形成氢键的最后流出。

对于复杂的难分离组分，可选用特殊的固定液或混合固定液分离。

在实际工作中，一般是根据经验或通过试验来选择，例如对未知样品，首先在最常用的而且具代表性的五种固定液（SE-30、OV-17、QF-1、PEG-20M 或 DEGS）上进行实验，观察未知物色谱图的分离情况，然后再选择合适极性的固定液。

（三）气相色谱分离操作条件的选择

气相色谱分离条件的选择是为了提高组分间的分离选择性、提高柱效，使分离峰的个数尽量多，分析时间尽可能短，从而充分满足分离要求。

1. 载气及其流速的选择

对一定的色谱柱和试样，载气及其流速是影响柱效的主要因素。用不同流速 u 下测得的塔板高度 H 作图，得 H-u 曲线（见图 12-3）。在曲线的最低点，塔板高度 H 最小（$H_{最小}$），此时柱效最高。该点所对应的流速即为最佳流速（$u_{最佳}$）。$u_{最佳}$ 和 $H_{最小}$ 由式（12-8）求导可得，即：

$$\frac{dH}{du} = -\frac{B}{u^2} + C = 0$$

$$u_{最佳} = \sqrt{\frac{B}{C}}$$

$$H_{最小} = A + \sqrt{BC}$$

（12-14）

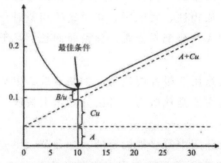

图 12-3 各项因素对塔板高度 H 的影响

从图可见，当流速较小时，分子扩散项 B/u 成为色谱峰扩展的主要因素，此时应采用相对分子质量较大的 N_2、Ar 等作载气，使组分在载气中有较小的扩散系数，有利于降低组分分子的扩散，减小塔板高度。而当流速较大时，传质阻力项 Cu 成为主要的影响因素，此时宜采用相对分子质量较小的载气，如 H_2、He 等，使组分在载气中有较大的扩散系数，有利于减小气相传质阻力，提高柱效。此外，选择载气时还需考虑与所用的检测器相适应。

2. 柱长和内径的选择

柱内径增大可增加柱容量、有效分离的样品量增加。但径向扩散路径也会随之增加，导致柱效下降。内径小有利于提高柱效，但渗透性会随之下降，影响分析速度：对于一般的分析分离来说，填充柱内径为 3～6mm，毛细管柱柱内径为 0.2～0.5mm。

3.柱温的选择

柱温是一个十分重要的操作参数，所选的柱温应低于固定液的最高使用温度，否则会造成固定液的流失，影响柱寿命，污染检测器。

提高柱温可以加速组分分子在气相和液相中的传质速率，减少传质阻力，有利于提高柱效，但提高柱温也加剧了分子的纵向扩散，导致柱效下降。另一方面，提高柱温可以缩短分析时间，但会降低柱的选择性，即r_{21}变小，k值减小，导致分离度降低。

因此，柱温选择要综合诸多因素，既要获得较高的分离度，又要缩短分离时间。因此，常采用较低柱温与较低固定液配比，以获得较高的分离度，缩短分离时间。一般情况下，柱温应比试样中各组分的平均沸点低20~30℃。

对于沸点范围较宽的试样，宜采用程序升温进行分析。即柱温按预定加热速度，随时间呈线性或非线性地增加。开始时柱温较低，低沸点组分达到很好的分离；随着柱温逐渐升高，高沸点组分也可获得满意的峰形。

四、色谱定性分析

（一）利用纯物质对照定性

将已知纯物质在相同的色谱条件下的保留时间与未知物的保留时间进行比较，若二者相同，则未知物可能是已知的纯物质，否则就不是该物质。这种定性法适用于对组分性质已有所了解、组成比较简单且有纯物质的未知物。

（二）利用加入纯物质增加峰高定性

当相邻两组分的保留值接近且操作条件不易稳定时，可采用此法。首先做出未知样品的色谱图，然后将纯物质直接加入未知样品中，再得另一色谱图。峰高增加的组分可能为这种纯物质。

（三）利用相对保留值定性

相对保留值r_{is}是指组分i与基准物s调整保留值的比值，即：

$$r_{is} = \frac{t'_{R_{(i)}}}{t'_{R_{(s)}}} = \frac{V'_{R_{(i)}}}{V'_{R_{(s)}}}$$

将实验测得的待测组分对标准物质的相对保留值与文献记载的相对保留值进行对照，即可定性。由于相对保留值仅与柱温、固定液性质有关，与其他操作条件无关，因此在使用文献数据时，要求实验测定所用的固定液及柱温应与文献记载的完全相同。

通常选用与被测组分保留值相近的物质作基准物，如正丁烷、正戊烷、环己烷、苯、对二甲苯、环己醇、环己酮等。

（四）其他方法

质谱、核磁共振及红外光谱等是现代定性分析常用手段，但不适合复杂混合物的定性分析。将它们与色谱仪联用，经色谱分离后的组分，再进行定性鉴定，可以得到准确可靠的分析结果。目前商品化的联用仪器已有气相色谱—质谱联用（GC-MS）、液相色谱—质谱联用（LC-MS）、气相色谱—傅里叶变换红外光谱联用（GC-FTIR）以及液相色谱—核磁共振联用（LC-NMR）等。其中GC-MS是目前解决复杂未知物定性问题的常用方法之一，已建成的大量化合物的标准谱库，可用于数据的快速处理及检索，给出未知样品各色谱峰的分子结构信息。

五、气相色谱定量分析

在一定的操作条件下，检测器的响应信号与进入检测器的被测组分质量（或浓度）成正比，即：

$$m_i = f_i A_i$$

这是色谱定量分析的依据。

式中，m_i为被测组分i的质量；A_i为被测组分i的峰面积，f_i为被测组分i的校正因子。因此，进行色谱定量分析时需要准确测量峰面积或峰高，求出定量校正因子，选择定量方法。

（一）定量校正因子

色谱定量分析的依据是，在一定条件下被测组分的质量（或浓度）与其峰面积成正比。但是峰面积的大小不仅取决于组分的质量，还与组分的性质有关，表现为同一检测器对不同的组分具有不同的响应值。因此，当两个质量相等的不同组分在相同的条件下使用同一个检测器进行测定时，所得的峰面积往往不相等，这样就不能直接利用峰面积计算物质的含量，必须对峰面积进行校正。为此，需要引入定量校正因子。校正因子分为绝对校正因子和相对校正因子。

1.绝对校正因子 f_i

是指某组分i通过检测器的量（质量、物质的量或体积）与检测器对该组分的响应信号（峰面积或峰高）之比值，即：

$$f_i = \frac{m_i}{A_i}$$

绝对校正因子受仪器及操作条件的影响很大，既不易准确测定，也无法直接应用。在实际定量分析中，一般采用相对校正因子。

2.相对校正因子 f_i'

是指某组分i与标准物质s的绝对校正因子之比值，即：

$$f_i' = \frac{f_i}{f_s}$$

根据被测组分使用的计算单位不同，可分为相对质量校正因子$f_{i_{(m)}}'$和相对摩尔校正因子f_{i_M}'。通常所指的校正因子都是指相对校正因子，常将"相对"两字略去。

另外，相对校正因子的倒数称为相对响应值S"即相对灵敏度。

$$S' = \frac{1}{f_i'} \tag{12-14}$$

（二）定量计算方法

1.归一化法

当样品中所有组分都能产生可测量的色谱峰时，将所有组分的含量之和按100%计算的定量方法称为归一化法。其计算式如下：

$$\omega_i = \frac{m_i}{\sum\limits_{i=1}^{n} m_i} \times 100\% = \frac{f_i' A_i}{\sum\limits_{1} f_i' A_i} \times 100\% \tag{12-15}$$

式中：ω_i为被测组分i的百分含量；f_i'为组分的校正因子；A_i为组分i的峰面积。当f_i'为质量校正因子时得到质量分数；当f_i'为摩尔校正因子时则得到摩尔分数。若样品中各组分的f_i'与f_i很接近时，则上式可简化为：

$$\omega_i = \frac{A_i}{\sum\limits_{1} A_i} \times 100\% \tag{12-16}$$

归一化法具有简便、准确、受操作条件变化影响较小等优点，但样品中所有组分必须全部出峰，否则不能用此法定量计算。

2.内标法

当样品中各组分不能全部出峰或只需要对样品中某几个有色谱峰的组分进行定量时，可采用内标法。所谓内标法，是将一定量的某纯物质作为内标物加入到准确称量的样品中，根据内标物和样品的质量以及内标物和被测组分的峰面积可求出被测组分的含量。

$$\omega_i = \frac{m_i}{m} \times 100\% = \frac{A_i f_i' m_s}{A_s f_s' m} \times 100\% \tag{12-17}$$

式中：下标s代表内标物，i代表组分，m为样品的质量。

以ω_i对A_i/A_s作图，可得一条通过原点的直线，即内标标准曲线。利用内标标准曲线可以确定组分的含量。

内标法的关键是选择合适的内标物。对内标物的要求是：样品中不含有内标物质；内标物色谱峰位置在各待测组分之间或与之相近；性质稳定，易得纯品；与样品能互溶但无化学反应；内标物浓度恰当，使其峰面积与待测组分相差不太大。内标标准曲线法具有简便、受操作条件影响小、不需准确进样、无须另外测定校正因子等优点，适用于生产控制分析。

3.外标法

外标法实际上是常用的标准曲线法。首先将待测组分的纯物质配成一系列不同浓度的标准溶液，在一定的色谱条件下准确定量进样，测量峰面积（或峰高），绘制标准曲线。进行样品测定时，要在与绘制标准曲线完全相同的色谱条件下准确进样，根据所得峰面积（或峰高），从标准曲线上直接查出待测组分的含量。

外标法的优点是操作简单、计算方便，绘制出标准曲线后计算时不需要校正因子，适用于工业控制分析和气体分析。但它受色谱操作条件的影响较大，实际应用中需严格控制，使操作条件稳定、进样量重复性好，否则对分析结果影响较大。

六、毛细管柱气相色谱法

毛细管柱气相色谱法是采用毛细管柱代替填充柱，用于分离复杂组分的一种气相色谱法。1957年，戈雷（Golay）从理论上与实践上提出了毛细管柱色谱，用内壁涂渍一层极薄而均匀的固定液膜的毛细管作色谱柱，管中间留有载气通道，因而称为开管柱气相色谱。毛细管柱具有化学惰性、弹性好、力学强度高、柱效高等优点。开管柱内不存在填充物，柱阻力很小，柱长可以大为增加，总的分离效能是填充柱的10～100倍，大大提高了气相色谱法对复杂物质的分离能力。

毛细管色谱柱的特点：

（一）柱阻力小，可使用长色谱柱

当载气通过色谱柱时，由于填料的存在（填充柱）或细小的通道（毛细管柱），对气体有一定的阻力。填充柱中装有填料，载气只能从填料之间的孔隙通过，阻力相对较大；而开管柱内不存在填充物，气流可以直接通过，柱阻力很小，因此柱长可以大大增加。载气在填充柱内所受到的阻力是相同柱长毛细管柱所受阻力的100倍左右，这样就有可能在相同的柱压下，使用100m以上的毛细管柱，而载气平均线速度仍可保持不变。

（二）相比大，有利于快速分析

毛细管柱内径一般为0.1～0.7mm，内壁上的固定液膜极薄，中心是空的，因此相比 β 是填充柱的几十倍。对于某一组分，固定相与流动相一旦确定，分配系数则确定；由于 $k=K/\beta$，$t_R=t_M（1+k）$，则说明相对于填充柱而言，毛细管柱的保留时间较小，缩短了分析时间。同时由于毛细管柱阻力小，可以使用很高的载气流速，从而实现快速分析。

（三）容量小，允许进样量少

柱容量是指色谱柱允许的最大进样量。柱容量取决于柱内固定液的含量。尽管毛细管柱长度很长，但由于液膜极薄，固定液总量极低，仅为几十毫克。因此进样量不能大，否则将导致过载而使柱效下降，色谱峰扩展。液体试样允许的进样量一般为 $10^{-3}\sim10^{-2}\mu L$。

（四）总柱效高，分析复杂混合物的能力大为提高

单位柱长毛细管柱的柱效略高于填充柱，其数量级都是 $10^3/m$。但由于其柱长是填充柱的10～100倍，因此总的理论塔板数可达 $10^4\sim10^6$，总柱效远远高于填充柱，可以解决很多极其复杂混合物的分离问题。如用填充柱只能分离 $r_{21}\geqslant1.10$ 的难分离物质对，而用毛细管柱 $r_{21}=1.03$ 的物质对也能分离。

七、气相色谱的主要应用

气相色谱应用广泛，在石油化工、环境保护、食品安全、生物、医药等分析检测中发挥着显著作用，对于复杂体系的分离分析，更是不可或缺的检测手段。在促进经济发展，保证食品健康安全、保护环境等诸方面发挥着积极的作用。

第二节　高效液相色谱法

　　2008年备受人们关注的乳品中"三聚氰胺"事件，其关键在于牛奶等原料乳及乳制品中三聚氰胺含量检测分析，其常用的检测方法是高效液相色谱法。乳品或制成品样品经提取、净化后，以柠檬酸-辛烷磺酸钠（pH=3）-乙腈（90：10，V/V）为流动相，在流速$1.0mL \cdot min^{-1}$下，用C18色谱柱进行分离，紫外检测器240nm处即可测定。

　　高效液相色谱法是在20世纪70年代迅速发展起来的一项高效、快速的分离分析新技术。

一、高效液相色谱法的特点

（一）高压

　　液相色谱是以液体作为流动相，或称洗脱液。高效液相色谱法的填料颗粒只有$2 \sim 10 \mu m$，因而流动相经色谱柱时受到的阻力较大，为了能迅速地通过色谱柱，必须对流动相施加高压。一般可达$15 \sim 30MPa$，甚至高达50MPa的高压。

（二）高速

　　由于采用了高压，流动相在色谱柱内的流速较快，所需的分析时间较少。如用经典液相色谱法分析氨基酸时，采用长度为170cm、内径为0.9cm的柱子，流动相流速为30mL/h，用20h才能分离出20种氨基酸。而使用高效液相色谱法，同样的分析任务1h之内就可以完成。

（三）高效

　　高效液相色谱法使用高性能细颗粒的固定相和均匀填充技术，柱效可达每米10^4块理论塔板以上，分离效率大大提高。近几年出现的微型填充柱和毛细管液相色谱柱，理论塔板数每米超过10^5块。一根色谱柱可同时分离100种以上的组分。

（四）高灵敏度

　　高效液相色谱法采用了紫外、荧光、蒸发激光散射、电化学、质谱等检测器，大大提高了检测的灵敏度，因而所需样品很少，微升数量级的样品就足以进行全分析。高效液相色谱法检测限非常低，如紫外检测器可达0.01ng，荧光和电化学检测器可达0.1pg。

　　高效液相色谱具有上述优点，所以也称为高压液相色谱法、高速液相色谱法或现代液相色谱法。

二、高效液相色谱法基本类型

　　高效液相色谱分离机理多种多样，根据色谱固定相和色谱分离的物理化学原理或分离机理分类，主要有下列四种类型。

（一）吸附色谱

用固体吸附剂为固定相，以不同极性溶剂为流动相，依据样品各组分在吸附剂上吸附性能差异实现分离。

（二）分配色谱

用涂渍或化学键合在载体基质上的固定液为固定相，以不同极性溶剂为流动相，依据样品各组分在固定相中溶解、吸收或吸附能力差异，即在两相中分配性能差异实现组分分离。

（三）离子交换色谱

采用含离子交换基团为固定相，以具有一定 pH 值含离子的溶液为流动相，基于离子性组分与固定相离子交换能力的差异实现组分分离。

（四）体积排阻色谱

用化学惰性的多孔凝胶或材料为固定相，按组分分子体积差异，即分子在固定相孔穴中体积排阻作用差异实现组分分离，也称为凝胶色谱。

三、高效液相色谱仪

高效液相色谱仪由高压输液系统、进样系统、分离系统以及检测和数据处理系统四大部分组成。此外，还可根据一些特殊的要求，配备一些附属装置，如梯度洗脱、自动进样、馏分收集及数据处理等装置。图 12-4 是高效液相色谱仪流程示意图。

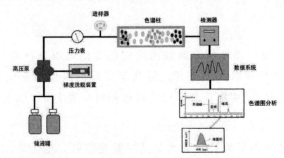

图 12-4 高效液相色谱流程

四、正反相色谱体系

根据固定相和液体流动相相对极性的差别，有正相色谱和反相色谱两种色谱体系。反相色谱和正相色谱主要区别是流动相和固定相的相对极性，最初形成于液液分配色谱，现已广泛应用于各种色谱方法。早期液相色谱工作者以强极性的水、三乙二醇等涂渍在硅胶或氧化铝上为固定相，以相对非极性的正己烷、异丙醚为流动相，这类色谱现称为正相色谱。在反相色谱中，固定相是非极性的，通常是烃类如 C8、C18 等；而流动相是极性的水、甲醇、乙腈等。正相色谱中极性最小的组分最先洗出，反相色谱中极性最强的组分首先洗出。

五、高效液相色谱速率方程

气相色谱与液相色谱的主要区别在于流动相不同，液体与气体在黏度、扩散性与密度方面有很大差异。Giddings 等在 Van Deemter 方程的基础上，根据液体与气体的性质差异，提出了液相色谱速率方程，即 Giddings 方程。

（一）影响柱效的因素

1.涡流扩散项 H_e

$H_e = 2\lambda d_p$

其含义与气相色谱法相同。

2.分子扩散项 H_d

$$H_d = \frac{2\lambda d_m}{u}$$

由于进样后溶质分子在柱内存在浓度梯度，导致轴向扩散而引起峰展宽。u 为流动相线速度，分子在柱内的滞留时间越长，展宽越严重。在低流速时，它对峰形的影响较大。D_m 为分子在流动相中的扩散系数，由于液相的 D_m 很小，通常仅为气相的 $10^{-4} \sim 10^{-5}$，因此在 HPLC 中，只要流速不太低，这一项可以忽略不计。

3.传质阻力项

由于溶质分子在流动相和固定相中的扩散、分配、转移的过程并不是瞬间达到平衡，实际传质速度是有限的，这一时间上的滞后使色谱柱总是在非平衡状态下工作，从而产生峰展宽。

液相色谱的传质阻力项 C_u 又分为三项。

（1）流动的流动相的传质阻力项

$$H_m = \frac{\omega_m d_p^2}{D_m} u$$

式中，ω_m 是由柱和填充的性质决定的因子。当流动相流过色谱柱内的填充物时，靠近填充物颗粒的流动相流速比在流路中间的稍慢一些，结果在一定的时间里接近固定相颗粒表面的样品分子移动的距离较短，而流路中间的分子移动距离较大，引起峰形展宽。这种传质阻力对塔板高度的影响是与固定相颗粒直径 d_p 的平方成正比，与样品分子在流动相中的扩散系数 D_m 成反比。

（2）滞留的流动相的传质阻力项

$$H_{sm} = \frac{\omega_{sm} d_p^2}{D_m} u$$

其中 ω_{sm} 为一常数。这是由于溶质分子进入处于固定相孔穴内的静止流动相中，延退回到流动相而引起峰展宽。固定相的多孔性，会造成部分流动相滞留在局部，滞留在固定相微孔内的流动相一般是停滞不动的。流动相中的样品分子要与固定相进行质量交换，必须首先扩散到滞留区。如果固定相的微孔既小又深，传质速率就慢，对峰的扩展影响就大。对峰展宽的影响在整个传质过程中起着主要作用。所以改进固定相结构，减小静态流动相传质阻力，是提高液相色谱柱效的关键。

H_m 和 H_{sm} 都与固定相的粒径平方 d_p^2 成正比，与扩散系数 D_m 成反比。因此应采用低粒度固定相和低黏度流动相。提高柱温可以增大 D_m，但有机溶剂作流动相易产生气泡，因此一般采用室温。

（3）固定相传质阻力项

$$H_s = \frac{\omega_s d_f^2}{D_s} u$$

其中 ω_s 为常数；D_s 为组分分子在固定相内的扩散系数，与气相色谱中液相传质阻力项的含义相同。在分配色谱中 H_s 与 d_f 的平方成正比，在吸附色谱中 H_s 与吸附和解吸速度成反比。因此只有在厚涂层固定液、深孔离子交换树脂或解吸速度慢的吸附色谱中，H_s 才有明显影响。采用单分子层的化学键合固定相时 H_s 可以忽略。

（二）Giddings 方程

高效液相色谱的速率方程可归纳为：

$$H = 2\lambda d_p + \frac{2\gamma D_m}{u} + \left[\frac{\omega_m d_p^2}{D_m} + \frac{\omega_{sm} d_p^2}{D_m} + \frac{\omega_s d_f^2}{D_s} \right] u \qquad (12\text{-}18)$$

上式与气液色谱的速率方程形式一致，主要区别在于分子扩散项可忽略不计。导致峰形展宽、影响柱效的主要因素是传质阻力项。从速率方程式可以看出，要获得高效能的色谱分析，般可采用以下措施。

1. 填料粒度要小且均匀。HPLC 所用的填料颗粒细、形状规则、直径范围窄、孔浅，因而扩散传质阻力小，分离效率高。

2. 改善传质过程。过高的吸附作用力可导致严重的峰展宽和拖尾，甚至不可逆吸附。

3. 液膜厚度要小。用涂渍的方法制备的固定相，液膜厚度大，因而柱效低；高效液相色谱填料多使用键合固定相，其液膜很薄，因而柱效高。

4. 适当的流速。以 H 对 n 作图，得到最佳线速度 $u_{最佳}$，在此线速度时，H 最小。一般在高效液相色谱中，$u_{最佳}$ 很小（0.03～0.1mm/s），在此线速度下分析样品需要很长时间，一般选 1mm/s 条件下操作。

六、高效液相色谱固定相和流动相

（一）固定相

色谱柱内固定相即色谱柱填料、分离材料或分离介质是色谱分离的核心。大多数是具有高机械强度、化学性质稳定、耐溶剂、一定比表面积和中孔径（2～50nm），且孔径分布范围窄的微孔结构材料。根据材料的化学组成可分为无机材料、有机/无机材料和有机材料三种类型。

硅胶是应用最广泛的无机微粒填料，此外是氧化锆、氧化钛、氧化铝及各种复合氧化物等。无机微粒填料本身是液固吸附色谱固定相，也作为基质材料通过物理或化学吸附、涂渍、化学键合、包覆等方法在表面上引入薄层有机物，并对表面改性形成有机/无机微粒填料，其中化学键合改性微粒硅胶是当今 HPLC 应用最多的一类固定相。有机微粒填料大体上包括葡聚糖等天然多糖经物理、化学加工得到的凝胶和以苯乙烯、二乙烯苯等单体和交联剂用化学聚合制备的交联高聚物微球。

（二）液相色谱流动相

液相色谱流动相对分离起非常重要作用，可供选用的流动相种类也较多，从非极性、极性有机溶剂到水溶液，如正己烷等低碳烃类、二氯甲烷等卤代烃、甲醇、乙腈、水等。可使用单一纯溶剂，也可用二元或多元混合溶剂。作为液相色谱流动相的基本要求是：化学惰性，不与固定相和被分离组分发生化学反应；适用的物理性质，包括沸点较低，黏度低、弱或无紫外吸收，对样品具有适当溶解能力等。溶剂清洗和更换方便，毒性小、纯度高、价廉等，便于操作和安全。

七、液-固吸附色谱

（一）液固吸附色谱固定相

液固色谱固定相包括极性和非极性两类微粒固体吸附剂，前者应用最广泛的是多孔微粒硅胶，此外还有氧化铝、氧化锆、氧化钛、氧化镁、复合氧化物及分子筛等；后者有活性炭、高交联度苯乙烯-二乙烯苯聚合物多孔微粒等。固定相的色谱性能取决于材料物理、化学结构，特别是表面结构。

硅胶是当今获得最高柱效也是应用最多的液固色谱固定相，呈球形或无定形微粒，其粒径为 $3\sim10\mu m$，表面积为 $200\sim500m^2/g$，孔容 $>0.7m^3/g$，具有一定机械强度和化学稳定性，一般可以耐受酸性介质的侵蚀，但不耐碱，适用流动相 pH 值 $1\sim8$。

（二）吸附色谱分离机理

液固色谱体系中，流动相在固体吸附剂表面形成饱和单分子层吸附，当溶质随流动相进入色谱柱时，溶质分子（X）与流动相分子（M）间在吸附剂表面吸附点上发生竞争吸附作用，当溶质分子在吸附剂表面被吸附时，必然置换已被吸附在吸附剂表面的流动相分子，欲吸附溶质 X，就需解吸足够的溶剂分子。在一定浓度范围内，溶质分子的吸附一脱附是热力学平衡过程。X 的吸附力越强，保留值 k 就越大。溶质吸附力强弱决定于吸附剂物理化学性质和表面性质、溶质分子结构及流动相的性质。

在吸附剂和流动相组成的一定的色谱体系中，溶质分子结构，特别是所含官能团的极性和数目，决定其吸附力和保留值 k 的大小。含碳数相同的不同类型烃的保留顺序一般为：全氟烃＜饱和烃＜烯烃＜芳烃。多环芳烃保留值随芳环增加而上升。结构为 RX（R 是有机基团，X 是官能团）分子中官能团 X 决定保留顺序，一般为：烷基＜卤代烃（F＜Cl＜Br＜I）＜醚＜硝基＜腈基＜酯≈醛≈酮＜醇≈胺＜酚＜砜＜亚砜＜酰胺＜羧酸＜磺酸。

（三）分离条件优化和应用

液固色谱一般较少考虑吸附剂类型。硅胶是一种良好的通用吸附剂，具有商品化水平高的优势，适用于大多数样品分离。改变溶剂组成是分离条件优先的主要技术措施。硅胶无法满足分离选择性要求时，才选用其他吸附剂，如多环芳烃采用氧化铝；碱性化合物采用氧化锆等。

液相色谱中，若使用硅胶等极性固定相，流动相应采用正己烷等非极性溶剂为主，加入适量卤代烃、醇等弱或极性溶剂为改性剂来调节流动相洗脱强度。若使用有机高聚物微球等非极性固定相，应采用水、醇、乙腈等极性溶剂为流动相。

吸附色谱适用于相对分子质量小于5000，溶于非极性溶剂，而较难溶于水溶性溶剂的非极性化合物。液-固吸附色谱能按官能团分离不同类型化合物，对化合物类型和异构体，包括顺反异构体具有高分离选择性，而对同系物分离选择性很低，这是由于烷基链对吸附能影响很小。

八、液-液分配色谱

液-液色谱固定相是将极性或非极性固定液涂渍在全多孔或薄壳型硅胶等载体表面形成的液膜。使用的固定液有极性和非极性两种，前者如β、β'-氧二丙腈、乙二醇、聚乙二醇、甘油、乙二胺等；后者如聚甲基硅氧烷、聚烯烃、正庚烷等。使用极性固定液时，与硅胶吸附色谱相似，应采用烷烃类为主的非极性流动相，加入适量卤代烃、醇等弱或极性溶剂为改性剂来调节流动相洗脱强度，构成液-液正相色谱体系，溶质k值随流动相改性剂加入而降低，表明流动相洗脱强度增强。若使用非极性固定相，应采用水为流动相主体，加入二甲基亚砜、醇、乙腈等极性有机溶剂调节流动相洗脱强度，构成反相色谱体系，溶质上值随流动相有机改性剂加入而降低。

液-液色谱具有柱容量高、重现性好、适用样品类型广的特点，包括水溶性和脂溶性样品，极性和非极性、离子性和非离子性化合物。理论上，液-液色谱可形成种类繁多的色谱体系，但由于固定液被流动相溶解的限制，具广泛实用价值的液-液色谱体系是有限的。

九、键合相高效液相色谱

（一）键合相色谱固定相和流动相

键合固定相的制备方法是硅胶表面硅羟基和有机硅烷进行硅烷化反应，形成比较稳定的—Si—O—Si—C—结构：

$$—Si-OH + X—\overset{\displaystyle R_1}{\underset{\displaystyle R_2}{Si}}—R \longrightarrow —Si-O—\overset{\displaystyle R_1}{\underset{\displaystyle R_2}{Si}}—R + HR$$

式中，X为氯或甲氧基、乙氧基，R为烷基、取代烷基或芳基、取代芳基。

根据R的结构不同，可分为非极性键合相和极性键合相。非极性键合相的R为烷基或芳基，如C1、C4、C6、C8、C18、C22等不同链长烃基和苯基键合相；极性键合相R中引入氰基、羟基、胺基、卤素等，如—C_2H_4CN，—$C_3H_6OCH_2CHOCH_2OH$，—$C_3H_6NH_2$，—$C_3H_6NHC_2H_4NH_2$，—C_3H_6Cl等。这些键合相均已商品化，其中十八烷基键合硅胶（Octadecylsilica，ODS或C_{18}）应用最广。硅胶键合固定相热稳定性和化学稳定性好，耐溶剂，不吸水，可在pH值2～8的水溶液流动相中长期工作。

根据色谱体系固定相和流动相相对极性，可分为反相和正相键合相色谱。非极性或烃基键合相和水、乙腈、甲醇等极性溶剂为流动相构成的反相色谱体系，是当今最重要、应用最广泛的反相色谱方法，高效液相色谱常规分析工作约70%采用这种色谱方法。高效液相色谱中反相色谱已成为非极性键合相色谱的同义语。

（二）键合相色谱保留机理

疏水效应是当今较为公认阐明反相色谱保留机理的理论依据。以色散为主的非极性分子间作用力很弱，烃类键合相具有长链非极性配体，在固定相基质表面形成一层"分子刷"，在高表面张力水溶性极性溶剂环境中，当非极性溶质或其分子中非极性部分与非极性配体接触时，周围溶剂膜会产生排斥力促进两者缔合，这种作用称为"憎水""疏水""疏水效应"或"疏溶剂效应"。溶质保留主要不是由于溶质与固定相之间非极性相互作用，而是由于溶质受极性溶剂的排斥力，促使溶质（S）与键合非极性烃基配体（L）发生疏溶剂化缔合，形成缔合物（SL），导致溶质保留。缔合作用强度和决定溶质保留三个影响因素为：溶质分子中非极性部分的总面积；键合相上烃基的总面积；影响表面张力等性质的极性流动相性质和组成。

$$S + L \rightleftharpoons SL$$

极性键合相的正相色谱保留主要基于固定相与溶质间的氢键、偶极等分子间极性作用。如胺基键合相兼有质子受体和给予体双重功能，对可形成氢键的溶质具有极强分子间作用，导致保留值k升高和较好的分离选择性。极性键合相反相色谱体系，由于固定相的弱疏水性和极性作用而显示双保留机理，何者占优势则取决于流动相水-有机溶剂的类型、组成及溶质结构。

（三）反相色谱分离条件优化

1.固定相选择

改变非极性键合相烃基链长和键合量，链长增加导致溶质保留值k升高，但长链之间k和α差别较小，相同表面覆盖率C_{18}柱保留略大于C_8柱。因此大多数选用ODS柱（一般ODS含碳约为10%，相当于硅胶表面覆盖率$1\mu mol/m^2$）。

非极性、非离子性化合物的反相色谱保留值一般随固定相遵循以下顺序：

未改性硅胶（弱）$\ll$胺基$<$氰基$<$羟基$<$醚基$<C_1<C_3<C_4<$苯基$<C_8\approx C_{18}<$聚合物（强）

2.流动相选择

改变流动相溶剂性质和组成，这是调节k和选择性α最简便、有效的方法。反相色谱均采用水和水溶性极性溶剂为流动相，改变流动中有机溶剂/水体积配比获得需要的溶剂强度，可调节k和α值；改变有机溶剂类型也可改变k和α值。

3.流动相pH值

流动相缓冲溶液pH值对离子性溶质保留有显著影响，pH值变化可导致k值10倍左右的变化，视溶质离子化基团多少而异。流动相pH值可改变离解溶质的电离程度。分子态溶质具有较高疏水性，k值较高；电离成离子态，疏水性降低导致k值下降；电离基团越多，疏水性越弱，k值越小。

十、离子交换色谱

离子交换色谱通过固定相表面带电荷的基团与样品离子和流动相淋洗离子进行可逆交换、离子-偶极作用或吸附实现溶质分离。它主要用于分离离子性化合物。

离子交换过程可以近似看成一个可逆化学反应，与液固吸附、液液分配色谱具有显著区别。离子交换色谱已成为更独立的分离分支学科，不仅是高效、高速分析分离，还用于工业规模分离纯化，是当代分离工程的重要组成部分，广泛应用于水处理、湿法冶金、环境工程、生物化工、制药等领域。

（一）离子交换平衡

离子交换分离过程是基于溶液中样品离子（X）和流动相相同电荷离子（Y）与不溶固定相表面带相反电荷基团（R）间交换平衡。对于单价离子交换平衡可用下式表示，式中脚标m，s代表流动相和固定相。

阳离子交换 $X_m^+ + Y^+R_s^- \rightarrow Y_m^+ + X^+R^-$

阴离子交换 $X_m^- + Y^-R_s^+ \rightarrow Y_m^- + X^-R^+$

上述方程为化学吸附反应，当X进入色谱柱从固定相R上置换Y，平衡向右移动；若X比Y更加牢固吸附在固定相上，在未被淋洗液中离子置换时，X将一直保留在固定相上。若采用含Y淋洗离子的流动相连续通过色谱柱，则间隙进样被吸着的X离子被洗脱，平衡向左移。随淋洗进行，将按上述方程进行吸附、解吸反复交换平衡，按不同溶质与固定相离子作用力差异实现分离。

对交换剂上给定电荷基团，与离子间亲和力差异和溶质水合离子体积及其他性质有关。例如，对典型的磺酸基强阳离子交换剂，K_{EX}降低顺序为：$Ag^+>Cs^+>Rb^+>K^+>NH_4^+>Na^+>H^+>Li^+$。对两价阳离子亲和顺序为：$Ba^{2+}>Pb^{2+}>Sr^{2+}>Ca^{2+}>Ni^{2+}>Cd^{2+}>Cu^{2+}>Co^{2+}>Zn^{2+}>Mg^{2+}>UO_2^{2+}$。对强碱性阴离子交换剂，亲和力降低顺序为：$SO_4^{2-}>C_2O_4^{2-}>I^->NO_3^->Br^->Cl^->HCO_3^->CH_3CO_2^->OH^->F^-$。这些只是大致顺序，实际情况还受离子交换剂类型和反应条件影响而略有变化。

（二）离子交换色谱固定相——离子交换剂和流动相

离子交换剂主要有下列两种：

1.苯乙烯和二乙烯苯交联聚合物离子交换树脂：其阳离子交换树脂最普通的活性点是强酸型磺酸基—$SO_3^-H^+$，弱酸型羧酸基—COO^-H^+；阴离子交换树脂含季铵基—$N(CH_3)_3^+OH^-$或伯胺—$NH_3^+OH^-$，前者是强碱，后者是弱碱。聚合物离子交换固定相有适应pH值范围广（0～14）的优点，但不是满意的色谱填料，因为聚合物基质微孔中传质速率慢，导致柱效低及基质可被溶胀、压缩。

2.硅胶化学键合离子交换剂，粒径5～10nm，通过键合、化学反应引入离子交换基团，具有机械强度高、柱效高的优点，但适用pH值范围窄（pH2～8）。

离子交换色谱流动相具有其他色谱方法相同的要求，即必须溶解样品，有合适溶剂强度以获得合理的保留时间和k值，和各溶质有差异的相互作用以改进分离选择性α。离子交换色谱流动相是含离子水溶液，常是缓冲剂溶液。溶剂强度和选择性决定于加入流动相成分类型和浓度。一般流动相的离子与溶质离子在离子交换填料上的活性点发生竞争吸附和交换。流动相缓冲液的类型、离子强度、pH值及添加有机溶剂类型、浓度等是实现分离条件优化的主要因素。

（三）离子色谱

离子交换色谱推广应用到无机离子的定量测定由于缺乏一般通用检测器而受到限制，电导检测器是这种测定的合理选择，但限制它应用的主要原因是流动相高电解质浓度导致高本底响应淹没检测溶质离子响应，从而大大降低检测器的灵敏度。这个问题在采用离子交换分离柱后引入抑制柱的方法可得以解决。抑制柱填充第二种离子交换填料，能有效地将流动相淋洗离子转变成低电离的分子，如碳酸、水等，而不影响分析的溶质离子检测。这种淋洗液离子抑制、电导检测的离子交换色谱方法称为离子色谱，也称为双柱离子色谱。

十一、体积排阻色谱

体积排阻或排除色谱（SEC），也称为凝胶色谱或凝胶过滤色谱，是分析高分子化合物的色谱技术。SEC填料为微粒均匀网状多孔凝胶材料。比填料平均孔径大的分子被排阻在孔外而无保留，被最先洗出；分子体积比孔径小的分子完全渗透进入孔穴，最后洗出；处于这两者之间具有中等大小体积分子渗透进入孔穴，由于渗透能力差异而显示保留不同，产生分子分级，这取决于分子体积，在一定程度上也与分子形状有关。因此，SEC分离是基于溶质分子体积差异在凝胶固定相孔穴内的排阻和渗透性大小。

SEC经常使用的固定相有两种，即粒径5～10μm均匀网状孔穴的交联聚合物和无机材料，如多孔玻璃、硅胶基质等。

SEC可分为凝胶过滤和凝胶渗透色谱。前者使用亲水性填料和水溶性溶剂流动相，如不同pH值的各种缓冲溶液；后者采用疏水性填料和非极性有机溶剂，最常用的是四氢呋喃，其次是二甲基甲酰胺、卤代烃等流动相。

SEC方法主要应用于分离测定合成和天然高分子产物。例如从氨基酸和多肽中分离蛋白质；测定聚合物的相对分子质量和相对分子质量分布。这常是其他色谱方法不能解决的课题。由于溶质与固定相不存在相互作用，因而不存在生物高分子分离中去活的缺点，此乃SEC的优点。

第十一章　分析化学中的分离与富集方法

第一节　概　述

　　分离和富集是化学学科研究的一个重要方面，化学及整个自然科学的发展离不开物质的分离和富集，分离和富集同时也在应用科学方面起着巨大的作用，现在已发展成一门新兴的独立学科——分离科学。随着科学技术的发展，各种学科相互融合、渗透，新的分离方法不断出现。若想将分离方法进行系统分类是比较困难的，不过一般依据分离的性质分为物理分离法和化学分离法。物理分离法常用的有气体扩散法、离心分离法、电磁分离法等，主要依据待分离组分的物理性质；化学分离法有沉淀分离法、萃取分离法、离子交换分离法、色谱分离法、电化学分离法等，主要依据待分离组分的化学性质。此外，依据待分离组分的物理、化学性质的差异的一些方法，如膜分离等也属于化学分离法。

　　在定量化学分析中，中心任务是测量样品中有关组分的含量，但是实际样品都含有多种杂质。分析样品中的某一待测组分时，其他共存组分就有可能产生干扰。虽然常常采用控制分析条件（如 pH 值）或加入掩蔽剂这样一些简单方法来消除干扰，但很多时候并不能完全消除所有干扰。这就要将干扰组分与待测组分分离，然后再对待测组分进行测定。分离是消除干扰的最根本、最彻底的方法，所以分离干扰组分，提高分析方法的专一性就是分析化学中分离的一个主要目的。另外一个目的是富集浓缩痕量组分，在有些样品中，待测组分的含量很低，若所采用的测定方法的灵敏度不够高，则无法进行测定。此时，就需要对待测组分进行富集。在分析过程中富集与分离往往同时进行，当待测组分与干扰组分分离时，设法将待测组分浓缩，从而提高方法灵敏度，所以富集也离不开分离。分离方法也是分析化学所要研究的一项十分重要的内容。

　　评价一种分离方法的效果，通常可用回收率和分离因数来衡量。

$$R_A = \frac{\text{分离后A的测定量}}{\text{试样中A的总量}} \times 100\%$$

　　式中：R_A 回收率，表示被分离组分的回收完全程度。回收率越高，表明被分离组分 A 的分离效果越好。因为实际分离时总会有被分离组分的损失，回收率不可能为 100%。通常对于相对含量大于 1% 的常量组分的分离，回收率应在 99% 以上；而对于痕量组分，回收率能够达到 90%～95% 就可以满足要求。

$$S_{B/A} = \frac{R_B}{R_A}$$

式中：$S_{B/A}$ 为分离因数，表示物质 A 与物质 B 分离的完全程度。$S_{B/A}$ 越小，分离效果越好。对常量组分的分析，一般要求 $S_{B/A} \leq 10^{-3}$；对痕量组分的分析，一般要求 $S_{B/A}$ 达到 10^{-6}。

分析化学中分离方法比较多，常用的有沉淀分离法、萃取分离法、离子交换分离法和液相色谱分离法等。这些分离方法的原理和操作各不相同，但本质上都是将混合物中待分离的组分分开，使其处于两个不同的相中。例如：沉淀分离法是使待分离的组分分别处于液相和固相中；萃取分离法是使待分离组分分别处于水相和有机相中；离子交换分离法在本质上是使待分离组分分别处于水溶液相和树脂相中；液相色谱分离法的本质是使待分离组分分别处于流动相和固定相中。

第二节　沉淀分离法

一、常量组分的沉淀分离

沉淀分离法是利用沉淀反应将待测组分与干扰组分进行分离的方法。这是一种经典的分离方法，依据溶度积原理，通过控制一定的反应条件，在试液中加入适当的沉淀剂，使待测组分或者干扰组分沉淀下来，从而达到分离的目的。对沉淀反应的要求是所生成的沉淀溶解度小、纯度高、稳定。沉淀分离法是定性化学分析中的分离手段，但在定量分析中一般只适合于常量组分的分离而不适合于微量组分的分离。当然在沉淀分离中，既要使待测组分沉淀完全，又要使干扰组分不污染沉淀。

（一）无机沉淀剂分离法

沉淀形式主要有氢氧化物、硫化物、硫酸盐、磷酸盐、氟化物等，典型的无机沉淀剂有 NaOH、NH_3、H_2S、六亚甲基四胺。

1.氢氧化物沉淀

大多数金属离子能与 OH^- 生成氢氧化物沉淀，但金属氢氧化物沉淀溶解度差别很大。通过控制溶液酸度，可以达到使不同金属离子分离的目的。根据溶度积原理，M^{n+} 的氢氧化物形成时，有

$$\left[M^{n+}\right]\left[OH^-\right]^n = K_{sp(M(OH)_n)}, \left[OH^-\right] = \sqrt[n]{\frac{K_{sp(M(OH)_n)}}{\left[M^{n+}\right]}} \tag{13-1}$$

通常认为，当 $\left[M^{n+}\right] < 10^{-5}$ mol/L 时，沉淀已完全，可以用式（13-1）粗略计算沉淀完全时的 pH 值，也可计算开始沉淀时最小 pH 值。表 13-1 为一些常见离子的氢氧化物开始沉淀和沉淀完全时的 pH 值。

表13-1 常见离子的氢氧化物开始沉淀和沉淀完全时的pH值

氢氧化物	溶度积 K_{sp}	开始沉淀时的pH值 ($[M^{n+}]$ = 0.01mol/L)	沉淀完全时的pH值 ($[M^{n+}]$ = 0.01mol/L)
Sn (OH)$_4$	1×10^{-57}	0.5	1.0
TiO (OH)$_2$	1×10^{-29}	0.5	2.0
Sn (OH)$_2$	1×10^{-27}	2.1	4.7
Fe (OH)$_3$	1×10^{-38}	2.3	4.1
Al (OH)$_3$	1×10^{-32}	4.0	5.2
Cr (OH)$_3$	1×10^{-31}	4.9	6.8
Zn (OH)$_2$	1×10^{-17}	6.4	8.0
Fe (OH)$_2$	1×10^{-15}	7.5	9.7
Ni (OH)$_2$	1×10^{-18}	7.7	9.5
Mn (OH)$_2$	1×10^{-13}	8.8	10.4
Mg (OH)$_2$	1×10^{-11}	10.4	12.4

2.硫化物沉淀

有四十几种金属离子可以生成硫化物沉淀，这些沉淀溶解度的差别较大。一般用 H_2S 作沉淀剂，H_2S 是二元弱酸，在溶液中，$[S^{2-}]$ 与 $[H^+]$ 的关系是

$$K_{a(1)}K_{a(2)}x = \frac{[H^+]^2[S^{2-}]}{[H_2S]}$$

常温常压下，H_2S 饱和溶液的浓度大约为 0.1mol/L，这样 $[S^{2-}]$ 与 $[H^+]^2$ 成反比，所以可通过控制酸度来达到使金属离子分离的目的。但硫化物共沉淀现象严重，且多为胶状沉淀，所以分离效果不好，该法应用不广泛。

（二）有机沉淀剂分离法

一般来说，采用无机沉淀剂所得到的沉淀，除了像 $BaSO_4$ 这样容易获得较大颗粒的少数晶型沉淀外，大多是无定形或胶状沉淀，总表面积大、颗粒较小、结构疏松、共沉淀严重、选择性差，因此分离效果不理想。有机沉淀剂具有高选择性和高灵敏度，所形成沉淀的溶解度小，因此分离效果好，以其突出的优点在沉淀分离法中得到广泛的应用。利用有机沉淀剂来进行分离，大致有下面几种。

1.胶体共沉淀剂

例如，利用单宁型的胶体共沉淀剂辛可宁分离富集微量 H_2WO_4，在 HNO_3 介质中 H_2WO_4 胶体粒子带负电荷，难以凝聚。辛可宁含有氨基，在酸性溶液中，由于氨基质子化而形成带正电荷的辛可宁胶体粒子，可使 H_2WO_4 胶体粒子发生胶体凝聚而完全地共沉淀下来。

2.离子缔合物共沉淀剂

此类有机沉淀剂能和离子生成盐类离子缔合物沉淀。例如，欲分离富集试液中微量的 Zn^{2+}，可加入甲基紫（MV）和 NH_4SCN。在酸性条件下，MV 质子化后形成 MVH^+，可与 SCN^- 形成沉淀。

3.螯合物共沉淀剂

此类有机沉淀剂往往含—COOH、—OH、＝NOH、—SH等官能团，其中的H^+可被金属离子置换，而且还存在$\rangle_{NH}$、$\rangle_{CO}$、$\rangle_{CS}$、$\rangle_{N}$等能与金属离子生成配位键的官能团。这些沉淀剂可与金属离子生成难溶于水的螯合物。

例如，丁二酮肟在氨性溶液及酒石酸中，与镍生成鲜红色的$Ni（C_4H_7O_2N_2）_2$，这是分离镍的高选择性的方法。8-羟基喹啉可以和多种金属离子生成难溶的螯合物，但选择性较差，可采用掩蔽或调整酸度的方法来改善选择性。

此外，还有铜铁试剂（N-亚硝基苯胲铵）、铜试剂（二乙基二硫代氨基甲酸钠）等有机沉淀剂。

二、微量组分的共沉淀分离

共沉淀分离法就是利用共沉淀现象来进行分离和富集的方法。无论是重量分析还是沉淀分离，共沉淀现象都是消极因素，使所得的沉淀受到污染，带来分析误差，但是共沉淀在微量组分的分离和分析中，是一种极有用的分离方法。

例如，使用CuS作共沉淀剂（又称为载体），可将含Hg量为0.02μg/L的溶液中的汞富集；使用PbS为共沉淀剂，可在1L海水中富集10^{-9}g的Au。

利用共沉淀现象进行分离，主要有以下几种情况。

（一）吸附共沉淀分离

因为载体的直径越小，其总表面积越大，吸附待分离的微量组分能力越强，所以这种共沉淀分离法中一般采用颗粒较小的无定形沉淀或胶状沉淀作为共沉淀剂。例如，可利用$Fe（OH）_3$沉淀为载体吸附富集含铬工业废水中微量的Cr（Ⅲ）。分离时，先在试液中加入$FeCl_3$，再用氨水或NaOH调节溶液的pH值，加热，产生$Fe（OH）_3$沉淀。由于吸附层为OH^-而带负电，试液中的Cr（Ⅲ）可作为共离子而被$Fe（OH）_3$沉淀所吸附，并以$Cr（OH）_3$的形式随着$Fe（OH）_3$沉淀下来。此外，以$Fe（OH）_3$为载体还可以共沉淀微量的Al^{3+}、Sn^{4+}、Bi^{3+}、Ga^{3+}、In^{3+}、Tl^{3+}、Be^{2+}和W（Ⅱ）、V（Ⅴ）等离子。只要在操作中根据具体要求选择适宜的条件，就可能获得较好的分离富集效果。

（二）混晶共沉淀分离

如果两种金属离子半径相近、电荷相同，且生成沉淀时它们的晶型相同，则可能生成混晶而共沉淀下来。例如，Pb^{2+}和Sr^{2+}的半径接近，$PbSO_4$和$SrSO_4$的晶体结构也相同。分离富集样品中的微量Pb^{2+}时，先加入较多的Sr^{2+}，再加入过量的Na_2SO_4溶液，这样$PbSO_4$与$SrSO_4$就由于混晶现象而发生共沉淀。又如，用$BaSO_4$作载体共沉淀Ra^{2+}或Pb^{2+}，用$MgNH_4PO_4$作载体共沉淀AsO_4^{2-}等。

第三节　萃取分离法

一、萃取分离的基本原理

（一）萃取过程

萃取分离是利用物质在互不相溶的溶剂中分配系数不同进行的。物质在溶剂中的溶解度和多种因素有关，不过，大体可依据"相似相溶"规则来判断。极性化合物易溶于极性溶剂，具亲水性；非极性化合物易溶于非极性的有机溶剂，具疏水性。如 I_2 易溶于 CCl_4，用 CCl_4 或其他非极性溶剂萃取 I_2，其萃取率可达 98.8%。无机离子由于带电荷，是亲水性物质，易溶于强极性溶剂——水。若想用有机溶剂从水溶液中萃取无机离子，则必须将亲水性的无机离子（一般以水合离子形式存在）转化为疏水性的物质。通常要中和离子的电荷，脱去水合离子中的水分子，并加入某含疏水基团的有机化合物，与之生成疏水性化合物，这样可将之转入有机相，达到萃取分离的目的。

例如，在 pH 值为 9.0 的氨性溶液中，Cu^{2+} 与二乙基二硫代氨基甲酸钠形成疏水性螯合物，使本来带有正电荷的 Cu^{2+} 转变为不带电荷的铜的螯合物，且引入了疏水性基团，使其由亲水性物质变为疏水性物质，可加入 $CHCl_3$ 将 Cu^{2+} 螯合物从水相中萃取到有机相中。因此，萃取过程实质上是将物质由亲水性转化为疏水性的过程。

（二）分配系数

在液-液萃取过程中，某溶质 A 在互不相溶的两相（水相和有机相）中进行分配。在一定温度下，分配达到平衡时，有

$$A_水 \rightleftharpoons A_有$$

如果 A 在两相中的分子式相同，则 A 在两相中的浓度比（严格来说应是活度比）是个常数，即

$$K_D = \frac{\left[A_有\right]}{\left[A_水\right]} \tag{13-2}$$

这个分配平衡中的常数称为分配系数。K_D 越大的物质，在有机相中的浓度越高。上式也称为分配定律，反映了被萃取物质在两相间的分配规律。

（三）分配比

分配定律只适用于溶质在两相中的存在形式完全一致的情况。但实际萃取情况比较复杂，溶质在水相中往往会发生水解、水合和离解，在有机相中会发生聚合或生成溶剂化产物，导致溶质在水相和有机相中以多种形式存在。此时，分配定律并不能表示萃取量的多少，且实际萃取中人们往往关心溶质在两相中总浓度大小，这样就引入分配比 D，也就是萃取达到平衡时溶质在有机相和水相中的总浓度之比，即

$$D = \frac{c_有}{c_水} \tag{13-3}$$

其中，$c_有$、$c_水$ 分别表示溶质 A 在有机相和水相中的总浓度。例如，苯甲酸（简写

为 HBz）在苯和水相中的分配平衡，苯中 HBz 发生缔合反应，即

$$2HBz \rightleftharpoons (HBz)_2$$

水相中苯甲酸部分离解，即

$$HBz \rightleftharpoons H^+ + Bz^-$$

则
$$D = \frac{c_{有}}{c_{水}} = \frac{\left[HBz_{有}\right] + 2\left[(HBz)_2\right]}{\left[HBz_{水}\right] + \left[Bz^-\right]}$$

D 的大小与溶质的本性、萃取体系及萃取条件有关，D 与 K_D 是两个不同的概念，除非溶质在两相中的存在形式一样，否则 $D \neq K_D$。

（四）分离因数

对于含有两种以上组分的溶液体系，为了表示萃取时溶质彼此间的分离情况，往往用分离因数来衡量分离效果。分离因数 β 是 A、B 两种组分分配比的比值，即

$$\beta = \frac{D_A}{D_B} \tag{13-4}$$

β 越大，说明 A 和 B 两种物质越易分离，若 β 接近 1，则 A 和 B 两种物质难以分离。

（五）萃取率

常常用萃取率 E 来表示某物质被萃取的程度。

$$E = \frac{A在有机相中总量}{A的总量} \times 100\% \tag{13-5}$$

若 A 在有机相和水相的总浓度分别为 $c_{有}$、$c_{水}$，A 在两相中的体积分别为 $V_{有}$、$V_{水}$，则

$$E = \frac{c_{有}V_{有}}{c_{有}V_{有} + c_{水}V_{水}} \times 100\% \tag{13-6}$$

式（13-6）分子、分母同除以 $c_{水}V_{水}$，有

$$E = \frac{D}{D + \dfrac{V_{水}}{V_{有}}} \times 100\% \tag{13-7}$$

式（13-7）表明萃取率 E 与分配比 D 及两相体积比 $V_{水}/V_{有}$ 有关。当两相体积比 $V_{水}/V_{有}$ 一定时，分配比 D 越大，萃取率 E 就越大。而当分配比 D 一定时，两相体积比 $V_{水}/V_{有}$ 越小，萃取率 E 就越大。

在实际萃取过程中，一般是采用连续萃取即增加萃取次数的方法来提高萃取率，连续萃取计算推导如下。

若水溶液体积为 $V_{水}$，其中含有质量为 m_0 的溶质 A，开始用体积为 $V_{有}$ 的有机溶剂萃取一次，水相中剩余 A 的质量为 m_1，萃取到有机相的 A 的质量为（$m_0 - m_1$）。则

$$D = \frac{c_{水}}{c_{有}} = \frac{(m_0 - m_1)/V_{有}}{m_1/V_{水}}$$

于是
$$m_1 = m_0 \frac{V_{水}}{DV_{有} + V_{水}}$$

再用体积为 $V_有$ 的有机溶剂对水相中的 A 再萃取一次，此时水相中剩余 A 的质量为 m_2。则

$$m_2 = m_1 \frac{V_水}{DV_有 + V_水} = m_0 \left(\frac{V_水}{DV_有 + V_水} \right)^2$$

若每次都用体积为 $V_有$ 的有机溶剂对水相中的 A 进行萃取，这样总共萃取了 n 次后，水相中剩余 A 的质量减小为 m_n，则

$$m_n = m_0 \left(\frac{V_水}{DV_有 + V_水} \right)^n \tag{13-8}$$

【例 13-1】有 100mL 含 I_2 10mg 的水溶液，用 90mL CCl_4 分别按下列情况萃取：（1）全量一次萃取；（2）每次 30mL，分三次萃取。萃取百分率各为多少？已知 D=85。

解：（1）全量一次萃取时

$$m_1 = m_0 \frac{V_水}{DV_有 + V_水} = 10 \times \frac{100}{85 \times 90 + 100} mg = 0.13mg$$

$$E = \frac{10 - 0.13}{10} \times 100\% = 98.7\%$$

（2）90mL 溶剂分三次萃取时

$$m_3 = m_0 \left(\frac{V_水}{DV_有 + V_水} \right)^3 = 10 \times \left(\frac{100}{85 \times 30 + 100} \right)^3 mg = 5.4 \times 10^{-4} mg$$

$$E = \frac{10 - 5.4 \times 10^{-4}}{10} \times 100\% = 99.9\%$$

同量的萃取溶剂，分几次萃取的效率比一次萃取的效率高。但增加萃取次数，会影响工作效率。对微量组分，要求萃取效率为 85%～95% 即可；对常量组分，通常要求达到 99.9% 以上。

二、萃取体系的分类和萃取条件的选择

根据萃取反应机理、萃取剂种类和萃取物性质可将萃取体系分为不同体系。下面介绍简单分子萃取体系、金属螯合物萃取体系、离子缔合物萃取体系和中性配合物萃取体系。

（一）简单分子萃取体系

简单分子萃取体系中，被萃取物在水相和有机相中均以中性分子形式存在，溶剂与被萃取物之间没有化学结合，也不需要外加萃取剂'被萃取物的萃取过程为物理分配过程。常见的简单分子萃取体系如表 13-2 所示。

表 13-2 常见简单分子萃取体系

分类		例子
单质	卤素	I_2（Cl_2、Br_2）/H_2O/CCl_4
	其他单质	Hg/H_2O/己烷

分类		例子
难离解无机化合物	卤化物	$HgX_2/H_2O/CHCl_3$ AsX_3（SbX_3）$/H_2O/CHCl_3$ CeX_4（SnX_4）$/H_2O/CHCl_3$
	硫氰酸盐	$M（SCN）_2/H_2O/$醚　（M 为 Be、Cu） $M（SCN）_3/H_2O/$醚　（M 为 Al、Co、Fe）
	氧化物	OsO_4（RuO_4）$/H_2O/CCl_4$
	其他无机化合物	$CrO_2Cl_2/H_2O/CCl_4$
有机化合物	有机酸	RCOOH（TTA，乙酰丙酮）$/H_2O/$（醚、$CHCl_3$、苯、煤油） 酚类$/H_2O/$（酮、$CHCl_3$、CCl_4）
	有机碱	RNH_2（R_2NH、R_3N）$/H_2O/$煤油
	中性有机化合物	酮（醛、醚、亚砜、磷酸三丁酯）$/H_2O/$煤油

　　大多数无机化合物在水溶液中以离子形式存在.以简单分子形式被萃取的为数不多，而许多有机化合物易被有机溶剂萃取。

（二）金属螯合物萃取体系

　　金属离子与螯合剂可生成难溶于水、易溶于有机溶剂的螯合物，利用此性质的萃取体系为金属螯合物萃取体系。金属螯合物萃取体系是很常用的萃取体系，广泛应用于金属阳离子的萃取。目前利用金属螯合物萃取体系分离的元素达六七十种，如丁二酮肟镍的萃取、双硫腙的 CCl_4 溶液萃取 Zn^{2+} 等都属于此类型。

　　1.螯合剂

　　螯合剂的种类也很多，常用的有 8-羟基喹啉、乙酰丙酮、双硫腙、水杨醛肟、1-（2-吡啶偶氮）-2-萘酚、铜铁试剂、噻吩甲酰三氟丙酮等。

　　2.萃取平衡

　　如果用 M^{n+} 代表金属离子，用 HR 代表质子化的有机弱酸，MR_n 代表螯合物，可以用下式表示萃取平衡：

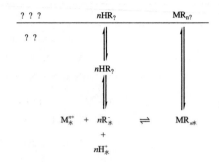

把 $HR_有$ 和 $M_水^{n+}$ 看做起始反应物，$MR_{n有}$ 和 $H_水^+$ 看做产物，萃取平衡可表示为

$$M_水^{n+} + nHR_有 \rightleftharpoons MR_{n有} + nH_水^+$$

萃取平衡常数及各个分支平衡的平衡常数的关系如下：

$$K_萃 = \frac{\left[MR_{n有}\right]\left[H_水^+\right]^n}{\left[M_水^{n+}\right]\left[HR_有\right]^n}$$

$$K_萃 = \frac{K_{D(MR_n)}\beta_n K_a^n}{K_{D(HR)}^n}$$

其中，β_n 表示配合物的总形成常数，K_a 是螯合剂 HR 在水相中的酸离解常数，$K_{D(HR)}$，和 $K_{D(MR_n)}$ 分别是 HR 和 MR_n 在两相中的分配系数。

由于 $\left[MR_{n水}\right]$ 相对于 $\left[M_水^{n+}\right]$ 可以忽略，那么

$$\left[M_水^{n+}\right] + \left[MR_{n水}\right] \approx \left[M_水^{n+}\right]$$

这样近似可得

$$D = \frac{\left[MR_{n有}\right]}{\left[M_水^{n+}\right]} = K_萃 \frac{\left[MR_有\right]^n}{\left[H_水^+\right]^n} \tag{13-10}$$

3.萃取条件选择

提高螯合剂萃取的效率和选择性可采用以下方法。

（1）选择适合的萃取剂（螯合剂）。生成的螯合物越稳定，$K_萃$ 越大，则 D 越大，萃取率越大；螯合剂必须有一定的亲水基团和较多的疏水基团。

并非能和金属离子形成稳定螯合物的螯合剂都可以作萃取剂。例如，EDTA 和邻菲罗啉能与许多金属形成稳定的螯合物，但由于这些螯合物多带有电荷，易溶于水，不易被有机溶剂萃取，不是良好的萃取剂。它们在萃取分离中常用做掩蔽剂，以提高方法的选择性。

（2）增大螯合剂浓度。由式（13-10）可看出，有机相中螯合剂的浓度越大，水溶液中酸度越低，则萃取率越大。但并不是螯合剂浓度越大越好，浓度太大可能有副反应发生，且螯合剂在有机相中溶解度有限，所以不能使用太高浓度的螯合剂。

（3）控制溶液酸度。由式（13-10）可知，溶液的 $[H^+]$ 越小，被萃取物质的分配比 D 就越大，就越有利于萃取。对于不水解的金属离子萃取体系，提高酸度可增加萃取率。但对于易水解的金属离子萃取，要根据具体情况控制适宜的酸度。例如，萃

取 Zn^{2+} 的适宜 pH 值范围为 6.5～10。二苯硫腙-CCl_4，萃取几种金属离子的萃取酸度曲线如图 13-1 所示。

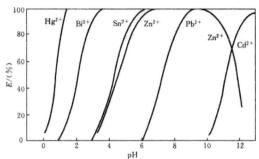

图 13-1 二苯硫腙-CCl_4 萃取几种金属离子的萃取酸度曲线

（4）选择有机溶剂。螯合物在有机溶剂中溶解度越大，萃取率越大。一般的中性螯合物通常可以使用 CCl_4、$CHCl_3$、苯、醇、酮等作为萃取溶剂，萃取时为便于分层，所用的萃取溶剂与水的密度差要大，黏度要小，且尽量选用毒性小、挥发性小和不易燃烧的萃取溶剂。

（5）使用掩蔽剂。当多种金属离子均可与螯合剂生成螯合物时，可加入掩蔽剂，使其中的一种或多种金属离子生成易溶于水的配合物，从而提高萃取分离的选择性。例如，用双硫腙-CCl_4 萃取法测定铅合金中的银，为了排除 Pb^{2+} 的干扰，可采用在适宜的酸度条件下加入掩蔽剂 EDTA 的方法，Pb^{2+} 与 EDTA 生成更稳定的配合物，不能被 CCl_4 所萃取而留在水相中。

除此以外 . 还有改变萃取温度、利用协同萃取和共萃取、改变元素价态等方法。

（三）离子缔合物萃取体系

离子缔合物即金属配离子与带相反电荷的离子通过静电作用结合而形成的不带电的中性化合物。一般来说，离子的半径越大，所带电荷越少，越容易形成疏水性的离子缔合物。这类萃取的特点是萃取容量大，通常适用于分离常量组分（如基体）。根据金属离子所带电荷不同，离子缔合物可分以下几类。

1. 金属配阳离子的缔合物。它是指金属离子与螯合剂生成带正电荷的产物，再与阴离子缔合生成疏水性的离子缔合物。例如，Fe^{2+} 与邻二氮杂菲的缔合物带正电荷，能与 ClO_4^- 形成疏水性的离子缔合物，可被 CCl_4 萃取。

2. 金属配阴离子的缔合物。它是指金属离子与简单配位阴离子生成带负电荷的配阴离子，再与大相对分子质量的有机阳离子缔合生成疏水性的离子缔合物。例如，Sb（V）在 HCl 溶液中可形成 $SbCl_6^-$ 配阴离子，大体积的有机化合物结晶紫阳离子可与之缔合，形成疏水性的离子缔合物，从而被甲苯萃取。许多金属离子能形成配阴离子（如 $FeCl_4^-$），许多无机酸在水溶液中以阴离子形式存在（如 WO_4^{2-}）。为了萃取这些离子，可让一种大相对分子质量的有机阳离子和它们形成疏水性的离子缔合物。

此类缔合物又可分为生成羊盐和铵盐两类。

在 HCl 介质中，Fe^{3+} 与 Cl^- 可形成配阴离子 $FeCl_4^-$，乙醚与 H^+ 可结合成羊离子 $(C_2H_5)_2OH^+$，两者可结合成为羊盐离子缔合物 $(C_2H_5)_2OH^+FeCl_4^-$。此羊盐可被乙醚所萃取，所以乙醚既是萃取剂又是萃取溶剂。羊离子的形成需在较高的酸度下实现，常用不含氧的强酸（如盐酸等）来调节酸度。含氧的有机溶剂（如醚类、醇类、酮类和酯类等）的氧原子具有孤对电子，因而都能够与H^+结合而形成羊离子。羊盐萃取体系的特点是萃取能力较强，但选择性较差，通常用于大量基体物质的分离。

$$C_2H_5—O—C_2H_5 + H^+ \rightleftharpoons C_2H_5—\overset{H^+}{O}—C_2H_5$$

$$Fe^{3+} + 4Cl^- \rightleftharpoons FeCl_4^-$$

$$\begin{matrix} C_2H_5 \\ \\ C_2H_5 \end{matrix} OH^+ + FeCl_4^- \Longrightarrow \begin{matrix} C_2H_5 \\ \\ C_2H_5 \end{matrix} OH^+FeCl_4^-$$

胺类萃取剂分子中氮原子上的孤对电子与H^+结合为有机铵盐阳离子，再与金属配阴离子结合生成离子缔合物而被有机溶剂萃取。例如，三正辛胺$(C_8H_{17})_3N$在HC1溶液中萃取T1（Ⅲ），离子缔合物$\left[(C_8H_{17})_3NH\right]^+ T1Cl_4^-$可被有机溶剂萃取。

$$\left.\begin{matrix} R_3N + H^+ \rightleftharpoons R_3NH^+ \\ T1(Ⅲ) + 4Cl^- \rightleftharpoons T1Cl_4^- \end{matrix}\right\} R_3NH^+T1Cl_4^-$$

（四）中性配合物萃取体系

中性配合物萃取体系也称为溶剂化合物萃取体系或中性溶剂配合物萃取体系。被萃取的金属离子的中性化合物与中性萃取剂（在水相和有机相都难离解）结合成一种中性配合物而被有机相萃取。

如果被萃取物是中性分子，如$UO_2(NO_3)_2$，在水相中可能以UO_2^{2+}、$UO_2(NO_3)^+$、$UO_2(NO_3)_2$、$UO_2(NO_3)_3^-$等多种形式存在，但被萃取的只是中性分子$UO_2(NO3)_2$。

另一种情况是萃取剂本身就是中性分子，如磷酸三丁酯$(C_4H_9)_3P=O(TBP)$。此外，萃取剂与被萃取物结合生成难溶于水的中性配合物。$UO_2(NO_3)_2 \cdot nH_2O$中的水分子被TBP分子取代，生成疏水性的$UO_2(NO_3)_2 \cdot 2TBP$，TBP进入中心离子的内界，因此称为中性配合物。这种萃取体系的萃取容量也较大，适用于常量组分或基体元素的分离。

又如，TBP萃取$FeCl_3$或$HFeCl_4$，是由于TBP中的$\equiv P=O$的氧原子具有很强的配位能力，取代了$FeCl3 \cdot nH_2O$或$HFeCl_4 \cdot nH_2O$中的水分子，形成溶剂化合物而被TBP萃取，所以也称为溶剂化合物萃取体系。这类萃取体系的萃取剂还有磷酸酯$(RO)_3P=O$、膦氧化物$R_3P=O$、吡啶等。

这类萃取体系的萃取条件也因中性配合物的不同而不同。如$HFeCl_4 \cdot TBP$是在酸性介质中被萃取，$UO_2(NO_3)_2 \cdot 2TBP$是在微酸性介质中被萃取，$Cu(SCN)_2 \cdot 2Py$则在中性至弱碱性介质中被萃取。

第四节 层析法

层析法又称为液相色谱法，其基本原理是利用待分离组分在固定相和流动相分配或吸附的差异来进行分离。该方法分离效率很高，应用很广泛，下面主要介绍纸层析法和薄层色谱法。

一、纸层析法

纸层析法又称为纸色谱法，是一种以滤纸作载体的色谱分离方法，设备简单、操作容易，适于微量分离。滤纸纤维素中吸附的水或其他溶剂作为固定相，在分离过程中不流动；用某种溶剂或混合溶剂作展开剂，在分离过程中能沿着滤纸流动，是流动相。纸层析法的操作过程是先将滤纸放在被有机溶剂的蒸气所饱和的容器内，将试样点在滤纸的起始线（原点），再将滤纸一端浸入有机溶剂中。由于滤纸纤维的毛细管作用，有机溶剂将沿滤纸不断向上扩散。有机溶剂通过试样点后，试样中待分离的各组分就在固定相和流动相中反复进行分配，相当于很多次的萃取和反萃取。在分离过程中，由于试样中各组分在两相中溶解度和分配系数的不同，当经过一定时间溶剂前沿到达滤纸上端时，试样中的不同组分就会在滤纸上得到分离。如果喷洒适宜的显色剂，使各组分显色，就会在滤纸上看到若干个不同的色斑（如图13-2所示）。其溶解度在固定相中比较大但在流动相中比较小的组分，在滤纸上移动的距离较短，其色斑在滤纸的下端；而溶解度在固定相中比较小但在流动相中比较大的组分，在滤纸上移动的距离较长，其色斑在滤纸的上端。

常用比移值（R_f）来表示某组分在滤纸上的移动情况，其表达式为

$$R_f = \frac{原点至斑点中心的距离}{原点至溶剂前沿的距离}$$

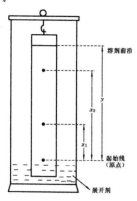

图 13-2 纸层析法分离示意图

图13-2中，有 $R_{f(1)} = \dfrac{x_1}{y}$，$R_{f(2)} = \dfrac{x_2}{y}$

比移值最大值等于1，此时组分随展开剂一起上升到溶剂前沿；比移值最小值等于0，此时组分始终留在原点，组分不随展开剂上升而停留在原点。在一定条件下，

例如，滤纸和溶剂一定，每种物质都有其特定的比移值，比移值可作为物质定性鉴定的依据，可以根据不同组分比移值的差别来比较它们彼此分离的程度。通常当两组分的比移值相差 0.02 以上时，就可用纸层析法进行分离。

操作中要选择边沿整齐、质地均匀的滤纸，滤纸不能有斑点。展开剂要根据具体情况来选择，展开剂一般是由有机溶剂、酸和水按一定比例混合而成的。若试样中各组分之间的比移值差别太小，可以改变展开剂的极性来改善分离效果。例如，可增大展开剂中极性溶剂的比例而使极性组分的比移值增大，而非极性组分的比移值减小。常见的展开剂及其极性大小顺序如下：

水＜乙醇＜丙酮＜正丁醇＜乙酸乙酯＜氯仿＜乙醚＜甲苯＜苯＜四氯化碳＜环己烷＜石油醚

点样时先确定起始线，用铅笔在离滤纸一端 2～3cm 处画一直线。用一支毛细管吸取试样点在起始线上。点样斑点直径为 0.2～0.5cm，干燥后再展开。

纸层析法的展开方法有上行展开法、下行展开法、二向展开法和径向展开法。一般用的是上行展开法。

展开后可根据各组分的性质来选择适合的显色剂进行显色，比如氨基酸可用茚三酮显色，有机酸可用酸碱指示剂显色，Cu^{2+}、Fe^{3+}、Co^{3+}、Ni^{2+} 可用二硫代乙二酰胺显色等。如果样品组分有荧光特性，也可用紫外光照射来确定斑点。

纸层析法所需试样的量极少，通常只需几十微升，故十分灵敏，且操作简便易行，分离效果好。但它只能应用于分配比不同的组分间的分离，应用范围受到一定限制。

二、薄层色谱法

薄层色谱法又称为薄板层析法，其基本原理是将固定相均匀地涂在薄板（玻璃或塑料）上，形成具有一定厚度的薄层进行分离。薄层色谱是在纸色谱的基础上发展起来的，与纸色谱相比，它展开快、分离效能高、灵敏度高、应用广泛。

薄层色谱法有吸附薄层色谱、分配色谱和离子交换色谱三种形式，下面只讨论应用最广泛的吸附薄层色谱。

（一）原理

在玻璃板或塑料板上涂敷的硅胶、氧化铝等吸附剂是薄层色谱的固定相。将硅胶等吸附剂干燥后再活化，然后用毛细管在薄层的下端点上试样，再将点有试样的薄板的一端浸入密闭的层析缸中的有机溶剂中，与纸色谱类似，由于薄层的毛细管作用，展开剂（流动相）沿着薄层渐渐上升。试样中的各组分在两相间不断进行吸附、解吸和再吸附、再解吸，随着流动相也向上移动。由于吸附剂对不同组分的吸附能力不同，不同组分在薄层上的移动速度也有差别，从而得以分离，显然试样中吸附能力最弱的组分在薄层中移动距离最大，而试样中吸附能力最强的组分在薄层中移动距离最小。喷洒适宜的显色剂使这些组分显色后，就会在薄层上出现不同的色斑，可以用比移值（R_f）来比较组分在薄层上的分离情况。

与纸色谱相似，薄层色谱的比移值受到许多因素，如 pH 值、展开时间、展开距离、分离温度、薄层厚度、吸附剂含水量等的影响。

展开时，层析缸中的有机溶剂蒸气必须达到饱和，否则，比移值将不能重现。此时同一组分在薄层中部的比移值比边沿的比移值小，也就是同一组分在薄层中部比在薄层两边沿处移动慢。

选择吸附剂时，要求有一定的比表面积，稳定性好，机械强度高，不溶于展开剂，不与展开剂和样品组分反应。常用的吸附剂有硅胶、氧化铝、纤维素、聚酰胺等，其中以硅胶、氧化铝最为常见。硅胶、氧化铝对各类有机化合物的吸附能力大小顺序如下：

羧酸＞醇、酰胺＞伯胺＞酯、醛、酮＞腈、叔胺、硝基化合物＞醚＞烯烃＞卤代烃＞烷烃

在吸附薄层色谱中，对展开剂的选择主要考虑极性，其洗脱能力与极性成正比。分离极性大的化合物应选用极性展开剂，而分离极性小或非极性的化合物应选用极性小的展开剂。单一溶剂极性大小顺序如下：

酸＞吡啶＞甲醇＞乙醇＞正丙醇＞丙酮＞乙酸乙酯＞乙醚＞氯仿＞二氯甲烷＞甲苯＞苯＞四氯化碳＞二硫化碳＞环己烷＞石油醚

如果单一展开剂效果不好，可以用混合溶剂，通过改变溶剂组分和比例来调整展开剂的极性，从而达到改善分离效果的目的。

在薄层色谱用的吸附剂中，硅胶适用于酸性和中性组分的分离，碱性组分与硅胶有相互作用，不易展开，或发生拖尾现象，不好分离；氧化铝适用于碱性和中性组分的分离，但不适用于酸性组分的分离。一般来说，对于极性组分要选用吸附活性小的吸附剂，而对于非极性组分要选用吸附活性大的吸附剂，这样可避免样品在吸附剂上被吸附太牢而不易展开。

硅胶和氧化铝的吸附活性与它们的含水量有关，可由活化或者渗入不同比例的硅藻土来调节其吸附活性。

（二）实验方法

1.制板

选择平整、光滑的玻璃板，洗净、晾干，均匀地铺上一层吸附剂。铺层可分为干法铺层和湿法铺层，干法铺层时不加黏合剂，直接用干粉铺层；湿法铺层比较常用，将吸附剂加水调成糊状，在玻璃板上铺匀、晾干。以硅胶吸附剂为例，其具体操作方法如下。

（1）倾注法：将适量硅胶倒入烧杯中，加少量水搅拌成均匀糊状，迅速倒在玻璃板上，用玻棒小心铺平，轻轻振动，尽量使吸附剂均匀。然后风干，置于烘箱中，在 $105 \sim 110 ℃$ 下活化 45min 左右，取出放于干燥器中备用。

（2）刮平法：在一长条玻璃板的两边放置合适的玻璃条为边，再将调好的糊状硅胶迅速倒在玻璃板上，用有机玻璃尺沿一个方向将硅胶刮为均匀薄层。去掉两边玻璃条，晾干、活化，取出放于干燥器中备用。

（3）涂布器法：用专门的涂布器（市售或自制）来制作薄层，快速方便，制成的薄板质量好。

2.点样

在薄层板的一端距边沿一定距离处，用玻璃毛细管、微量注射器或微量移液管将

0.050～0.10mL样品试液点在薄层板上。点样时要注意待前一滴溶剂挥发后再点后一滴，这样能够使点成的斑点尽量小，不会严重扩散。样品浓度要合适，太高容易引起斑点拖尾，太低则斑点扩散，一般控制浓度为0.1%～1%。点样位置一般在离板端4cm处。若有多个样品点样，则每个样品相隔1～2cm。

3.展开

将点好样的薄层板置于已被展开剂蒸气饱和的层析缸中，点有样品的一端浸入展开剂中，盖好盖子，使层析缸密闭，直至展开完毕。

展开方法与纸层析法相似，可分为上行法、下行法、倾斜法、单向多次展开法和双向展开法等。

4.检测

对于样品中的有色组分，在薄层上会出现对应的有色斑点，而无色组分需用合适方法使其斑点显色，显色之前应使展开剂完全挥发。显色方法主要有以下几种。

（1）蒸气显色法：利用样品组分与单质碘、液溴、浓氨水等物质的蒸气作用而显色。将上述易挥发物质放于密闭的容器中，再将展开剂已完全挥发的薄层板放入则显色。

（2）显色剂显色法：将一定浓度的显色剂溶液均匀喷洒在薄层上，使样品组分显色。

（3）紫外显色法：某些化合物在紫外光照射下会发出荧光，可将展开剂挥发后的薄层放在紫外灯下观察荧光斑点，并用铅笔在薄层上做记号。一些不发荧光的物质用荧光衍生化试剂作用后也可用同样的方法观察。

第五节　离子交换分离法

利用离子交换剂与溶液中的离子发生的交换反应使离子分离的方法称为离子交换分离法。无论是带同种电荷离子还是带异种电荷离子的分离，均可使用离子交换分离法，特别是性质相近离子之间的分离、痕量物质的富集及高纯物的制备，用该法尤为适合，分离效率很高。离子交换分离法设备简单、操作容易，离子交换剂能够再生，可反复使用。该法是一种广泛用于科研和生产的分离方法。

一、离子交换树脂

离子交换剂是指具有离子交换能力的物质，种类很多，可分为无机离子交换剂和有机离子交换剂两类。无机离子交换剂有黏土、沸石、分子筛、杂多酸等。早在20世纪初，工业上就已开始使用天然的无机离子交换剂泡沸石来软化硬水。泡沸石的主要化学成分为硅铝酸盐（如$Na_2Al_2Si_3O_{12} \cdot nH2O$），与水接触时，泡沸石上的$Na^+$可与水中的$Ca^{2+}$、$Mg^{2+}$发生交换，其反应式为

$$Na_2Z + Ca^{2+} \Longrightarrow CaZ + 2Na^+$$

$$Na_2Z + Mg^{2+} \Longrightarrow MgZ + 2Na^+$$

从而达到软化硬水的目的。

但由于此类无机离子交换剂的交换容量小，且化学稳定性和机械强度都比较差，

颗粒易碎，再生也困难，应用受到很大限制。而有机离子交换剂主要是人工合成的高分子聚合物，克服了无机离子交换剂的缺点，其中应用最广的是离子交换树脂。现在的离子交换分离法一般是采用离子交换树脂作为离子交换剂。

（一）离子交换树脂的类型

离子交换树脂是具有网状结构的高分子化合物，立体网状结构的骨架部分化学性质稳定.不溶于酸、碱和一般的有机溶剂。连接在网状骨架上的活性基团称为交换基，可与溶液中的阴、阳离子进行交换反应。根据离子交换基的不同，可分为阳离子交换树脂、阴离子交换树脂、螯合型交换树脂和特种树脂四类，下面主要介绍前两种树脂。

1.阳离子交换树脂

这类树脂含有酸性交换基，交换基上的 H^+ 可被阳离子交换。根据交换基的酸性强弱，又可分为强酸性和弱酸性两类树脂。含有磺酸基（—SO_3H）的属强酸性阳离子交换树脂，表示为 $R—SO_3H$；含羧基（—$COOH$）或羟基（—OH）的属弱酸性阳离子交换树脂，表示为 $R—COOH$ 或 $R—OH$。强酸性磺酸型聚苯乙烯树脂是此类树脂中应用最为广泛的一种，它是以苯乙烯和二乙烯苯聚合，经浓硫酸磺化而制得的一种聚合物。交换基中的阴离子 —SO_3^- 联结在网状骨架上，不能进入溶液中，而 —SO_3H 上的 H^+ 则可以离解，因而可以与溶液中的阳离子（如 K^+）发生交换反应：

$$R—SO_3H + K^+ \Longrightarrow R—SO_3K + H^+$$

该树脂在酸性、中性和碱性溶液中均可使用。弱酸性树脂由于对 H^+ 的亲和力较强，在酸性条件下不宜使用，一般应在碱性条件下使用。但这类树脂容易用酸洗脱，选择性较高.常用于分离不同强度的有机碱。

2.阴离子交换树脂

阴离子交换树脂的骨架也是网状结构，含有碱性交换基，可与溶液中的阴离子进行交换反应。根据碱性交换基的强弱，又可分为强碱性和弱碱性两类。若树脂的交换基为—$N^+(CH_3)_3$，则树脂属于强碱性阴离子交换树脂。若树脂的交换基为伯氨基、仲氨基或叔氨基（—NH_2、—NHR、—NR_2），则树脂属于弱碱性阴离子交换树脂。

季铵强碱性阴离子交换树脂交换时，先经盐酸处理成 $R—N^+(CH_3)_3Cl^-$ 形式，在碱性溶液中再转为季铵碱，其反应式为

$$R—N^+(CH_3)_3Cl^- + OH^- \Longrightarrow R—N^+(CH_3)_3OH^- + Cl^-$$

然后再发生交换：

$$R—N^+(CH_3)_3OH^- + X \underset{洗脱}{\overset{交换}{\Longrightarrow}} R—N^+(CH_3)_3X^- + OH^-$$

X^-可以是 Cl^- 或 NO_3^- 等，它们可以离解，能与溶液中的阴离子发生交换反应。

弱碱性阴离子交换树脂先在水中发生水化反应，其反应式为

$$R—NH_2 + H_2O \Longrightarrow R—NH_3^+OH^-$$

活性基团中的 OH^- 可以离解，能够与溶液中的阴离子（如 Cl^-）发生交换反应，其反应式为

$$R—NH_3^+OH^- + Cl^- \Longrightarrow R—NH_3^+Cl^- + OH^-$$

溶液中的 pH 值会影响树脂与 H^+、OH^- 的结合能力，从而影响树脂的交换容量。所以实际使用时各种树脂都有一个适宜的酸度范围，强酸性阳离子交换树脂与 H^+ 结合能力最弱，在 PH>2 的介质中均可使用；而弱酸性阳离子交换树脂和 H^+ 结合能力强，可以在中性和弱碱性溶液中使用。强碱性阴离子交换树脂与 OH^- 结合能力比较小，在 PH<12 的介质中使用；而弱碱性阴离子交换树脂和 OH^- 结合能力强，只能在酸性溶液中使用。

（二）离子交换树脂的特性

1.交联度

所谓交联，是指在离子交换树脂的合成过程中，将链状聚合物分子相互联结而形成网状结构的过程。例如，在聚苯乙烯型树脂中，由苯乙烯聚合而成链状结构，再由二乙烯苯结构联结成网状结构，所以二乙烯苯称为交联剂。将树脂中交联剂的质量分数称为树脂的交联度。

$$关联度 = \frac{交联剂质量}{干树脂总质量}$$

交联度的大小对树脂的性质有很大影响。一般来说，树脂的交联度越大，则网状结构的孔径越小，交换时体积较大的离子很难扩散进入树脂，但体积小的离子容易进入，所以选择性较高。同时，交联度大，树脂结构紧密，具有比较高的机械强度，不易破碎。但是若交联度太大，则对水的溶胀性能较差，交换反应的速度慢。若树脂的交联度较小，对水的溶胀性能好，交换反应的速度较快，但缺点是树脂的机械强度较低，选择性较差。一般要求树脂的交联度为 4%～14%。

2.交换容量

交换容量是指单位质量的树脂所能交换的相当于一价离子的物质的量（通常用 mmol/g 表示）。交换容量是表征某种树脂交换能力大小的特征参数，反映了一定质量的干树脂所能交换的一价离子的最大量，其大小主要由树脂中所含有的活性基团的数目所决定，实际使用的树脂交换容量一般为 3～6mmol/g。

可以用酸碱滴定法测定某树脂的交换容量。例如，要测阳离子交换树脂的交换容量，先准确称取一定量的干树脂，置于锥形瓶中，加水溶胀。再加入一定量稍过量的 NaOH 标准溶液，充分振荡后放置 24h，使树脂中活性基团中的 H^+ 全部被树脂 Na^+ 所交换。再用 HC1 标准溶液返滴定剩余的 NaOH，则可计算出交换容量，计算式为

$$交换容量 = \frac{c_{NaOH}V_{NaOH} - c_{HCl}V_{HCl}}{干树脂质量}（mmol/g）$$

上述测得的交换容量是工作交换容量，或称为有效交换容量，其大小与溶液中交换基类型、离子浓度、树脂粒度、流速等因素有关。而树脂所含可交换离子全部都交换出来，则称为全交换容量，它是树脂的特征常数，与实验条件无关。

（三）离子交换树席的亲和力

离子在离子交换树脂上的交换能力称为离子交换树脂对离子的亲和力。根据离子交换树脂对不同离子的亲和力不同，可以分离不同元素的离子。树脂对离子的亲和力主要取决于水合离子的半径和所带的电荷，同时也与树脂的类型和溶液的组成有关。

实验证明，常温、低浓度时，树脂亲和力大小顺序如下。

1.强酸性阳离子交换树脂对阳离子亲和力的顺序

（1）相同价态的离子，离子半径越大，则所形成的水合离子半径越小，和树脂的亲和力就越大，其顺序为

$Ag^+>Cs^+>Rb^+>K^+>NH_4^+>Na^+>H^+>Li^+$

$Ba^{2+}>Pb^{2+}>Sr^{2+}>Ca^{2+}>Ni^{2+}>Cd^{2+}>Cu^{2+}>Co^{2+}>Zn^{2+}>Mg^{2+}$

$La^{3+}>Ce^{3+}>Pr^{3+}>Eu^{3+}>Y^{3+}>Se^{3+}>Al^{3+}$

（2）不同价态的离子，所带电荷数越高.和树脂的亲和力就越大，其顺序为

$Th^{4+}>Al^{3+}>Ca^{2+}>Na^+$

2.弱酸性阳离子交换树脂对阳离子亲和力的顺序

除了与H^+亲和力最大外，弱酸性阳离子交换树脂和其他阳离子的亲和力顺序与强酸性阳离子交换树脂相同。

3.强碱性阴离子交换树脂对阴离子亲和力的顺序

$Cr_2O_7^{2-}>SO_4^{2-}>CrO_4^{2-}>I^->HSO_4^->NO_3^->C_2O_4^{2-}>Br^->CN^->NO_2^->Cl^->HCOO^->CH_3COO^->OH^->F^-$

4.弱碱性阴离子交换树脂对阴离子亲和力的顺序

$OH^->SO_4^{2-}>NO_3^->AsO_4^{3-}>PO_4^{3-}>MoO_4^{2-}>CH_3COO^-\approx I^->Br^->Cl^->F^-$

上述仅仅为一般性规律，若温度、离子强度、溶剂不同或有配位剂存在，则亲和力顺序会发生变化。

二、离子交换分离操作

（一）树脂处理

操作时所用的离子交换树脂越纯净越好，市售树脂一般含有一定杂质，使用前要预先处理。根据分离需要选择合适的离子交换树脂.通常用的树脂为80～100目或100～120目。将树脂在水中充分浸泡使之溶胀，多次漂洗除去杂质。再用4mol/LHCl溶液浸泡1～2d，除去树脂中的杂质，然后用水洗至中性备用。此时，强酸性阳离子交换树脂转化为氢型阳离子交换树脂，强碱性阴离子交换树脂转化为氯型阴离子交换树脂。

（二）装柱

常用的离子交换柱如图13-3所示，也可用滴定管代替。一般采用湿法装柱，也就是先在交换柱下端填一层玻璃纤维，或装一个烧结玻板，再加入少量蒸馏水，将柱下端气泡赶走。然后将树脂和水加入，树脂下沉，形成均匀的柱层，在树脂层上端也加入一些玻璃纤维，可避免上层树脂漂浮。注意使树脂顶部保留几厘米的水层，以防止树脂干裂和空气进入。

（三）交换

将需交换的溶液从交换柱上部加入，用活塞控制一定的流速进行交换。溶液流经树脂层时，从上到下一层一层交换。例如，用强酸性阳离子交换树脂来处理含Na^+和

K^+的溶液，溶液经过交换柱时，K^+和Na^+均可和树脂上的活性基团中的H^+发生交换反应从而进入树脂相中。但由于树脂对K^+和Na^+两种离子的亲和力不同，K^+比Na^+先被交换到树脂上，这样在交换柱中，K^+层在上，Na^+层在下（如图13-3（a）所示）。实际上，树脂对Na^+和K^+的亲和力差别比较小，K^+层与Na^+层仍有部分重叠。

（四）洗脱

洗脱是交换的逆过程，是将已经交换在树脂上的离子再分离出来。例如.上述交换完成后，再向交换柱上方加入稀HCl溶液，使树脂上的K^+和Na^+与溶液中的H^+发生交换反应，重新进入溶液。所用的稀HCl溶液又称为洗脱液。

随着洗脱液自上向下流动，K^+和Na^+在树脂和水溶液两相之间反复地进行交换和洗脱这两个方向相反的过程。经过一定时间后，它们就会被HCl洗脱液从交换柱的上方带到下方。亲和力大的离子向柱下移动的速度比较慢，亲和力小的离子向柱下移动的速度比较快，由于树脂对K^+的亲和力大于对Na^+的亲和力，所以K^+向下移动的速度比较慢，在柱中两种离子会逐渐分离（如图13-3（b）所示）。在洗脱过程中，对流出液的离子浓度进行检测可以得到如图13-4所示的洗脱曲线。实际上为了得到好的分离结果，往往采用多种洗脱液依次洗脱或用配位剂作为洗脱液进行洗脱。常常用离子交换分离法来分离性质相似的离子，如K^+和Na^+、稀土元素离子等。

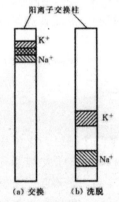

图 13-3 离子交换分离法分离K^+和Na^+的示意图

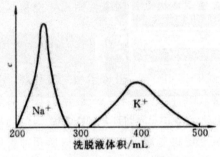

图 13-4 Na^+，K^+的洗脱曲线

（五）再生

离子交换树脂经过一段时间的使用后，交换离子的能力会达到饱和，此时若要使树脂恢复离子交换能力，需经再生处理。所谓再生，也就是使经过交换、洗脱后的树

脂恢复到原来的状态。例如，用一定浓度的酸溶液处理交换后的强酸性阳离子树脂，使之恢复为氢型，或用一定浓度的碱溶液处理交换后的阴离子树脂使之从氯型转化为氢氧型，即为再生。

三、离子交换分离法应用示例

（一）制备纯水

天然水和自来水中含有一定量的无机离子，常见的有 K^+、Na^+、Ca^{2+}、Mg^{2+}、Cl^- 和 NO_3^- 等。用蒸馏的方法制得的普通蒸馏水在很多方面不能满足要求，所以常采用离子交换分离法来制备纯水，这样制得的水又称为去离子水。制备时先将强酸性阳离子交换树脂处理成氢型，将强碱性阴离子交换树脂处理成氢氧型。再将待处理的天然水通过一根装有氢型强酸性阳离子交换树脂的柱子（简称阳柱），通过交换可以除去水中的阳离子。例如，用 $CaCl_2$ 代表水中的杂质，则交换反应式为

$$2R—SO_3H + Ca^{2+} \Longrightarrow (R—SO_3)_2Ca + 2H^+$$

再通过一根装有氢氧型强碱性阴离子交换树脂的柱子（简称阴柱），通过交换可以除去水中的阴离子，其反应式为

$$RN(CH_3)_3OH + Cl^- \Longrightarrow RN(CH_3)_3Cl + OH^-$$

为了提高水的纯度，实际制备纯水时一般串联多个阳柱和阴柱，称为复柱法，这样可制得总离子含量极低的纯水。树脂使用一定时间后，活性基团就会逐渐被水中交换上来的阴、阳离子所饱和，最终将完全丧失交换能力。这时就需要进行再生处理，分别用强酸和强碱来洗脱阳柱和阴柱上的阳、阴离子，使树脂重新恢复交换能力。

实验室所用的去离子水及锅炉用水的软化，常采用上述串联的阳离子交换柱和阴离子交换柱来处理。

（二）富集痕量组分

由于一般的化学分析方法分析测定元素的检测限为 $10^{-6}\sim10^{-5}mol/L$，需要经过浓缩富集才能分析样品中的痕量元素，经过浓缩富集处理的样品其分析检测限可达 $10^{-11}\sim10^{-9}mol/L$。

以测定矿石中的铂、钯为例来说明。由于铂、钯在矿石中的含量一般为 $10^{-8}\%\sim10^{-7}\%$，即使称取 10g 试样进行分析，也只含铂、钯 0.1μg 左右。因此，必须经过富集之后才能进行测定。富集的方法是：称取 10~20g 试样，在 700℃ 下灼烧，然后用王水溶解，加浓 HCl 溶液并加热蒸发，铂、钯形成 $PtCl_6^{2-}$ 和 $PdCl_4^{2-}$ 配阴离子。稀释之后，通过强碱性阴离子交换树脂，即可将铂富集在交换柱上。用稀 HCl 溶液将树脂洗净，取出树脂移入瓷坩埚中，在 700℃ 下灰化，用王水溶解残渣，加 HCl 溶液并加热蒸发。然后在 8mol/LHCl 介质中，Pd（II）与双十二烷基二硫代乙二酰胺（DDO）生成黄色配合物，用石油醚-三氯甲烷混合溶剂萃取，用比色法测定钯。Pt（IV）用二氯化锡还原为 Pt（II），与 DDO 生成樱红色螯合物，可进行比色法测定。

又如，测定矿石中的铀时，为了除去其他金属离子的干扰，将矿石溶解后用 $0.1mol/L\ H_2SO_4$ 溶液处理，U（VI）形成 $[UO_2(SO_4)_2]^{2-}$ 或 $[UO_2(SO_4)_3]^{4-}$，在通

过强碱性阴离子交换树脂时，被留在树脂上，金属离子则流出。之后，将其转化为 UO_2^{2+} 形式洗脱，回收率可达98%。

（三）分离干扰离子

1.阴、阳离子的分离

在分析测定过程中，存在的其他离子常有干扰。对不同电荷的离子，用离子交换分离的方法排除干扰最为方便。例如，用硫酸钡重量法测定黄铁矿中硫的含量时，由于存在大量的 Fe^{2+}、Ca^{2+}，造成 $BaSO_4$ 沉淀的不纯。因此，可先将试液通过氢型强酸性阳离子交换树脂除去干扰离子，然后再将流出液中的 SO_4^{2-} 沉淀为 $BaSO_4$，进行硫的测定，这样便可以大大提高测定的准确度。

2.同性电荷离子的分离

对于几种阳离子或几种阴离子，可以根据各种离子对树脂亲和力的不同，将它们彼此分离。例如，欲分离 Li^+、Na^+、K^+ 三种离子，将试液通过阳离子树脂交换柱，则三种离子均被交换在树脂上，然后用稀 HCl 溶液洗脱，交换能力最小的 Li^+ 先流出柱外，其次是 Na^+，而交换能力最大的 K^+ 最后流出来。

第六节 挥发和蒸馏分离法

挥发和蒸馏分离法是分离共存组分的最常用的一种方法，它们是利用物质挥发性的差异来进行分离的。既可以用于除去干扰组分，也可以将待测组分定量分离出来。挥发和蒸馏分离法是从液体或固体样品中将挥发性组分转为气体的分离方法，主要有蒸发、蒸馏、升华等。

一、挥发分离

（一）无机物的分离

易挥发的无机待测物并不多，一般要经过一定的反应，使待测物转变为易挥发的物质（见表13-3），再进行分离。因此，利用这种方法的选择性较高，有些方法目前还是重要的分离方法。

表13-3 常见挥发性元素的主要挥发形式

挥发性物质类型	单质	氧化物	氢化物	氟化物	氯化物	溴化物
元素	氢、氧、卤素	C、N、S、Re、Ru、Os	As、Sb、N、P	B、Si	As（Ⅲ）、Sb（Ⅲ）、Au、Ge、Hg（Ⅱ）、Se、Sn（Ⅳ）、Te	As、Sb、Se（Ⅳ）、Sn（Ⅳ）、Te（Ⅳ）、Tl（Ⅱ）

例如，测定水或食品等试样中的微量砷，在制成一定的试液后，先用还原剂（$Zn+H_2SO_4$，或 $NaBH_4$）将试样中的砷还原成 AsH_3，经挥发和收集后再进行分析，干扰物有 H_2S，SbH_3。

在水中 F^- 的测定过程中，Al^{3+}、Fe^{3+} 将干扰测定，可在水中加入浓硫酸，加热到 180℃，使氟化物以 HF 的形式挥发出来，然后用水吸收，进行测定。

在 NH_4^+ 的测定过程中，为了消除干扰，可加 NaOH，加热使 NH_3 挥发出来，然后用酸吸收测定。

一些硅酸盐的存在影响测定，可用 HF- H_2SO_4 加热，使硅形成 SiF_4 挥发除去。

在挥发过程中，可以通过加热，生成挥发性气体（如 HF、NH_3、HCN）；也可以用惰性气体作为载气带出，如 AsH_3（H_2 作为载气）。

（二）有机物的分离

在有机物的分析中，也常用挥发分离方法。如各种有机化合物的分离提纯、有机化合物中 C 和 H 的测定、有机化合物中 N 的测定——凯氏（Kjeldahl）定氮法。

二、蒸馏分离

蒸馏是固液、液液分离的最基本的物理方法。实际上，在蒸馏过程中各组分的蒸气压可能差别比较小，所以一次蒸馏往往不能达到预期的效果，如果各组分的沸点相差比较大，超过100℃以上，只需反复蒸馏几次就可分离。但混合物若能形成恒沸液，这时蒸馏就起不到分离的作用，用蒸馏法只能将混合物部分分开。为了提高蒸馏的效率，减低反复蒸馏的次数，采用分馏柱进行分馏，分馏柱利用热交换的原理达到反复蒸馏的效果。当然也可以采用减压蒸馏和水蒸气蒸馏的方法。

第七节 分离新技术

一、固相微萃取法

（一）原理和过程

固相微萃取（SPME）是一种用途广泛而且越来越受欢迎的样品前处理技术，发展于20纪90年代初。作为一种试样预分离富集方法，它既能进行试样预处理，又能用于进样，利用固相微萃取装置将试样纯化、富集后，再使用各种分析方法进行测定，尤为适用于微量有机物的分析。

固相微萃取是利用固体吸附剂将液体样品中的待分离组分吸附，再用洗脱液洗脱，也可利用加热解除吸附，这样就达到分离和富集的目的。

使用固相微萃取能够避免液液萃取带来的许多问题。例如，相分离不完全、定量分析回收率较低、使用玻璃器皿（易碎）、产生大量有机废液。与液液萃取相比，固相微萃取不仅更有效，而且更容易实现自动、快速、定量萃取，同时减少溶剂用量，缩短萃取时间。

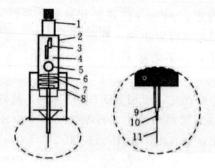

图 13-5 固相微萃取装置

1.压杆；2.筒体；3.压杆卡持螺钉；4.Z形槽；5.筒体视窗；

6.调节针头长度的定位器；7.拉伸弹簧；8.密封隔膜；9.注射针管；

10.纤维联结管；11.熔融石英纤维

液体样品，尤其是不挥发的液体样品的萃取常常使用固相微萃取，对样品的萃取、浓缩和纯化效果都很显著。

固相微萃取装置如图13-5所示。石英纤维表面涂有一层高分子固相液膜作为吸附剂，其作用是吸附和富集有机物。不锈钢注射针管伸出的位置可利用定位器来调节，压杆卡持螺钉可通过Z形槽使不锈钢注射针管内石英纤维伸出或收入，而不锈钢注射针管可避免石英纤维表面的吸附剂在穿过密封隔膜时损失。

在气相色谱或液相色谱分析中常用固相微萃取来进行样品的处理。固相微萃取分离法可分为直接固相微萃取分离法和顶空固相微萃取分离法，其基本原理及分析过程如下。

1.固相微萃取装置由手柄和萃取头组成，萃取头是一根1cm长的熔融石英纤维，在其表面涂有不同的吸附剂。而吸附剂的选择是关键，一般来说，非极性的待分离的化合物选择非极性的吸附剂，极性的待分离的化合物选择极性的吸附剂。

2.取样时，将萃取头浸于样品中或放置于样品的上部空间（顶空状态），样品中的有机物通过扩散原理被吸附在萃取头上。

3.当萃取头的吸附达到平衡后，将它插入气相色谱仪的进样口处。通过进样口的高温使吸附在萃取头上的被测组分解吸，然后随着载气流入色谱柱进行分离及测定。

（二）影响固相微萃取的因素

1.pH值的影响

在固相微萃取中，由于溶液与吸附剂接触时间较短，所以固相微萃取中溶液的pH值允许范围很宽。但在选择不同的吸附剂时，pH值的影响也很大。若以硅胶作为基体原料，通常选择的pH值为2～7.5。当pH值超过这个范围，键合相就会水解和流失，或者硅胶本身溶解。

对于键合硅胶上反相固相微萃取过程，预处理的溶液和样品的pH值应调至最适宜点。吸附剂用于反相条件'则应选择适当的pH值，使分析物最大程度地保留在反相硅胶上。

2.固相吸附剂的影响

石英纤维表面的固相吸附剂，也就是固相液膜的厚度，既影响对于分析物的固相吸附量，也影响平衡时间。显然，固相液膜越厚则吸附量越大，虽然检测灵敏度提高了，但达到吸附平衡的时间增加了，这会导致分析时间加长。影响分析灵敏度的因素还有固相涂层的性质，像聚二甲基硅氧烷这样的非极性固相涂层一般用于非极性或极性小的有机物的分离，而像聚丙烯酸酯这样的极性固相涂层更适合于极性有机物的分离。

3. 搅拌的影响

影响固相微萃取分离速度的还有搅拌速度。若固相微萃取时不搅拌或搅拌不足，则被分离组分的液相扩散速度比较慢，且难以破坏固相表面的静止水膜，使萃取时间过长。因此，提高搅拌速度显然有利于固相微萃取。

4. 温度的影响

升高体系温度，待测组分扩散系数增大，扩散速度也同时增大，所以升温能缩短达到吸附平衡的时间，加快分析速度。升温的不利影响在于减小了待测组分的分配系数，使固相吸附剂对待测组分的吸附量减小。

5. 盐的影响

若基体变化，待分离物质在固液两相之间的分配系数也会发生相应改变。如果在溶液中加入 $NaCl$、KNO_3 之类的强电解质，使离子强度增大，由于盐效应会减小待分离有机物的溶解度，这样就增大了分配系数，有利于提高分析方法的灵敏度。

（三）应用

固相微萃取分离法主要用于复杂样品中微量或痕量化合物分离与富集，广泛应用于环境污染物（如农药）、医药、食品饮料及生物质的分离分析。例如：血液和尿等体液中药物及代谢产物，药物和食品中有效成分或有害成分，有机污染物苯及其同系物、多环芳烃、硝基苯、氯代烷烃、多氯联苯、有机磷和有机氯农药的分离；环境水样中挥发性有机物，食品中的否料、添加剂和填充剂等的分离和富集等。

二、液膜分离法

（一）基本原理

液膜分离是一种萃取与反萃取同时进行的分离过程，它主要利用了组分在膜内的溶解与扩散性质的差别，此外，还利用了待分离组分与液膜内载体的可逆反应。液膜可视为悬浮在液体中的很薄的一层乳液颗粒，通常由溶剂（水或有机溶剂）、载体（添加剂）、乳化剂（表面活性剂）组成。构成膜的基体是溶剂，表面活性剂分子中含有亲水基团和疏水基团，通过定向排列以固定油水分界面，使膜的形状稳定。分离时，中性分子通过扩散溶入吸附在多孔聚四氟乙烯上的有机液膜中，再进一步扩散进入萃取相中，中性分子受萃取相中化学条件的影响下分解为离子（处于非活化态）而无法返回液膜中去，结果使被萃取相中的物质（离子）通过液膜进入萃取相中。

（二）影响膜分离的因素

影响膜分离的因素主要有待分离物质的状态、所处的化学环境、液膜的极性等。

溶液中待分离的物质只有转化为中性分子（活化态）才能进入有机液膜，所以将待分离组分由非活化态转化为活化态是提高液膜萃取分离技术的选择性的关键。

通过调节溶液的pH值，可以把各种pK_a不同的物质有条件地萃取出来。例如.萃取阴离子时，把水溶液的pH值调至酸性即可进行萃取。此时，阴离子和氢离子结合成相应酸的分子.它和溶液中原有的中性分子一起透过液膜进入萃取相，而阳离子则随水溶液流出。进入萃取相的酸分子若遇到碱性环境，则与周围的OH^-作用又释放出阴离子，而中性分子因为自由来往于液膜两侧，随洗涤过程进入清洗液，结果是水溶液中阴离子从被萃取相有选择地进入萃取相，而阳离子与中性分子则被排除在外。

由于有机液膜的极性直接与被萃取物质在其中的分配系数有关，极性越接近.分配系数越大。因此，处于活性态的被萃取物质也越容易扩散进入有机液膜。

（三）应用

液膜萃取分离法广泛应用于废水处理、湿法冶金、石油化工、生物医药等领域。例如，大气中微量胺的分离，含酚废水的处理，水中铜和钴离子的分离，水体中酸性农药的分离，抗生素、氨基酸的提取等。

三、超临界流体萃取分离法

（一）基本原理

超临界流体萃取分离法是利用超临界流体作萃取剂在两相之间进行的一种萃取方法。超临界流体是介于气态、液态之间的一种物态，它只能在物质的温度和压力超过临界点时才能存在-超临界流体的密度大，与液体相仿，所以它与溶质分子的作用力很强，很容易溶解其他物质。另一方面.它的黏度较小，接近于气体，传质速率很大，加上表面张力小，容易渗透固体颗粒，保持较大的流速，使萃取过程在高效、快速、经济的条件下完成。

（二）超临界流体萃取中萃取剂的选择

超临界流体萃取中萃取剂的选择随萃取对象的不同而改变。通常用二氧化碳作超临界流体萃取剂分离、萃取低极性和非极性的化合物，用氨或氧化亚氮作超临界流体萃取剂分离、萃取极性较大的化合物。

（三）超临界萃取流程

固体物料的超临界流体萃取流程如图13-6所示。

1.超临界流体发生源

由萃取剂贮槽、高压泵及其他附属装置组成，其功能是将萃取剂由常温、常压态转化为超临界流体。

2.超临界流体萃取部分

由试样萃取管及附属装置组成。处于超临界态的萃取剂在这里将被萃取溶质从试样基体中溶解出来，随着流体的流动使含被萃取溶质的流体与试样基体分开。

3.溶质减压分离部分

由喷口及吸收管组成。萃取出来的溶质及流体，必须由超临界态经喷口减压降温转化为常温常压态.此时流体挥发逸出，而溶质吸附在吸收管内多孔填料表面。用合适溶剂淋洗吸收管就可把溶质洗脱收集备用。

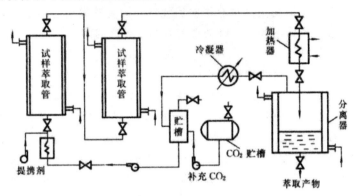

图 13-6 一种固体物料店小二超临界流体萃取流程示意图

（四）超临界流体萃取分离法的操作方式

1.动态法

动态法是超临界流体萃取剂一次性直接通过试样萃取管，使被分离的组分直接从试样中分离出来，适用于萃取在超临界流体萃取剂中溶解度较大的物质.且试样基体又很容易被超临界流体渗透的情况。

2.静态法

静态法是将萃取的试样浸泡在超临界流体内，经过一段时间后再把萃取剂流体输入吸收管.适合于萃取与试样基体较难分离或在萃取剂流体内溶解度不大的物质，也适合于试样基体较为致密、超临界流体不易渗透的情况。

3.循环法

循环法是动态法和静态法的结合，首先将超临界流体萃取剂充满试样萃取管，然后用循环泵使流体反复多次经过试样，最后输入吸收管，适用于动态法不宜萃取的试样和场合。

（五）影响因素

1.压力的影响

压力的改变会使超临界流体对物质的溶解能力发生很大的改变。利用这种特性，只需改变萃取剂流体的压力，就可把试样中的不同组分按它们在流体中溶解度的不同萃取、分离出来。在低压下溶解度大的物质先被萃取出来.随着压力的增加，难溶性物质也逐渐与基体分离。

2.温度的影响

温度的变化也会改变超临界流体萃取的能力，它体现在影响萃取剂的密度和溶质的蒸气压两个因素。

（1）在低温区（仍在临界温度以上）.温度升高时，流体密度减小而溶质蒸气压增加不多，因此萃取剂的溶解能力降低，升温可以使溶剂从流体萃取剂中析出。

（2）温度进一步升高到高温区时，虽然萃取剂密度进一步减小，但溶质的蒸气压的迅速增加起了主要作用，因而挥发度提高，萃取率反而增大。

（3）吸收管和收集器的温度也会影响回收率，因为萃取出的溶质溶解或吸附在吸收管内，会放出吸附热或溶解热，降低温度有利于提高回收率。

3.萃取时间的影响

萃取时间取决于以下两个因素。

（1）被萃取物在流体中的溶解度。溶解度越大，萃取率越高，萃取速率也越大。

（2）被萃取物在基体中的传质速率。传质速率越大，萃取越完全，效率也越高。

4.其他溶剂的影响

在超临界流体中加入少量其他溶剂可改变它对溶质的溶解能力。通常加入量不超过10%，而且以极性溶剂（如甲醇、异丙醇等）居多。加入少量的其他溶剂可以使超临界萃取技术的适用范围扩大到极性较大的化合物。

（六）应 用

超临界流体萃取分离法具有高效、快速、后处理简单等特点，它特别适合于处理燃类及非极性脂溶性化合物，如醚、酯、酮等。既有从原料中提取和纯化少量有效成分的功能，又能从粗制品中除去少量杂质，达到深度纯化的效果。

超临界流体萃取分离法的另一个特点是它能与其他仪器分析方法联用，从而避免了试样转移时的损失，减少了各种人为的偶然误差.提高了方法的精密度。

四、其他分离新技术

分离新技术种类很多，下面简略介绍几种。在膜分离技术中，有微滤（MF）、超滤（UF）、纳滤（NF）和反渗透（RO）等，都是以压力差作为推动力的。其基本原理是在膜两边加上一定的压力差，小于膜孔径的组分和部分溶剂可以通过膜，大于膜孔径的大分子、盐和一些微粒不能通过膜，这样就达到分离的目的。它们的主要区别在于膜的结构和性能及被分离微粒直径。而电渗析和膜电解都是利用电位差作为推动力的膜分离技术，一般用于溶液除盐分或纯化组分。

在很多情况下用普通蒸馏并不适合，此时可采用特种蒸馏。常见的有恒沸蒸馏、萃取蒸馏、分子蒸馏、加盐蒸馏、反应蒸馏和膜蒸馏等。分子蒸馏是在高真空（0.13～1Pa）条件下进行的非平衡蒸馏，具有特殊的传质传热机理。它具有蒸馏温度低、分离程度高的特点，很适合用于活性物质或高沸点、高黏度物质的分离及纯化。膜蒸馏是蒸馏和膜过程的结合，用微孔膜将不同温度的溶液分离，利用膜两侧温差造成蒸气压差来进行组分分离。其他分离技术还有泡沫分离、磁分离、分子识别与印迹分离等。

参考文献

[1] 华东理工大学分析化学教研组，四川大学工科化学基础课程教学基地.分析化学（6版）[M].北京：高等教育出版社，2009

[2] 武汉大学.分析化学（上、下册）（5版）[M].北京：高等教育出版社，2006

[3] 华中师范大学，东北师范大学，陕西师范大学，等.分析化学（4版）[M].北京：高等教育出版社，2011

[4] 华东理工大学分析化学教研组.分析化学（6版）[M].北京：高等教育出版社，2009

[5] 华中师范大学.分析化学（上册）（4版）[M].北京：高等教育出版社，2011

[6] 钟佩珩，郭璇华，黄如杕，等.分析化学[M].北京：化学工业出版社，2009

[7] 李晓燕，张元勤，杨孝容.分析化学[M].北京：科学出版社，2012

[8] 胡育筑、孙毓庆.分析化学[M].北京：科学出版社，2011

[9] 浙江大学.无机及分析化学（2版）[M].北京：高等教育出版社，2008

[10] 徐伏秋，杨刚宾.硅酸盐工业分析[M].北京：化学工业出版社，2009

[11] Gennady E. Zaikov，A. K. Haghi. Analytical Chemistry from Laboratory to Process Line [M].Apple Academic Press：2018

[12] Bansal Prerna. Maths in Chemistry：Numerical Methods for Physical and Analytical Chemistry [M].De Gruyter：2020

[13] Zeev Karpas. Analytical Chemistry of Uranium [M].Taylor and Francis；CRC Press：2014

[14] 范为群.分析化学[M].宁夏人民教育出版社：2018

[15] 陈国松，张莉莉.分析化学[M].南京大学出版社：高等院校化学化工教学改革规划教材，2017

[16] 许兴友，杜江燕.无机及分析化学[M].南京大学出版社：高等院校化学化工教学改革规划教材，2017

［17］沈泽智，范洪琼，程联，等.无机及分析化学［M］.重庆大学出版社：高职高专生物技术类专业系列规划教材，2015

［18］李艳辉.无机及分析化学实验［M］.南京大学出版社：2019